博士后文库
中国博士后科学基金资助出版

非线性振动抑制与能量俘获技术

杨　涛　著

科学出版社
北　京

内 容 简 介

本书是一部详细介绍非线性振动抑制与能量俘获技术的学术专著，利用非线性结构特有的动力学特征对振动抑制和利用进行研究。本书以崭新的视角探究非线性振动问题，强调理论分析、计算与实验的结合，积极探索和利用非线性提高振动抑制和能量俘获性能。

本书可供航空航天、海洋工程、机械和电子等领域从事振动抑制和能量俘获工作的研究人员及师生阅读参考。

图书在版编目（CIP）数据

非线性振动抑制与能量俘获技术 / 杨涛著. -- 北京 : 科学出版社, 2025. 9. --(博士后文库). -- ISBN 978-7-03-081618-4

Ⅰ. O322

中国国家版本馆 CIP 数据核字第 2025MX9106 号

责任编辑：宋无汗 / 责任校对：王 瑞
责任印制：徐晓晨 / 封面设计：陈 敬

科学出版社出版
北京东黄城根北街 16 号
邮政编码：100717
http://www.sciencep.com
北京中石油彩色印刷有限责任公司印刷
科学出版社发行 各地新华书店经销
*
2025 年 9 月第 一 版 开本：720×1000 1/16
2025 年 9 月第一次印刷 印张：15 1/4
字数：307 000

定价：168.00 元

（如有印装质量问题，我社负责调换）

《博士后文库》编委会名单

“博士后文库”序言

1985 年，在李政道先生的倡议和邓小平同志的亲自关怀下，我国建立了博士后制度，同时设立了博士后科学基金。40 年来，在党和国家的高度重视下，在社会各方面的关心和支持下，博士后制度为我国培养了一大批青年高层次创新人才。在这一过程中，博士后科学基金发挥了不可替代的独特作用。

博士后科学基金是中国特色博士后制度的重要组成部分，专门用于资助博士后研究人员开展创新探索。博士后科学基金的资助，对正处于独立科研生涯起步阶段的博士后研究人员来说，适逢其时，有利于培养他们独立的科研人格、在选题方面的竞争意识以及负责的精神，是他们独立从事科研工作的“第一桶金”。尽管博士后科学基金资助金额不大，但对博士后青年创新人才的培养和激励作用不可估量。四两拨千斤，博士后科学基金有效地推动了博士后研究人员迅速成长为高水平的研究人才，“小基金发挥了大作用”。

在博士后科学基金的资助下，博士后研究人员的优秀学术成果不断涌现。2013 年，为提高博士后科学基金的资助效益，中国博士后科学基金会联合科学出版社开展了博士后优秀学术专著出版资助工作，通过专家评审遴选出优秀的博士后学术著作，收入“博士后文库”，由博士后科学基金资助、科学出版社出版。我们希望，借此打造专属于博士后学术创新的旗舰图书品牌，激励博士后研究人员潜心科研，扎实治学，提升博士后优秀学术成果的社会影响力。

2015 年，国务院办公厅印发了《关于改革完善博士后制度的意见》(国办发〔2015〕87 号)，将“实施自然科学、人文社会科学优秀博士后论著出版支持计划”作为“十三五”期间博士后工作的重要内容和提升博士后研究人员培养质量的重要手段，这更加凸显了出版资助工作的意义。我相信，我们提供的这个出版资助平台将对博士后研究人员激发创新智慧、凝聚创新力量发挥独特的作用，促使博士后研究人员的创新成果更好地服务于创新驱动发展战略和创新型国家的建设。

祝愿广大博士后研究人员在博士后科学基金的资助下早日成长为栋梁之才，为实现中华民族伟大复兴的中国梦做出更大的贡献。

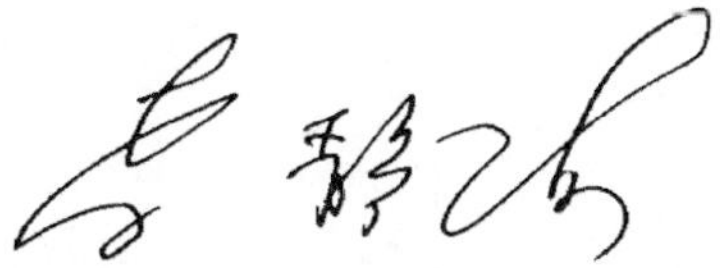

中国博士后科学基金会理事长

前　　言

非线性振动在飞行器、机器人、桥梁等柔性结构的设计中变得越来越重要。为满足一系列的工程需求，非线性结构设计趋向于更轻质、更灵活和更高性能。传统非线性结构采用了具有振动抑制、能量俘获和监测等功能的分体设计，难以满足先进技术发展的需要。新型非线性结构从单一功能发展到多功能集成，要求不仅能够实现振动抑制和能量俘获的需求，而且需要考虑传感、故障诊断和健康监测等功能。因此，非线性结构在执行振动抑制、损伤检测、改变结构形状等任务的过程中越来越多地集成执行器、传感器和控制器于一体，这类结构也被称为智能结构或自适应结构。

非线性振动抑制与能量俘获技术的研究发展比较迅速，涉及力学、机械和电子等自然科学，在航空航天、海洋工程、机械设计等领域中具有广阔的应用前景。非线性振动抑制与能量俘获技术对未来科技的推动作用是难以估量的，故本书详细阐述非线性结构设计、复杂非线性动力学和非线性振动抑制与能量俘获工程应用等方面的基础研究和实际应用，着重从力学的角度探讨非线性结构的潜在机制，并给出相关的物理解释。我们的见解只是一孔之见，希望本书的内容能够激发读者的兴趣，起到抛砖引玉的作用。

本书主要参考了作者 2020 年以来发表在 *Applied Physics Reviews*、*Nano Energy*、*Mechanical Systems and Signal Processing*、*International Journal of Mechanical Sciences* 等期刊的 20 余篇科技论文，得到了中国博士后科学基金优秀学术专著出版资助，研究工作得到了国家自然科学基金项目、中国博士后科学基金面上项目和“香江学者计划”等的支持，在此致以深切的谢意。感谢课题组所有成员及研究合作者：罗红春、刘嘉一、崔颖萱、谢佳衡、黄子希、郑钰胜、徐海涛、张咏琪、李志新等。他们为本书的出版作出了贡献。同时，感谢曹庆杰教授、周生喜教授、秦卫阳教授、景兴建教授等的悉心指导，感谢国内外专家学者的支持与鼓励。最后，感谢家人对我工作的理解与支持。

限于作者水平，书中难免存在不妥之处，敬请读者批评指正。

杨　涛

2025 年 1 月于西北工业大学

目　　录

第1章 绪　论

1.1　非线性振动概述

振动是工程界普遍存在的现象，可分为有害振动和有益振动。有害振动主要来源于发动机系统、燃油系统、滑油系统及进排气装置等动力装置，是影响设备稳定性、人员舒适性、工作可靠性的主要因素。在交通运输、精密机床加工、高端装备制造等现代工程中，多采用控制动力装置源头、切断振动传播途径和处理目标场振动等关键技术对有害振动进行抑制。有益振动可以传递信息、产生美妙的音符，也可以转化为电能，为低功耗无线传感器网络供电，实现对环境或结构健康的实时监测。随着工业技术的迅猛发展，实现振动抑制与能量俘获相结合的多功能智能结构已成为跨学科技术领域需要解决的重要问题。

尽管线性振动抑制理论早已相当完善，在工程上也已取得广泛和卓有成效的应用，但在新型高端装备研制的实际问题中，总有一些用线性振动抑制理论无法解决的问题。随着先进航空飞行器、现代战争新武器、新型海洋装备等研制向轻量化和灵活化方向发展，振动环境普遍存在宽频带、多成分、低频等特点，这些因素制约了振动抑制与能量俘获效能的进一步提升。振动抑制与能量俘获结构的有效工作频带和振动环境不匹配问题日益凸显，而引入非线性设计是解决该问题的重要措施。非线性振动抑制与能量俘获技术主要考虑的是结构发生大变形引起的非线性，称为几何非线性。常见的几何非线性包括桁架结构的大位移变形、薄壁结构的屈曲变形和柔性机翼的弯曲变形等，其与材料非线性、接触非线性构成工程应用研究中的三大非线性问题。几何非线性结构的创新设计不仅可以用于振动抑制的非线性隔振器和非线性能量汇吸振器，还可以用于振动利用的多稳态能量俘获器。因此，利用几何非线性原理对结构进行创新设计，可以实现振动抑制与能量俘获多功能一体化。

迄今为止，大部分几何非线性结构是采用单体单功能的设计，这将付出较大的质量和空间代价，如何实现非线性振动抑制与能量俘获多功能一体化仍然是几何非线性结构创新设计与机理研究领域的一大挑战。多功能一体化结构设计需综合考虑智能材料、多场耦合、传感技术、驱动技术和超低频服务环境等因素，研究的重点将聚焦于结构融合设计方法、多场耦合动力学特性和性能协调机制等。目前，非线性振动抑制与能量俘获技术的研究主要向超低频、宽频带和多自由度等方向延伸，将为先进航空飞行器、现代战争新武器和新型海洋装备振动控制与利用(图 1-1)提供更加合理高效的解决方案。

图 1-1 非线性振动抑制与利用

1.2 非线性振动抑制

为了减少有害振动对工程装备和机载设备造成的不利影响，研究者设计了各种振动抑制器[1]。由于结构工程的规模和复杂性日益增加，振动抑制器的性能改进显得尤为重要。特别是在低频和超低频范围内实现有效的振动抑制，已成为当前工程技术和科学研究的重点和难点之一。本节将分别介绍基于隔振和吸振理论的非线性振动抑制。通过深入研究非线性振动抑制器的设计原理和应用方法，可以为工程装备和机载设备提供更加可靠和高效的振动抑制方案，减小振动对设备性能和使用寿命的影响，提高工程结构的安全性和稳定性。

1.2.1 非线性隔振器

与传统的线性隔振器相比，非线性隔振器可以实现低频激励下的隔振性能。该类隔振器仍然存在多解区间、共振等缺陷，一直无法实现超低频有效隔振[2]。准零刚度(quasi-zero stiffness，QZS)隔振器具有高静载荷支撑能力和低动刚度特征，具有优异的非线性特性，可以实现低频隔振性能，学者对其进行了广泛研究[3]。QZS 隔振器的工作原理是，正刚度结构在隔振器运动方向上为静载荷提供重力支撑，负刚度结构与正刚度结构并联，使静平衡位置具有零刚度，而其附近的位置具有接近零的刚度，从而实现高静态低动态刚度。QZS 隔振器振动抑制领域出现了各种非线性机构或结构，如斜向线性弹簧、欧拉屈曲梁、凸轮-滚子-弹簧机构、磁体和摆[4]等。图 1-2 显示了光滑与不连续(smooth and discontinuous，SD)振子和典型 QZS 隔振器的基本原理。

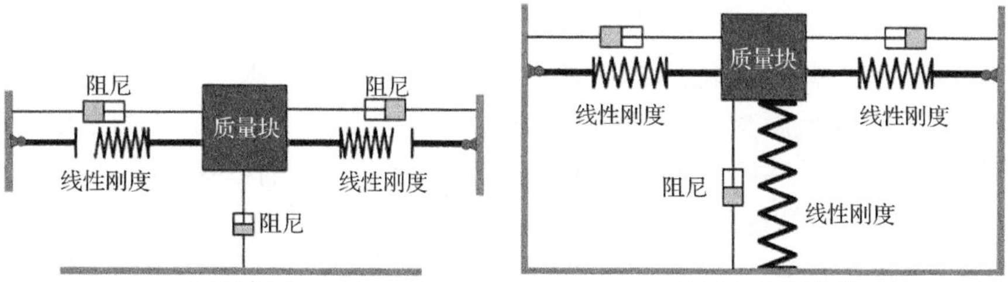

图 1-2 SD 振子和典型 QZS 隔振器的基本原理

QZS 隔振器的广义无量纲动力学方程为 $\ddot{y}+F(y)=0$，其中无量纲恢复力 $F(y)$ 可以利用泰勒定理扩展为

$$F(y)=k_1y+k_3y^3+k_5y^5+k_7y^7+\cdots \tag{1-1}$$

其中，$k_n\ (n=1,3,5,\cdots)$ 是 n 阶系数。当力 $F(y)$及其相对于 y 的导数在点 $y=y_0$ 处等于零时，则有

$$\begin{cases}F(y_0)=0\\F'(y_0)=0\end{cases} \tag{1-2}$$

同时有

$$F'(y_0+\Delta y)>0,F'(y_0-\Delta y)>0 \tag{1-3}$$

保持任意的小位移 Δy，以确保平衡 y_0 是稳定的。当一阶系数 k_1 为零时，振子是 QZS 隔振器。如果 n 阶系数均为零，即当小于或等于 n 阶(n>1)的系数都为零时，该系统将被称为 n 阶 QZS 隔振器。QZS 隔振器具有高静态和低动态刚度等优异特性，可以有效地降低系统的固有频率，从而拓宽有效的隔振频带，实现特定频带内各种扰动激励的减少或隔离。

在图 1-2 中，隔振器的非线性主要是由弹簧的运动引起的。图 1-2(a)为 SD 振子，SD 振子在物理和工程中被广泛用于描述和研究突然屈曲的动力学问题。不考虑有效载荷的重力，当弹簧为水平位置的原始长度时，SD 振子可以实现 QZS 特性。在图 1-2(b)中，垂直弹簧可以抵消有效载荷重力，以提供高静载能力。具有负刚度的光滑与不连续振子与具有高静态刚度的支撑弹簧并联，以获得 QZS 几何构型，从而实现高静态低动态刚度的隔振性能。

图 1-2(b)中典型 QZS 隔振器模型的动力学问题可以用和光滑与不连续振子相似的动力学方程来描述，表示为

$$m\ddot{X}+c\dot{X}+k_1X+2k_2X\left(1-\frac{l}{\sqrt{a^2+X^2}}\right)=F\cos(\omega t) \tag{1-4}$$

其中，X是加载质量块 m 的位移；c 是黏性阻尼系数；k_1 是垂直弹簧的刚度；k_2 和 l 分别是一对斜弹簧的刚度和未拉伸长度；a 是斜弹簧在水平方向上压缩时的长度；$F\cos(\omega t)$是基础简谐激励。理论和实验研究都表明，具有 QZS 特征的隔振器能够承受重负载，并且由于其高静态刚度和低动态刚度而具有优越的低频隔振性能。

具有 QZS 特征的非线性隔振器，凭借其独特的性能，在低频振动抑制方面展现出了显著的优势。这种隔振器的结构创新研究经历了最初简单配置的摸索，逐步拓展至宽带超低频、机械超材料以及多自由度的复杂设计[5]。在大多数情况下，与线性隔振器相比，采用非线性优化设计进行隔振能够带来更大的有效工作带宽。这意味着非线性隔振器能够在更宽的频率范围内实现高效的振动抑制，从而满足不同工程应用的需求。非线性隔振器能实现低频甚至超低频的振动抑制目标，这是线性隔振器难以达到的性能。超低频或低频隔振器的非线性设计已成为当前振动抑制领域的一个热点问题。这是因为在实际工程中，许多重要结构，如精密仪器、航空航天设备等，面临着低频或超低频振动的挑战。这些振动不仅可能影响设备的性能和使用寿命，还可能对人员安全构成威胁。因此，研究并开发具有高效低频振动抑制能力的非线性隔振器，对于提升工程结构的安全性和稳定性具有重要意义[6]。

受动物四肢结构的启发，研究者还设计了一系列具有非线性刚度特性的仿生结构[7]，旨在深入探究其振动抑制特性，典型非线性隔振器如图 1-3 所示。在实际工程应用中，除了刚度，阻尼和惯性同样是影响结构动力学行为的关键因素。因此，在非线性刚度研究的基础上，众多学者进一步探索了非线性阻尼和惯性的动力学特性。研究发现，非线性阻尼和惯性在提升振动抑制能力方面起到了显著作用，特别是在低频范围内，这种非线性特性能够显著提升隔振性能。在工程实践中，具有低动刚度和优良稳定性的 X 形结构实现起来相对容易。特别是 X 形结构的非线性隔振性能得到了广大学者的系统研究，这些结构包括对称 X 形、不对称 X 形、剪刀式平台和 X 形支座等[8]。仿生结构还涵盖了多边形骨架结构、鸟类多层颈部和脚趾状结构等多种形式，它们均被用于研究振动抑制特性。此外，可调谐弹簧机构、仿生非线性补偿结构等也是重要的研究方向。

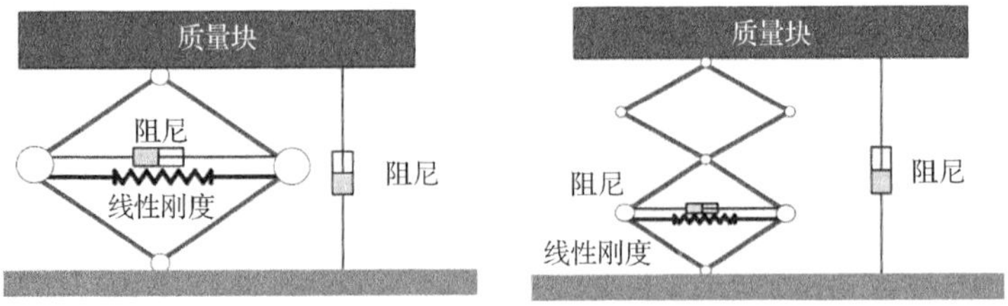

(a) 仿生非线性隔振器　　(b) 典型X形隔振器

图 1-3　典型非线性隔振器示意图

仿生隔振器凭借其独特的优势，能够轻松地融入各种结构之中，有效地减少由意外振动所带来的潜在损害。这种隔振器的设计理念深受自然界的启发，模仿生物体在应对外界振动时的优异表现，从而实现了高效且稳定的振动抑制效果[9]。与传统的振动抑制方法相比，仿生隔振器展现出更加易于实现非线性的特性，具有这种非线性特性的隔振器能够在不同频率和振幅的振动环境下保持较高的控制效率。此外，仿生隔振器还具备长期稳定性，能够在长时间的使用过程中保持稳定的性能，不易受到环境变化等因素的影响[10]。在振动抑制领域，仿生隔振器有着天然的优势，有望在未来为各种工程结构提供更加高效、可靠的振动抑制方案，从而确保工程结构的安全性和稳定性。同时，通过不断优化设计，可以进一步提升仿生隔振器的性能。例如，改进材料的选择、优化结构的布局、提高隔振器的响应速度等方式，可以使仿生隔振器更好地适应各种复杂的振动环境，提供更加精准和高效的振动抑制。

1.2.2　非线性吸振器

线性动态吸振器在减少特定频率下的有害振动方面虽有一定效果，但其有效频带往往过于狭窄，这在许多实际工程应用中构成了限制。因此，满足拓宽减振频带和提高鲁棒性的需求，促使学者探索非线性吸振器设计。非线性能量汇(nonlinear energy sink，NES)作为一种具有显著非线性刚度的能量耗散与吸振装置，相对传统线性吸振器，展现出更宽的减振频带和更强的鲁棒性。这意味着在实际应用中，非线性能量汇不仅能效更高，而且维护成本更低，对于长期稳定的振动抑制至关重要。更值得一提的是，非线性能量汇具备针对不同振动环境和工况进行优化设计的灵活性。在机翼、车床、管道等工程问题中，非线性能量汇展现出了卓越的吸振效果，为解决复杂的非线性振动问题提供了有力工具。

目前，非线性能量汇的研究已经由理论探讨逐步深入到实际应用层面，为实际工程中的振动抑制问题提供了切实可行的解决方案。这一进展不仅丰富了振动抑制领域的技术手段，也为各类工程结构的安全稳定运行提供了有力保障。如图 1-4 所示，非线性能量汇可以将振动能量从主体结构单向传递到耗能元

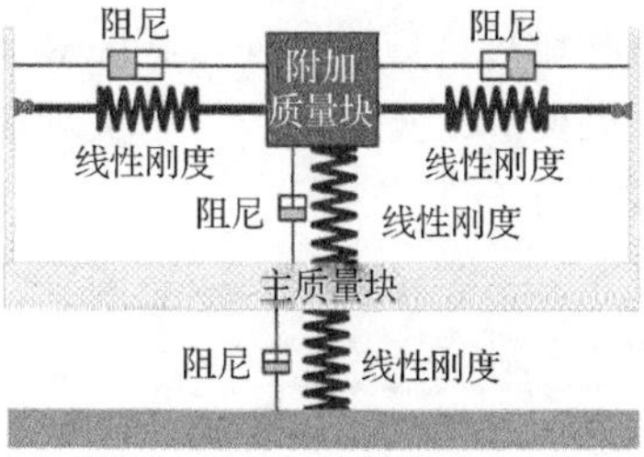

(a) SD振子非线性能量汇

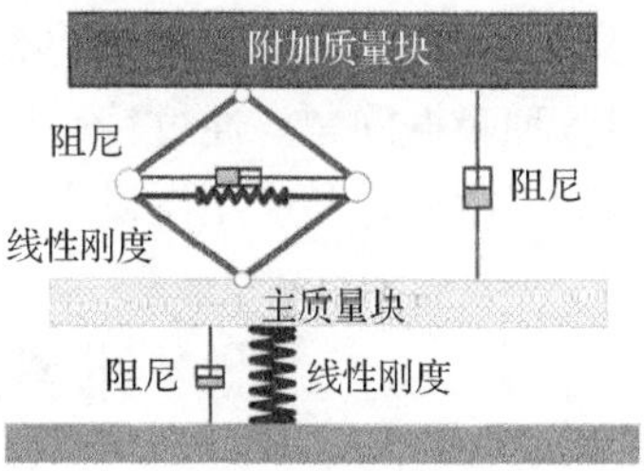

(b) 仿生非线性能量汇

图 1-4　典型非线性能量汇示意图

件，非线性能量汇主要由三部分组成：附加质量块、非线性刚度结构和阻尼元件。其中，非线性刚度结构提供了非线性恢复力，从而扩大了其衰减频带；阻尼元件消耗非线性能量汇从主体结构吸收的振动能量，最终达到耗能吸振的目的。

以具有立方刚度非线性能量汇的单自由度主结构为例，相应的无量纲控制方程为

$$\begin{cases}\ddot{z}_1+\varepsilon\lambda_1\dot{z}_1+\omega_0^2 z_1+\varepsilon\lambda_2(\dot{z}_1-\dot{z}_2)+k_n(z_1-z_2)^3=0\\ \varepsilon\ddot{z}_2+\varepsilon\lambda_2(\dot{z}_2-\dot{z}_1)+k_n(z_2-z_1)^3=0\end{cases}\tag{1-5}$$

其中，

$$\varepsilon=\frac{m_2}{m_1},\omega_0^2=\frac{k_1}{m_1},\lambda_1=\frac{c_1}{\varepsilon m_1},\lambda_2=\frac{c_2}{\varepsilon m_1},k_n=\frac{k_2}{m_1}\tag{1-6}$$

m_1 和 m_2 分别是主体结构和非线性能量汇的质量，c_1 和 k_1 分别是主体结构的阻尼系数和刚度系数，c_2 和 k_2 分别是非线性能量汇的阻尼系数和刚度系数；z_1 和 z_2 分别是主体结构和非线性能量俘获的绝对位移。

非线性能量汇与主体结构之间的能量传递机制是有针对性的能量传递，具有单向传递速度快、不受外激频率影响的特点[11]。因此，非线性能量汇可以通过单向不可逆非线性能量泵有效地控制结构振动。非线性能量汇作为一种典型的非线性振动抑制装置，以其独特的非线性振动抑制特性，被广泛应用于土木工程、航空航天、机械和生命线工程等多个领域。其中，多自由度非线性能量汇的设计尤为引人瞩目，它能够有效吸收主体结构在多种振动模式下的振动能量，从而显著拓宽振动抑制频带并扩大能量输入范围[12]。相较于单自由度非线性能量汇，两自由度非线性能量汇耦合的系统展现出对力幅值变化更为优越的鲁棒性[13]。

进一步探究非线性能量汇的响应特性可知，当受到简谐负载激励时，随着非线性能量汇阻尼的增加，振动抑制效果呈现增强的趋势，而当面临脉冲负载激励时，情况则恰好相反，随着阻尼的减小，振动抑制性能反而得到增强[14]。这种对不同类型负载激励的适应性，使得非线性能量汇在实际应用中具有更高的灵活性和效率。此外，组合振动抑制器通过集成多种振动抑制技术，实现了更高的共振抑制效率和更宽的隔振频带，为复杂工程结构的振动抑制提供了有效手段[15]。非线性能量汇本身也呈现出多样化的类型和设计参数，这使得它能够在不同条件下灵活应对各种吸振问题。通过精心选择结构和配置参数，可以实现预期的吸振效果，为实际工程设计和应用提供了丰富的可能性。

1.3 非线性能量俘获

非线性结构或机构的设计创新不仅局限于振动抑制的隔振器和吸振器，更可

延伸至振动利用的非线性能量俘获器。传统的线性振动能量俘获器受限于其仅在共振附近的有效工作范围，极大地制约了高输出功率的获取。在已知环境振幅和频率的情况下，线性能量俘获器必须精准地设计在共振点，任何微小的偏差都将导致输出功率显著下降。为了拓宽振动能量俘获器的有效工作范围和提升功率输出，当前研究聚焦于多种性能增强技术，其中最为关键的是共振放大技术、共振调谐技术和引入非线性等。最简单的非线性能量俘获器形式是单自由度单稳态能量俘获器。通过对比非线性单稳态能量俘获器和线性单稳态能量俘获器的性能可知，非线性单稳态能量俘获器经过精心设计和集成，其非线性耦合特性不仅能够扩展频率响应范围，还能够诱发更大的振幅响应。

此外，更为复杂的非线性多稳态设计在低频和低强度激励下展现了出色的能量俘获效果，成为进一步提升能量俘获器输出功率和拓宽频率响应范围的重要手段。然而在能量转换形式上，电磁型、压电型、摩擦发电型及其混合型等多样化的形式为非线性振动能量俘获提供了丰富的选择。

1.3.1 非线性能量俘获结构设计

为了提升能量俘获效率，能量俘获器的结构向双稳态乃至多稳态方向进行设计。一个典型的非线性双稳态系统有两个平衡点，并具有双阱势能函数，表现出双稳态杜芬(Duffing)振子的响应特性。与非线性单稳态能量俘获器相比，非线性双稳态能量俘获器具有高能轨道阱间振动和大幅度输出功率[16]。此外，非线性双稳态能量俘获器具有更复杂的动态特性，在更大的激励下，能量俘获器从一个平衡点移动到另一个平衡点将提高能量俘获器的效率。由于能量俘获器具有独特的非线性特性，可以提高有效能量俘获带宽。

研究人员提出了磁耦合双稳态压电能量俘获器[17, 18]，主要包括悬臂梁、磁体、压电换能器，如图 1-5 所示。磁耦合双稳态能量俘获器的无量纲动力学方程为

$$\begin{cases}\ddot{x}+2\zeta\dot{x}-\dfrac{1}{2}x(1-x^2)-\chi v=\ddot{y}\\ \dot{v}+k\dot{x}+\lambda v=0\end{cases} \tag{1-7}$$

其中，x 和 v 分别是负载电阻上的无量纲位移和电压；ζ 是阻尼系数；χ 是力学方程中的无量纲压电耦合项；k 是电路方程中的无量纲压电耦合项；λ 是无量纲时间常数的倒数；$\ddot{y}$ 是环境基础激励。数值模拟和实验结果表明，该系统能够实现简谐激励下的阱间

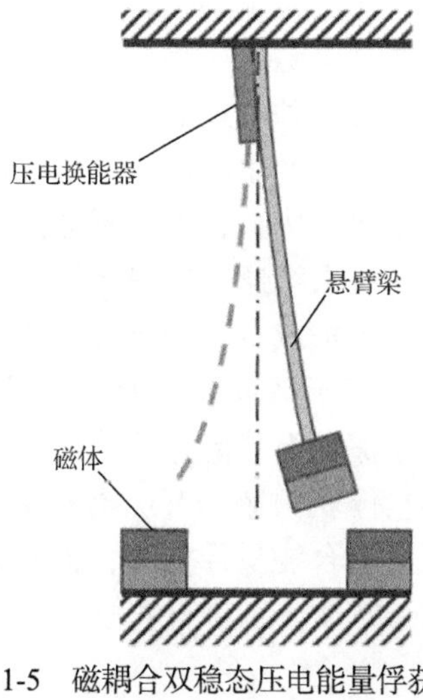

图 1-5 磁耦合双稳态压电能量俘获器

运动和随机激励下的相干共振现象。进一步证明了双稳态能量俘获器比线性能量俘获器具有更高的能量俘获效率。

学者还提出了多稳态能量俘获器的机理，多稳态系统与单稳态系统和双稳态系统的主要区别在于，多稳态系统的非线性恢复力具有更多的零点，其势能可以分布在更多的势阱中[19]。因此，多稳态系统具有更多的局部和全局运动轨道，并表现出更复杂的动力学特性。在相同的空间尺寸下，多稳态能量俘获器的势阱可以设计得比双稳态能量俘获器的势阱浅[20]。因此，多稳态能量俘获器更容易实现高能势阱在低激发能级的阱间振动，有利于低激发能级下的能量俘获。

以压电多稳态能量俘获器为例，相应的无量纲控制方程为

$$\begin{cases}\ddot{x}+\chi\dot{x}+\omega^2x+a_1x^3+a_2x^5+a_3x^7+\cdots+a_nx^{2n+1}-\chi v=\ddot{y}\\ \dot{v}+k\dot{x}+\lambda v=0\end{cases} \tag{1-8}$$

其中，x 和 v 分别是负载电阻上的无量纲位移和电压；χ 是力学方程中的无量纲压电耦合项；k 是电路方程中的无量纲压电耦合项；λ 是无量纲时间常数的倒数；$\ddot{y}$ 是环境基础激励；ω^2 和 $a_1,a_2,\cdots,a_n$ 是等效非线性恢复力的无量纲系数，通过对 ω^2 和 $a_1,a_2,\cdots,a_n$ 的系数选择，可以得到不同类型的多稳态系统。

1.3.2　能量俘获形式

随着科技的不断进步和人们对可再生能源的日益关注，电磁、压电、摩擦发电等能量俘获形式得到了广泛的研究和应用。电磁式能量俘获是其中的一种重要形式，它利用电磁感应原理，将机械能转化为电能。这种形式的能量俘获具有结构简单、可靠性高、能量密度大等优点，在许多领域得到了广泛应用。例如，在交通工具中，电磁式能量俘获器可以回收制动能量，提高能源利用效率，通过电磁感应将机械能转化为电能，实现清洁能源的利用。压电式能量俘获则是另一种常见的形式，它基于压电效应，通过振动或压力使压电材料产生形变，从而产生电能。压电式能量俘获器具有机电转换效率高、结构简单、易于微型化等优点，在传感器网络、智能穿戴设备等微小型系统中得到了广泛应用。这些系统通过俘获环境振动能量，实现了自供电功能，延长了使用寿命，降低了维护成本。摩擦发电式能量俘获则是近年来兴起的一种新型能量俘获形式，它基于摩擦起电原理，通过不同材料之间的摩擦产生电荷，进而产生电能。摩擦发电式能量俘获器具有材料选择广泛、输出电压高等优点，在低频振动能量俘获领域具有广阔的应用前景。此外，这几种能量俘获形式相互结合，可形成复合能量俘获器，提高能量俘获效率。本小节将从电磁、压电、摩擦发电三个方面分别进行介绍。

1. 电磁振动能量俘获器

电磁振动能量俘获器是根据法拉第电磁感应定律设计的，其核心能量传递结构通常是磁铁和线圈的组合，如图 1-6 所示。在外部环境振动的激励下，磁铁和线圈的相对运动使通过线圈的磁通量发生变化，使感应线圈产生感应电流，从而实现振动能量向电能的转换。相应的感应电动势 $U(t)$由以下方程给出：

$$U(t) = -N\frac{\mathrm{d}\Phi}{\mathrm{d}t} \tag{1-9}$$

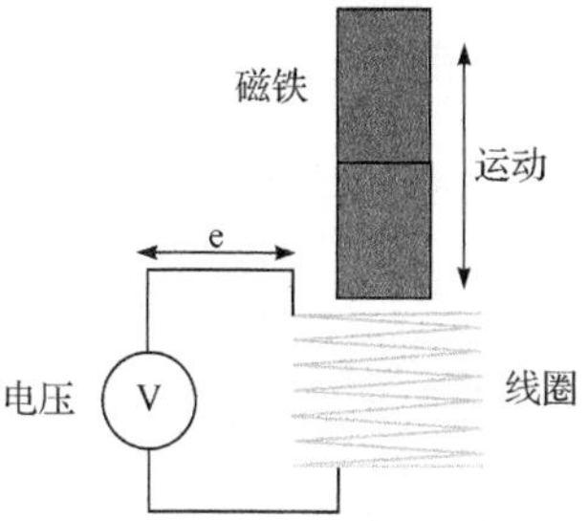

图 1-6　电磁振动能量俘获器

其中，N 是线圈匝数；Φ 是磁通量；t 是时间。有意引入有益的非线性可以提高电磁振动能量俘获性能。非线性响应幅度的增加意味着线圈切断磁感应线的速度也增加，导致感应电动势增加。电磁振动能量俘获器具有输出电流大、输出功率大、结构简单的优点，缺点是小尺寸结构的输出电压小，难以小型化和集成化[21]。

2. 压电振动能量俘获器

压电振动能量俘获器是基于压电材料的压电效应设计的，其核心能量交换装置为压电元件，如图 1-7 所示。在外部环境振动的激励下，压电元件在振动结构的驱动下变形，在其上下表面积累电荷，导致两个电极之间形成电势差，从而实现振动能到电能的转换。压电效应是振动能量俘获的基础，可以用压电本构方程表示

$$\begin{bmatrix} \boldsymbol{\delta} \\ \boldsymbol{D} \end{bmatrix} = \begin{bmatrix} s^E & d^{\mathrm{t}} \\ d & \varepsilon^T \end{bmatrix} \begin{bmatrix} \boldsymbol{\sigma} \\ \boldsymbol{E} \end{bmatrix} \tag{1-10}$$

其中，$\boldsymbol{\sigma}$ 和 $\boldsymbol{\delta}$ 分别是应变矢量和应力矢量；$\boldsymbol{E}$ 和 $\boldsymbol{D}$ 分别是电场矢量和电位移矢量；s 是恒定电场下的弹性系数；ε 是恒定应力下的介电常数；d 是正压电效应的恒力矩阵；上标 t 表示转置；上标 E 和 T 分别表示恒定电场和恒定应力下的常数。对于压电振动能量俘获，引入非线性以增加振幅可以扩大压电材料的应变和

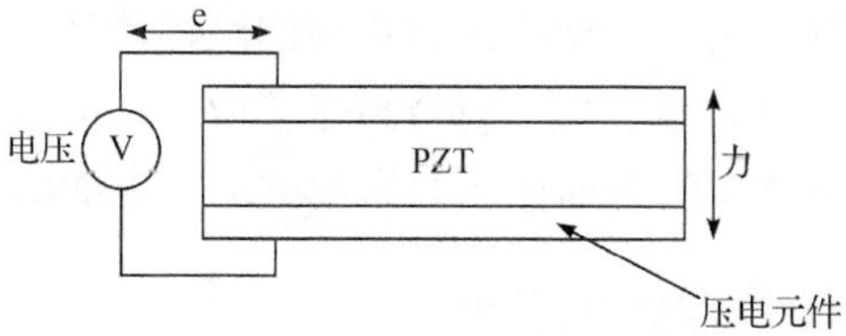

图 1-7　压电振动能量俘获器

PZT 为锆钛酸铅

应力，从而提高输出水平[22]。压电振动能量俘获器具有输出电压高、响应速度快、易于实现小型化制造、适用于低频振动环境等优点。压电振动能量俘获器的缺点是压电元件的输出电流很小，所选压电材料的压电性能会严重影响器件的输出电性能[23]。

3. 摩擦发电振动能量俘获器

摩擦发电振动能量俘获器主要是通过摩擦起电和静电感应的耦合效应，完成机械能向电能的转换，它通常被称为摩擦纳米发电机(triboelectric nanogenerator，TENG)。如图 1-8 所示，在摩擦过程中，两种不同的摩擦膜(易得电子的电子膜和易失电子的电子膜)携带不同种类的电荷，附着在摩擦膜和电极的表面，产生感应电荷[24]。随着两种摩擦膜之间距离的变化，感应电荷量发生变化，使金属电极之间的电势差发生周期性变化，驱动电子在两个金属电极之间流动，从而实现机械能向电能的转换。根据麦克斯韦位移电流方程描述：

$$J_D = \frac{\partial D}{\partial t} = \varepsilon \frac{E_D}{t} + \frac{\partial P_S}{\partial t} \tag{1-11}$$

其中，J_D 是电流密度；D 是位移电场；ε 是介质的介电常数；E_D 是电场强度；P_S 是由表面极化电荷产生的极化电场强度，该电荷来自压电效应或摩擦电效应。图 1-8 中两个摩擦膜之间的静电力为

$$f_Q = \frac{Q^2}{2\varepsilon_0 \varepsilon_r S} \tag{1-12}$$

其中，S 表示两个摩擦膜之间的接触面积；Q 表示电极之间转移的电荷总量；ε_0 和 ε_r 表示介电常数。开路电压 V_{OC} 和短路电流 I_{SC} 可以表示为

$$\begin{cases} V_{\text{OC}} = \dfrac{\sigma x}{\varepsilon_0 (l - x)} \left(\dfrac{d_1}{\varepsilon_{r1}} + \dfrac{d_2}{\varepsilon_{r2}} \right) \\ I_{\text{SC}} = \sigma w_{id} \dot{x} \end{cases} \tag{1-13}$$

其中，d_1 和 d_2 表示电介质的厚度；l 表示电介质的长度；σ 表示电荷密度；ε_{r1} 和 ε_{r2} 表示电介质的相对介电常数。对于 TENG，引入导致不同摩擦电材料之间大幅度相对运动的非线性，可以帮助增加位移电流和输出功率。TENG 作为一种新型的能源俘获和转换装置，为解决能源供应问题提供了新的思路和方向。与传统发电机相比，TENG 具有重量轻、材料易于获取、低频效果好、输出电压高的优点。TENG 的缺点是材料的表面性质容易被破坏，界面电荷密度小[25]。

1.3.3 非线性能量俘获器性能优化策略

在非线性能量俘获领域中，一个核心的技术挑战在于如何实现系统在多解区

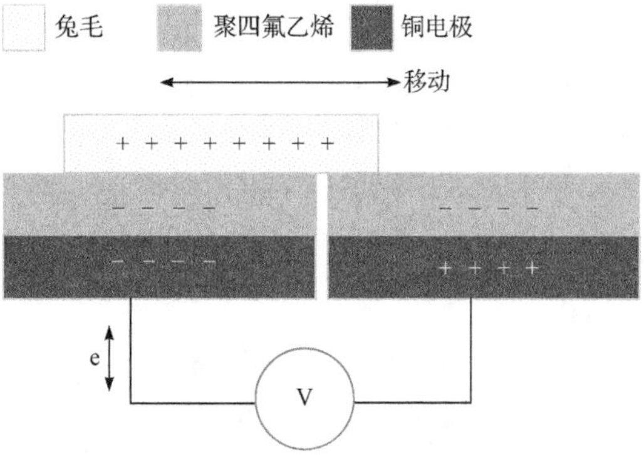

图 1-8 摩擦发电振动能量俘获器

高能轨道上的稳定运行，并高效地输出大规模电压，从而获取高输出功率。高能轨道的运动状态对于非线性能量俘获器宽带优势的发挥具有至关重要的作用。目前，诸如冲击法、电驱动方法、双双稳态叠加和负电阻原理等策略，均已被证实能有效地显著提升俘能器能量输出能力。

随着对能量俘获器的深入研究，工程结构和电路设计日益精细化、复杂化。在耦合能量俘获器的设计中，尤其需要考虑耦合过程延迟所带来的动态行为影响。这种延迟主要源于信号传输和处理的时间，以及机械与电路系统间耦合过程的固有特性。例如，电感电路上的自供电同步开关俘获技术被广泛应用于提升能量俘获器的性能。然而，开关的延迟现象难以避免，这在一定程度上会削弱能量俘获器的性能。尽管时间延迟通常用于抑制大振幅振动，但在特定的延迟参数区间内，它也可以用来增强共振附近的振幅，而大振幅振动对于振动能量的俘获至关重要[26]。此外，延迟诱导的大振幅准周期振动能在远离共振频率的宽带范围内强化能量俘获性能，从而规避共振附近可能出现的磁滞效应和不稳定性。

为了进一步提升能量俘获效率，混合能量俘获器，如电磁-压电混合、电磁-摩擦发电混合和压电-摩擦发电混合等能量俘获器，已成为研究的热点。这些混合系统通过结合不同能量俘获方式的优势，实现了能量俘获效率和稳定性的显著提升。

1.4 振动抑制、能量俘获和监测一体化

作为一项新兴技术，振动抑制、能量俘获和监测的多功能一体化可以最大程度地实现轻量化、集成化和高性能的结构设计，满足未来先进结构设计的要求。图 1-9 所示的振动抑制、能量俘获和监测多功能一体化结构引起广泛研究，其多功能、综合性与实用性使自供电传感器网络得以更好地发挥作用。多功能一体化结构在各种振动源中可同时实现振动抑制、能量俘获与监测，如图 1-10 所示。

在减少振动干扰的同时，捕捉环境振动来代替电池为无线传感器网络供电，可以实现结构的实时在线健康诊断和健康监测，具有显著的应用价值和实际效益。目前，振动抑制、能量俘获和监测多功能一体化的研究主要集中在能量俘获隔振器、能量俘获吸振器、能量俘获阻尼器三个方面。

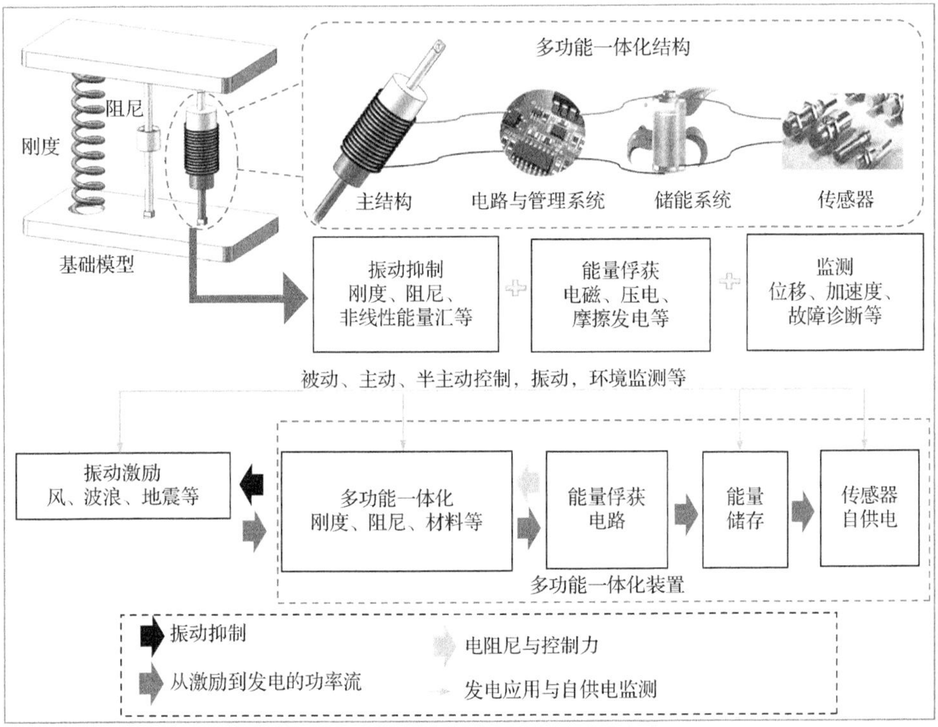

图 1-9　多功能一体化结构配置

能量俘获隔振器设计结合了被动隔振器和能量俘获器，可以将一些有害能量转换为有用的电能，同时减少振动向隔离体的传输[27]。因此，使用能量俘获装置作为隔振器的能量耗散部件，可以消除有害振动，进一步提高隔振性能。能量俘获隔振器的应用领域十分广泛，特别是在工业领域，如机床、桥梁、轨道等领域中，都有广泛的应用前景。在这些领域中，由于环境会产生大量的低频振动和噪声，严重影响工作效率和工作环境，因此能量俘获隔振器的应用显得尤为重要。使用能量俘获隔振器，可以有效地减少振动和噪声，提高设备的工作效率和稳定性，同时实现能源的回收利用。

能量俘获吸振器可以结合机电转换元件并利用非线性能量汇的非线性来拓宽能量俘获的工作带宽，不但能吸收主体结构的振动能量，还可以通过阻尼元件和机电转换元件耗散振动能量[28]。因此，能量俘获吸振器可以进一步增强非线性能量汇的吸振能力，同时还可以实现振动能量向电能的转换，可用于航空、航

图 1-10 多功能一体化结构背景

天、海洋等领域，在多源激励环境中实现高效的能量俘获。目前已设计出多种能量俘获吸振器结构，如多边形骨架结构、摆式结构等，研究表明，新型能量俘获吸振器在振动抑制和能量俘获方面优于传统吸振器[29]。

能量俘获阻尼器可以有效地减少结构振动带来的危害，提高设备安全性和可靠性，同时实现能源的回收利用[30]。电磁能量俘获阻尼器因其良好的振动抑制效果与自供电特性而得到广泛研究，在车辆悬架、桥梁缆索和建筑结构的振动抑制中表现出优异的性能。目前已提出了多种电磁能量俘获阻尼器结构设计，如惰性阻尼器、调谐质量阻尼器等，均具有良好的被动振动抑制性能，同时利用电磁感应发电结构进行能量俘获[31]。压电能量俘获阻尼器的研究较少，随着压电振动发电技术的不断进步，特别是高效的压电叠层结构和压电材料，压电发电结构有望在能量俘获阻尼器中得到应用和推广。

1.5 振动抑制与能量俘获的工程应用前景

本节介绍振动抑制技术和能量俘获的一些初步应用领域，如图 1-11 所示，将从航空工程、海洋工程、交通工程、结构工程、可再生能源工程和健康监测与振动抑制等领域讨论振动抑制与能量俘获的工程应用前景。

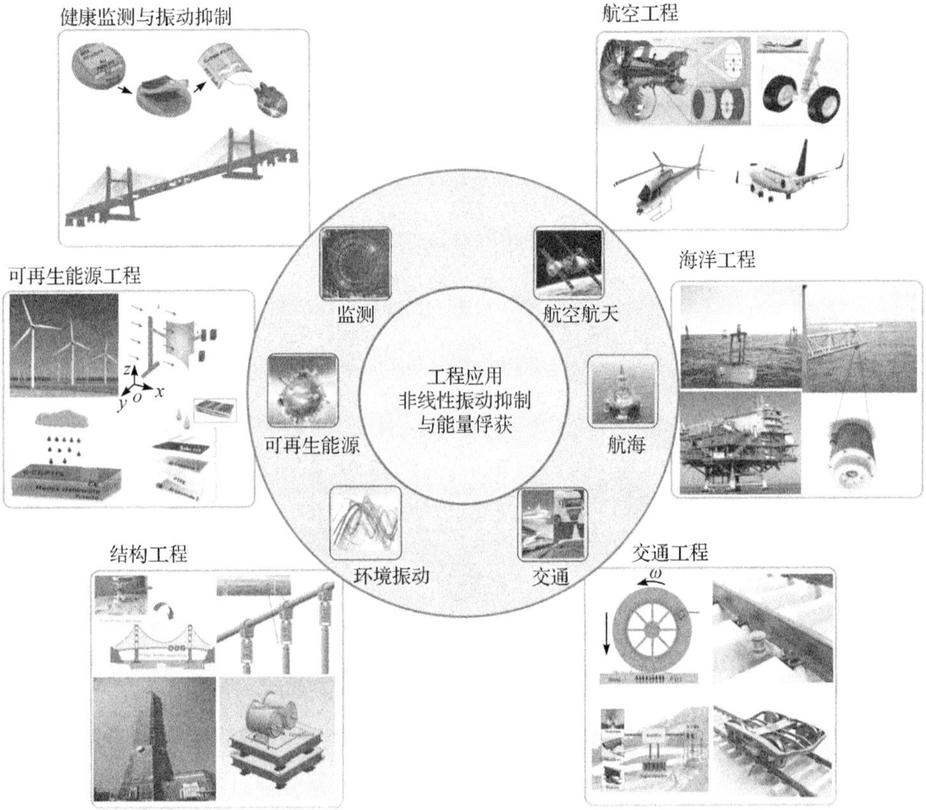

图 1-11　振动抑制技术和能量俘获工程应用领域

1. 航空工程

正在大力发展的先进飞机对安全性、可靠性和舒适性都有更高的要求，而且都具有超低基频结构。先进飞机的发展迫切需要解决结构健康监测、振动和噪声抑制等问题，因此开发自供电低功率传感器和低频隔振技术具有重要价值。Wang 等[32]提出了一种新的非线性能量俘获技术，该技术具有无线传感器，可实现喷气发动机实时自供电监测。结果显示，22.52g 的能量俘获器能够产生高功率输出和宽频带，并通过持续点亮 112 个发光二极管(LED)和喷气发动机中的自供电无线传感器系统展示了能量俘获器的输出性能。Du 等[33]提出了一种新的能量传递方法，用于统一振动能量俘获和振动衰减。所提出的安装在飞机起落架上的系统可以使起落架中的自供电无线传感器系统获取能量并提供能量补充，同时在起飞和降落过程中充当缓冲器。在 Stewart 平台的基础上，非线性刚度支柱可以大大降低所有 6 个自由度的隔离频率，同时使微隔振器的有效性显著提高[34]。

Zhang 等[35]使用轴向移动梁来模拟轴向移动的飞机，并在其中添加了非线性能量汇，从理论上研究了非线性能量汇对温度快速升高引起振动的影响。研究发现，增加非线性能量汇的阻尼可以提高其阻尼效率，但非线性能量汇的质量只能限制在一定范围内。通过选择合适的设计参数，非线性能量汇可以有效地降低轴向移动梁的振动。

2. 海洋工程

海洋可再生能源包括风、潮流、海流、波浪能、海洋热能等。海洋能源利用的主要方式是发电。低功率海洋能源发电装置可用于岛屿灯塔、航道信标和海洋观测浮标等系统。大功率海洋能源发电装置可并网或独立供电，为偏远岛屿和海洋资源开发设施提供清洁能源。发展海洋能源是培育海洋新兴产业的需要，大力发展海洋能源对推动经济结构转型、实现可持续发展具有重要作用。在过去的几年里，许多研究人员研究非线性海洋能量俘获技术[36]。非线性能量俘获器在自供电的物联网中具有巨大的潜力，可用于海洋监测和开发。当然，抑制海洋平台结构由波浪和风引起的振动也是非常必要的[37]。此外，船舶动力设备引起的振动和噪声是船舶水下辐射噪声的主要来源，也是影响仪器仪表可靠性和机组人员生活舒适度的主要因素。在对现有船舶进行改进时，减振措施是非常有效的，几乎是减少机械振动传播的唯一途径。对于跨海桥梁，特别是由悬索支撑的薄甲板，当风荷载的风速大于一定的临界值时，会发生气动弹性失稳，这将严重影响结构的安全性。因此，Vaurigaud 等[38]提出使用非线性能量汇来抑制大跨度桥梁在耦合颤振下的气动弹性失稳，并对具有立方刚度非线性能量汇的两自由度大跨度桥梁进行了理论分析。结果表明，非线性能量汇能有效地控制大跨度桥梁的气动弹性失稳。需要指出的是，由于海洋工程结构在风荷载作用下往往会释放出大量的振动能量，实际风荷载是一种非平稳随机激励，具有较强的非线性。在强风作用下，主体结构本身往往进入非线性响应阶段。因此，基于非线性能量汇的能量俘获装置在海洋工程中具有良好的发展潜力。

3. 交通工程

随着智能交通系统的发展，对交通的智能化和安全性的要求迅速提高。在交通振动过程中俘获机械能有可能为各种路边数据俘获和通信应用发电。控制运输过程中的振动可以提高安全性和舒适性。在周期性列车荷载的作用下，铁路桥梁的共振会导致铁路桥梁振幅过大，影响列车的舒适性，造成铁路桥梁的疲劳损伤[39]。因此，Younesian 等[40]使用非线性能量汇来抑制铁路桥梁在一系列移动荷载下的振动。数值模拟结果表明，合理设计的非线性能量汇可以减小铁路桥梁的挠度。Li 等[41]提出了一种新型的具有非线性 X 形结构的可调谐宽带压电俘获器，用于超低频桥梁振动能量俘获。Mei 等[42]研究了安装在车轮旋转运动中的三稳态压电能量俘获器的性能，旨在解决无线传感器电源的挑战性问题。

4. 结构工程

随着科学技术的快速发展，各种重大基础设施(如高层建筑、路桥结构、重载高铁)和高端设备(如精密加工设备、激光探测器、引力波探测装置)对振动环境的要求越来越高，这加剧了对高性能振动抑制的需求[43]。例如，即使是轻微的振动也可能降低精密仪器的精度，而过大的振动会导致电子仪器故障、部件磨损、结构疲劳，甚至损坏整个机械设备、桥梁结构、飞机和火箭等。此外，地震等突发剧烈运动甚至会给人们的生命财产造成巨大损失。利用非线性来提高被动隔振系统的性能是隔振领域的一个重要研究方向。具体来说，在过去的十年里，非线性隔振器已被广泛应用于各个工程领域。非线性能量俘获器、非线性隔振器和非线性能量汇系统的结合不仅提高了隔振系统的性能，还为无线传感器网络和物联网提供了动力。获取环境振动能量作为结构振动抑制的能源也是一个非常有前景的研究方向。

5. 可再生能源工程

随着世界新能源技术的进步和环保标准的日益严格，世界能源发展的未来将趋于清洁。将太阳能、风能、波浪能、地热能、潮汐能和其他可再生能源转换为电能不仅实现了生产过程清洁化，而且所产生的电能也是清洁能源[44]。Zhou 等[45]提出了一种 Y 形双稳态能量俘获器来清除低速风能。实验结果证明，这种新型能量俘获器可以在较宽的气流速度范围内执行穿透过程并达到相干共振。Xiao 等[36]研究了具有三种新型取力器(双稳态脉冲取力器、耦合线性取力器和耦合双稳态取力器)系统的振荡体波能量转换器。此外，Tang 等[46]提出了一种经济高效的石墨烯基导电复合材料定制的全天候太阳能电池，该电池可以在降水和阳光下运行。Roh 等[47]提出了一种新的统一收割模块，该模块薄而轻，用于在下雨、刮风和晴天条件下收割自然能源。Shi 等[48]提出了高度对称的 3D 球形水基摩擦纳米发电机，用于从环境监测到水波能场的应用。然而，将可再生能源转化为电能的非线性能量俘获装置研究较少。在有效利用非线性技术提高环境振动性能之前，有必要解决能量俘获器的设计问题。

6. 健康监测与振动抑制

随着对材料和结构损伤特性信号处理技术的深入研究，监测系统越来越多地应用于工程实践中，如先进飞机和超期服役飞机的健康监测、航天器和空间站的健康监测、民用结构的在线监测和人类生命健康监测。应用来自周围环境的非线性能量俘获器为传感器节点供电可以避免昂贵的成本和重新充电或更换电池的困难任务。学者做了将能量俘获器应用于健康监测与振动抑制的研究[49]。Le 等[50]概述了为自主无线传感器开发的不同解决方案，展望了能量俘获技术在航空系统中的未来应用前景。当遇到突发事故或危险时，健康监测系统可以通过调整和控制，将整个结构系统恢复到最佳工作状态。该系统还可以自动改变和调整结构的形状、位置、强度、刚度、阻尼或振动频率，使结构在危险时能够自我保护并继续生存。Wen 等[51]介绍了用于环境监测和安全/取证应用的可穿戴化学传感器的发展，说明了自我可持续/现场测试系统的发展。

振动抑制与能量俘获的集成创新设计面临挑战，需考虑振动抑制性能并实现智能化、在线化，涉及智能材料、结构设计及能量俘获与管理电路的研发。随着科学技术的不断进步，振动抑制与能量俘获技术将继续得到创新和发展，新材料、新结构和新技术的不断涌现，将为这些应用提供更广阔的空间和更高效的解决方案。

1.6 本书主要内容

第 1 章总述非线性振动抑制与能量俘获的概念、分类及应用。第 2 章详细描述非线性退化理论方面的研究成果，建立了仿生非线性退化振子模型，并深入阐述了其稳态与非线性退化特征，为理解这类振动系统提供了重要的理论基础。在第 3 章中，引入仿生水母双稳态压电-摩擦混合能量俘获装置，通过两种独立的发电方式实现了能量的俘获和转换，为多能源利用提供了新的途径。第 4 章则阐述多稳态能量俘获动力学方面的研究进展，探讨几何非线性对能量转换效率的影响，为设计高效能量俘获装置提供了参考。进一步地，第 5～9 章分别介绍摩擦发电能量俘获隔振器、电磁能量俘获隔振器、隔振俘能预警一体化、高阶准零刚度电磁能量俘获隔振器和仿生电磁能量俘获吸振器的研究进展和成果，为能量转换装置的设计与优化提供了全面的理论基础和实验依据。这些研究工作不仅在理论上拓展了非线性振动抑制与能量俘获领域的知识边界，也在实践中推动了相关技术的发展与应用。

参考文献

[1] TANAKA N, KIKUSHIMA Y. On the hybrid vibration isolation method[J]. Journal of Vibration, Acoustics, Stress, and Reliability in Design, 1989, 111(1): 61-70.

[2] ZHOU J X, WANG X L, XU D L, et al. Nonlinear dynamic characteristics of a quasi-zero stiffness vibration isolator with cam-roller-spring mechanisms[J]. Journal of Sound and Vibration, 2015, 346: 53-69.

[3] LI Y L, XU D L. Vibration attenuation of high dimensional quasi-zero stiffness floating raft system[J]. International Journal of Mechanical Sciences, 2017, 126: 186-195.

[4] YAN G, WU Z Y, WEI X S, et al. Nonlinear compensation method for quasi-zero stiffness vibration isolation[J]. Journal of Sound and Vibration, 2022, 523:116743.

[5] ZHAO F, CAO S Q, LUO Q T, et al. Enhanced design of the quasi-zero stiffness vibration isolator with three pairs of oblique springs: Theory and experiment[J]. Journal of Vibration and Control, 2023, 29(9-10): 2049-2063.

[6] YANG T, ZHOU S, LITAK G, et al. Recent advances in correlation and integration between vibration control, energy harvesting and monitoring[J]. Nonlinear Dynamics, 2023, 111(22): 20525-20562.

[7] YAN G, QI W H, LU J J, et al. Bio-inspired multi-joint-collaborative vibration isolation[J]. Journal of Sound and Vibration, 2024, 568:118089.

[8] CHAI Y Y, JING X J, CHAO X. X-shaped mechanism based enhanced tunable QZS property for passive vibration isolation[J]. International Journal of Mechanical Sciences, 2022, 218:107077.

[9] YAN G, ZOU H X, WANG S, et al. Bio-inspired toe-like structure for low-frequency vibration isolation[J]. Mechanical Systems and Signal Processing, 2022, 162:108010.

[10] ZHANG Z S, ZHANG J, YIN H, et al. Bio-inspired structure reference model oriented robust full vehicle active suspension system control via constraint-following[J]. Mechanical Systems and Signal Processing, 2022, 179:109368.

[11] GENDELMAN O V. Targeted energy transfer in systems with non-polynomial nonlinearity[J]. Journal of Sound and Vibration, 2008, 315(3): 732-745.

[12] LO FEUDO S, TOUZÉ C, BOISSON J, et al. Nonlinear magnetic vibration absorber for passive control of a multi-storey structure[J]. Journal of Sound and Vibration, 2019, 438: 33-53.

[13] TAGHIPOUR J, DARDEL M. Steady state dynamics and robustness of a harmonically excited essentially nonlinear oscillator coupled with a two-DOF nonlinear energy sink[J]. Mechanical Systems and Signal Processing, 2015, 62-63: 164-182.

[14] MALATKAR P, NAYFEH A H. On the transfer of energy between widely spaced modes in structures[J]. Nonlinear Dynamics, 2003, 31(2): 225-242.

[15] HUANG D M, LI R H, YANG G D. On the dynamic response regimes of a viscoelastic isolation system integrated with a nonlinear energy sink[J]. Communications in Nonlinear Science and Numerical Simulation, 2019, 79:104916.

[16] PELLEGRINI S P, TOLOU N, SCHENK M, et al. Bistable vibration energy harvesters: A review[J]. Journal of Intelligent Material Systems and Structures, 2013, 24(11): 1303-1312.

[17] ERTURK A, HOFFMANN J, INMAN D J. A piezomagnetoelastic structure for broadband vibration energy harvesting[J]. Applied Physics Letters, 2009, 94(25):254102.

[18] LITAK G, FRISWELL M I, ADHIKARI S. Magnetopiezoelastic energy harvesting driven by random excitations[J]. Applied Physics Letters, 2010, 96(21):214103.

[19] STANTON S C, MCGEHEE C C, MANN B P. Nonlinear dynamics for broadband energy harvesting: Investigation of a bistable piezoelectric inertial generator[J]. Physica D-Nonlinear Phenomena, 2010, 239(10): 640-653.

[20] ZHOU Z Y, QIN W Y, ZHU P. Improve efficiency of harvesting random energy by snap-through in a quad-stable harvester[J]. Sensors and Actuators A-Physical, 2016, 243: 151-158.

[21] LI M, JING X J. A bistable X-structured electromagnetic wave energy converter with a novel mechanical-motion-rectifier: Design, analysis, and experimental tests[J]. Energy Conversion and Management, 2021, 244:114466.

[22] KIM H S, KIM J H, KIM J. A review of piezoelectric energy harvesting based on vibration[J]. International Journal of

Precision Engineering and Manufacturing, 2011, 12(6): 1129-1141.

[23] MA X Q, LI H T, ZHOU S X, et al. Characterizing nonlinear characteristics of asymmetric tristable energy harvesters[J]. Mechanical Systems and Signal Processing, 2022, 168:108612.

[24] LIU W L, WANG Z, WANG G, et al. Integrated charge excitation triboelectric nanogenerator[J]. Nature Communications, 2019, 10:1426.

[25] HAN Q K, JIANG Z Y, SHAO Q Y, et al. Electromechanical modeling of rolling spherical triboelectric nanogenerators considering nonlinear effects[J]. Advanced Theory and Simulations, 2022, 5(12):2200373.

[26] YANG T, CAO Q. Time delay improves beneficial performance of a novel hybrid energy harvester[J]. Nonlinear Dynamics, 2019, 96(2): 1511-1530.

[27] YANG T, ZHANG Y Q, ZHOU S X. Multistage oscillators for ultra-low frequency vibration isolation and energy harvesting[J]. Science China Technological Sciences, 2022, 65(3): 631-645.

[28] WANG X, WU H M, YANG B T. Nonlinear multi-modal energy harvester and vibration absorber using magnetic softening spring[J]. Journal of Sound and Vibration, 2020, 476:115332.

[29] KREMER D, LIU K F. A nonlinear energy sink with an energy harvester: Harmonically forced responses[J]. Journal of Sound and Vibration, 2017, 410: 287-302.

[30] CHOI Y T, WERELEY N M. Self-powered magnetorheological dampers[J]. Journal of Vibration and Acoustics, 2009, 131(4):044501.

[31] MARIAN L, GIARALIS A. The tuned mass-damper-inerter for harmonic vibrations suppression, attached mass reduction, and energy harvesting[J]. Smart Structures and Systems, 2017, 19(6): 665-678.

[32] WANG Y L, YANG Z B, LI P Y, et al. Energy harvesting for jet engine monitoring[J]. Nano Energy, 2020, 75:104853.

[33] DU Y, DENG J L, LI P, et al. Energy transfer and redistribution: An approach for unifying vibrational energy harvesting and vibration attenuation[J]. Nano Energy, 2020, 78:105245.

[34] ZHANG Y, GUO Z X, HE H D, et al. A novel vibration isolation system for reaction wheel on space telescopes[J]. Acta Astronautica, 2014, 102: 1-13.

[35] ZHANG Y W, ZHANG H, HOU S, et al. Vibration suppression of composite laminated plate with nonlinear energy sink[J]. Acta Astronautica, 2016, 123: 109-115.

[36] XIAO X L, XIAO L F, PENG T. Comparative study on power capture performance of oscillating-body wave energy converters with three novel power take-off systems[J]. Renewable Energy, 2017, 103: 94-105.

[37] ZHANG B L, HAN Q L, ZHANG X M. Recent advances in vibration control of offshore platforms[J]. Nonlinear Dynamics, 2017, 89(2): 755-771.

[38] VAURIGAUD B, MANEVITCH L I, LAMARQUE C H. Suppressing aeroelastic instability in a suspension bridge using a nonlinear absorber[C]. Proceedings of the IUTAM Symposium on Nonlinear Dynamics for Advanced Technologies and Engineering Design, London, 2010: 263-277.

[39] ZHANG Y, CAI S C S, DENG L. Piezoelectric-based energy harvesting in bridge systems[J]. Journal of Intelligent Material Systems and Structures, 2014, 25(12): 1414-1428.

[40] YOUNESIAN D, NANKALI A, MOTIEYAN M E, et al. Application of the nonlinear energy sink systems in vibration suppression of railway bridge[C]. Proceedings of the 10th ASME Biennial Conference on Engineering Systems Design and Analysis, Istanbul, 2010: 227-231.

[41] LI M, JING X J. Novel tunable broadband piezoelectric harvesters for ultralow-frequency bridge vibration energy harvesting[J]. Applied Energy, 2019, 255:113829.

[42] MEI X T, ZHOU S X, YANG Z C, et al. A tri-stable energy harvester in rotational motion: Modeling, theoretical analyses and experiments[J]. Journal of Sound and Vibration, 2020, 469:115142.

[43] TU G W, DONG X J, CHEN S Q, et al. Iterative nonlinear chirp mode decomposition: A Hilbert-Huang transform-like method in capturing intra-wave modulations of nonlinear responses[J]. Journal of Sound and Vibration, 2020, 485:115571.

[44] JIANG T, ZHANG L M, CHEN X Y, et al. Structural optimization of triboelectric nanogenerator for harvesting water wave energy[J]. ACS Nano, 2015, 9(12): 12562-12572.

[45] ZHOU Z Y, QIN W Y, ZHU P, et al. Scavenging wind energy by a Y-shaped bi-stable energy harvester with curved wings[J]. Energy, 2018, 153: 400-412.

[46] TANG Q W, ZHANG H N, HE B L, et al. An all-weather solar cell that can harvest energy from sunlight and rain[J]. Nano Energy, 2016, 30: 818-824.

[47] ROH H, KIM I, KIM D. Ultrathin unified harvesting module capable of generating electrical energy during rainy, windy, and sunny conditions[J]. Nano Energy, 2020, 70:104515.

[48] SHI Q F, WANG H, WU H, et al. Self-powered triboelectric nanogenerator buoy ball for applications ranging from environment monitoring to water wave energy farm[J]. Nano Energy, 2017, 40: 203-213.

[49] MANSOURKIAIE F, ISMAIL L S, ELFOULY T M, et al. Maximizing lifetime in wireless sensor network for structural health monitoring with and without energy harvesting[J]. IEEE Access, 2017, 5: 2383-2395.

[50] LE M Q, CAPSAL J F, LALLART M, et al. Review on energy harvesting for structural health monitoring in aeronautical applications[J]. Progress in Aerospace Sciences, 2015, 79: 147-157.

[51] WEN F, HE T Y Y, LIU H C, et al. Advances in chemical sensing technology for enabling the next-generation self-sustainable integrated wearable system in the IoT era[J]. Nano Energy, 2020, 78:105155.

第 2 章　非线性退化理论及应用

非线性退化是指通过调节结构的参数使得非线性恢复力发生退化的过程，其设计目标在于减弱非线性并降低共振频率。可以通过非线性退化设计具有不同非线性特征的振子，如退化双稳态振子和高阶准零刚度振子等，从而满足多样化的工程需求。在非线性退化结构研究领域，典型设计有高阶准零刚度隔振器[1,2]、准零刚度弹性结构[3]和零刚度中性稳定圆柱壳[4]等。本章提出一种仿生非线性退化振子，经过非线性退化可以转化为双稳态振子和高阶准零刚度振子，这种退化过程不但可以降低超低频区域的不稳定解个数，还可以降低系统的共振频率，从而在超低频或低随机激励下实现大振幅的阱间振动。本章提出了基于非线性退化机理的隔振和能量俘获理论与方法，详细分析了简谐和随机激励下非线性退化振子的隔振和能量俘获性能。同时，利用退化双稳态振子的随机共振特性，有效提高了系统输出信噪比，增强弱故障信号，从而实现早期故障诊断。在本章中，2.1 节详细阐述了仿生非线性模型及其不同的退化行为。2.2 节对非线性退化振子的动力学特性进行了深入分析，并探讨了其潜在的工程应用价值。2.3 节介绍了一种基于非线性退化理论的多级隔振器。最后，对本章内容进行了总结。

2.1　退化特征

2.1.1　仿生非线性模型

自然界孕育了无数形态各异的生物，它们的肢体结构往往成为结构设计的灵感源泉。受生物肢体形态结构与双翅目昆虫飞行机制的启发，设计了一种具有几何非线性优势的仿生非线性退化振子，这一创新设计巧妙地融合了生物与工程两个领域。如图 2-1(a)和(b)所示，仿生非线性退化振子的灵感来源为生物肢体形态结构和双翅目昆虫飞行机制，简化力学模型如图 2-1(c)所示。点 A 和 C 表示滑块，点 B 表示集中质量块 M。

弹簧的两种不同分布形式分别如图 2-2(a)和(c)所示，仿生非线性退化振子由自由长度为 l、刚度为 k 的两对斜弹簧和一对长度为 c 的刚性连杆组成，两者通过滑块连接。a 是弹簧铰接点和滑块之间的距离，定义滑块往左滑动为正方向，往右滑动则是负方向。b 是上下两个弹簧铰接点在垂直方向上的高度。d 为斜弹簧处于自然状态下滑块与集中质量块 M 之间的距离。当发生振动时，假设质量

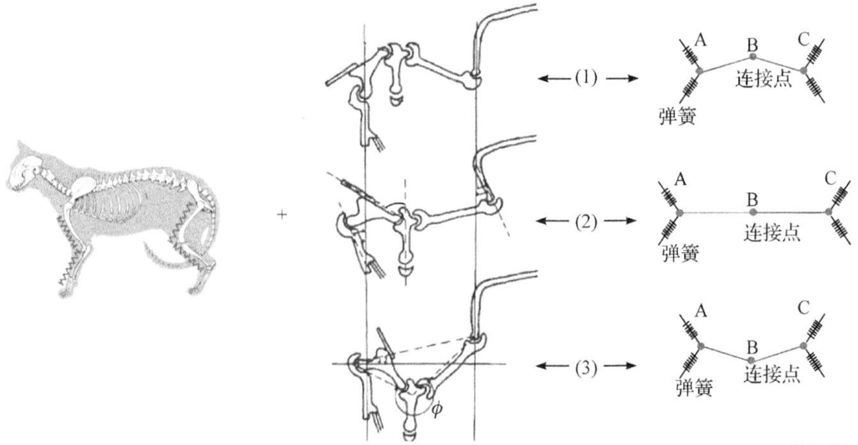

(a) 生物肢体形态结构　(b) 双翅目昆虫飞行机制　(c) 仿生非线性退化振子简化力学模型

图 2-1　仿生非线性模型灵感来源

块的垂直位移为 y，仿生非线性退化振子的运动过程如图 2-2(b)和(d)所示。

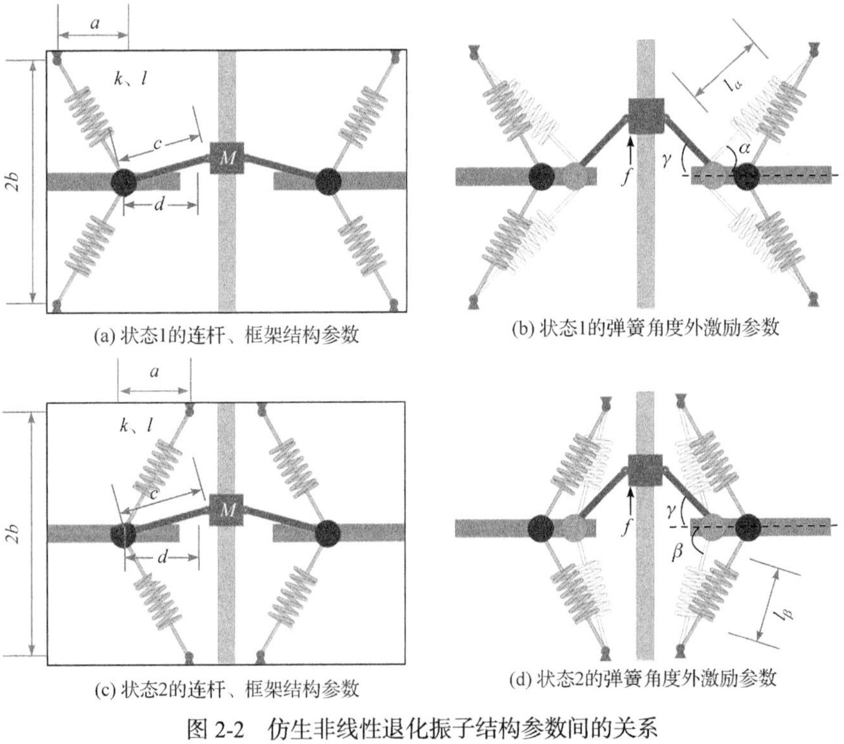

(a) 状态1的连杆、框架结构参数　(b) 状态1的弹簧角度外激励参数

(c) 状态2的连杆、框架结构参数　(d) 状态2的弹簧角度外激励参数

图 2-2　仿生非线性退化振子结构参数间的关系

通过非线性退化能够使多稳态结构拥有不同非线性特性，从而适应不同应用需求。图 2-1 所示的仿生非线性退化振子是一种多稳态结构。由于多结构的耦合，其稳态数量超过了双翅目昆虫飞行结构[5]。本节主要研究多稳态系统的退化

问题，并探讨非线性退化的优势。首先，对仿生非线性退化振子进行建模。

对于直接作用在集中质量块 M 上的轴向力 f 所引起的位移 y，等效恢复力 $f_{\mathrm{r}}(y)$ 可以表示为

$$f_{\mathrm{r}}(y)=\begin{cases}f_{\mathrm{r}\alpha}(y)=4kl_{\alpha}\sin\alpha\tan\gamma\\ f_{\mathrm{r}\beta}(y)=4kl_{\beta}\sin\beta\tan\gamma\end{cases} \tag{2-1}$$

如图 2-2(b)和(d)所示，l_{α} 和 l_{β} 为弹簧的形状变化量，α、β 和 γ 为弹簧作用线与水平轴连接点之间的夹角。

根据图 2-2 所示的结构参数间的几何关系，等效恢复力 $f_{\mathrm{r}}(y)$ 可以表示为

$$f_{\mathrm{r}}(y)=4ky\left(1-\frac{l}{\sqrt{\left(d-\sqrt{c^2-y^2}+a\right)^2+b^2}}\right)\left(\frac{d+a}{\sqrt{c^2-y^2}}-1\right),\quad |y|<c \tag{2-2}$$

结构的势能可以表示为

$$U_{\mathrm{r}}(y)=2k\left(-2l\sqrt{(a+b)\left(a-2\sqrt{c^2-y^2}+d\right)+b^2+c^2-y^2}-2(a+d)\sqrt{c^2-y^2}\right) \tag{2-3}$$

垂直方向上系统的等效刚度表示为

$$\begin{aligned}K_{\mathrm{r}}(y)=&\frac{4kly^2\left(\dfrac{a+d}{\sqrt{c^2-y^2}}-1\right)\left(a-\sqrt{c^2-y^2}+d\right)}{\sqrt{c^2-y^2}\left(\left(a-\sqrt{c^2-y^2}+d\right)^2+b^2\right)^{\frac{3}{2}}}\\&+\frac{4kly^2(a+d)\left(1-\dfrac{l}{\sqrt{\left(a-\sqrt{c^2-y^2}+d\right)^2+b^2}}\right)}{\left(c^2-y^2\right)^{\frac{3}{2}}}\\&+4k\left(\frac{a+d}{\sqrt{c^2-y^2}}-1\right)\left(1-\frac{l}{\sqrt{\left(a-\sqrt{c^2-y^2}+d\right)^2+b^2}}\right)\end{aligned} \tag{2-4}$$

仿生非线性退化振子的哈密顿(Hamilton)函数可以表示为

$$H(y,\dot{y})=\frac{1}{2}\dot{y}^2+U_{\mathrm{r}}(y) \tag{2-5}$$

令 $f_{\mathrm{r}}(y)=0$，可以得到仿生非线性退化振子的平衡点 $\left.(y_i,\dot{y}_i)\right|_{i=1,2,\cdots,7}$

$$\begin{cases}(y_1,\dot{y}_1)=(0,0)\\ (y_{2,3},\dot{y}_{2,3})=\left(\pm\sqrt{-a^2-2ad+c^2-d^2},0\right)\\ (y_{4,5},\dot{y}_{4,5})=\left(\pm\sqrt{-a^2-2ad+c^2-d^2-2\sqrt{-(a+b)^2\left(b^2-l^2\right)}+b^2-l^2},0\right)\\ (y_{6,7},\dot{y}_{6,7})=\left(\pm\sqrt{-a^2-2ad+c^2-d^2+2\sqrt{-(a+b)^2\left(b^2-l^2\right)}+b^2-l^2},0\right)\end{cases} \tag{2-6}$$

可以看出，平衡点与系统的几何参数和弹簧参数有关。由于参数的不同，系统的平衡点的数量也会发生变化。接下来，将讨论基于平衡点变化的非线性退化行为。

2.1.2 非线性退化分析

1. 退化为双稳态系统

与传统的非线性隔振器不同，双稳态系统具有两个稳定的平衡位置，双稳态结构振动可以产生快速跃迁现象，实现大振幅阱间振动。在这种情况下，部分共振区域的传递率小于 1，这有利于隔振。近年来，研究人员主要利用双稳态结构进行了隔振[6]、能量俘获[7]和故障诊断[8]等方面的研究。因此，下文将对退化为双稳态结构的仿生非线性退化振子(简称退化双稳态振子)进行讨论。

假设弹簧的刚度 k 和长度 l 与刚性连杆的长度 c 为常数，结构的几何参数 a、b、d 为可变参数。变化后得到的结果，可以分为以下几种情况。

情况Ⅰ：当几何参数和弹簧参数满足 $a<0$、$|a|<2d$、$b=l$ 和 $d=c$ 时，仿生非线性退化振子的平衡点为

$$(y_1,\dot{y}_1)=(0,0),\ \left(y_{2,3,4,5,6,7},\dot{y}_{2,3,4,5,6,7}\right)=\left(\pm\sqrt{-a^2+2ad},0\right) \tag{2-7}$$

其中，点 $\left(\pm\sqrt{-a^2+2ad},0\right)$ 是非线性退化后得到的平衡点，多稳态系统退化为双稳态形式。

情况Ⅱ：当几何参数和弹簧参数满足 $a=0$、$b=l$ 和 $d<c$ 时，仿生非线性退化振子的平衡点为

$$(y_1,\dot{y}_1)=(0,0),\ \left(y_{2,3,4,5,6,7},\dot{y}_{2,3,4,5,6,7}\right)=\left(\pm\sqrt{c^2-d^2},0\right) \tag{2-8}$$

其中，点 $\left(\pm\sqrt{c^2-d^2},0\right)$ 是非线性退化后得到的平衡点。退化后的双稳态系统与双翅目昆虫飞行机制双稳态系统的平衡点相同。

情况Ⅲ：当几何参数和弹簧参数满足 $a=0$、$b<l$ 和 $d=c$ 时，仿生非线性退化振子的平衡点为

$$\left(y_{1,2,3},\dot{y}_{1,2,3}\right)=(0,0),\ \left(y_{6,7},\dot{y}_{6,7}\right)=\left(\pm\sqrt{2d\sqrt{-\left(b^2-l^2\right)}+b^2-l^2},0\right) \tag{2-9}$$

其中，点 $(0,0)$ 是非线性退化后得到的平衡点。需要特别指出的是，在这种条件下，平衡点 $\left(y_{4,5},\dot{y}_{4,5}\right)$ 不存在。

图 2-3 展示了不同几何参数 a、b、d 与 $k=1000$、$l=0.6$、$c=0.5$ 下的恢复力曲线的比较分析：

(1) $a=-0.2$、$b=0.58$、$d=0.5$ 为未退化的非线性振子的结构参数；

(2) $a=-0.2$、$b=0.6$、$d=0.5$ 为情况Ⅰ中退化双稳态振子的结构参数；

(3) $a=0$、$b=0.6$、$d=0.4$ 为情况Ⅱ中退化双稳态振子的结构参数；

(4) $a=0$、$b=0.5$、$d=0.5$ 为情况Ⅲ中退化双稳态振子的结构参数。

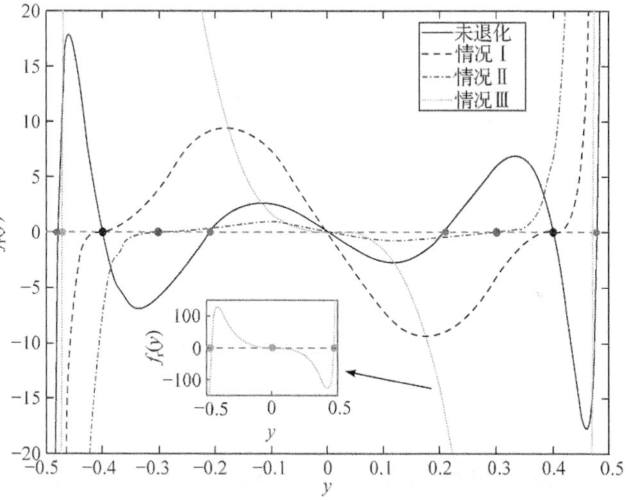

图 2-3　退化为双稳态系统后的恢复力曲线的比较分析

不同情况的曲线与 $f_r(y)=0$ 的交点代表不同的退化平衡点

未退化的非线性振子有 7 个平衡点，表现出复杂的四稳态特性。情况Ⅰ、情况Ⅱ和情况Ⅲ所代表曲线与 $f_r(y)=0$ 相交所形成的点代表不同退化条件下的不同退化平衡点。其中，情况Ⅰ和情况Ⅲ的退化平衡点也是未退化的非线性振子的平衡点。情况Ⅱ代表退化平衡点，也是一个新的平衡点。与未退化的非线性振子相比，退化双稳态振子的恢复力曲线在退化平衡点附近变得更加平滑。情况Ⅱ的恢复力在整个位移范围内变化相对较小，而情况Ⅲ的恢复力变化相对较大。因此，可以根据不同的应用场景来选择不同的退化方法。

同时，利用哈密顿函数(2-5)，可以对相轨迹进行对比分析。如图 2-4 所示，根据退化平衡点的稳态特性，可分为高阶中心退化(情况Ⅰ和情况Ⅱ)和鞍点退化(情况Ⅲ)。

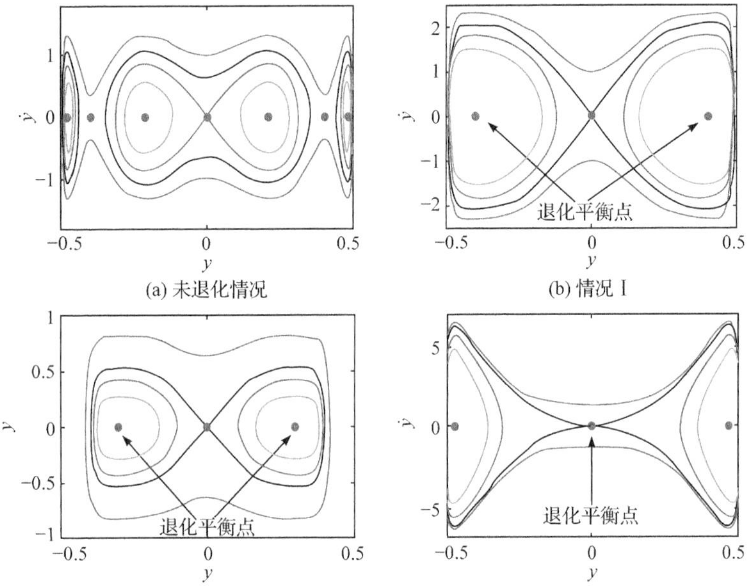

(a) 未退化情况　(b) 情况Ⅰ　(c) 情况Ⅱ　(d) 情况Ⅲ

图 2-4　无扰动非线性系统相图的比较分析

2. 退化为高阶准零刚度系统

通过调整几何参数，仿生非线性退化振子可以实现高阶准零刚度(high-order quasi-zero stiffness，HQZS)特征。HQZS 系统不仅在平衡位置附近具有超低刚度，还可以在超低频或弱激励下实现隔振或大振幅阱间振动。因此，下面将对退化为 HQZS 系统的仿生非线性退化振子(简称退化 HQZS 振子)进行讨论。

情况Ⅳ：假设非线性退化振子的几何参数和弹簧参数满足 a=0、b=l 和 d=c，仿生非线性退化振子的平衡点为

$$\left(y_{1,2,3,4,5,6,7},\dot{y}_{1,2,3,4,5,6,7}\right)=\left(0,0\right) \tag{2-10}$$

其中，点(0, 0)是经过高阶中心退化的振子唯一的平衡点。将等效恢复力 $f_{\mathrm{r}}(y)$ 泰勒展开，可以得到：

$$f_{\mathrm{r}}(y)=\frac{k}{4b^2d^4}y^7 \tag{2-11}$$

垂直方向等效刚度 $K_{\mathrm{r}}\left(y\right)$ 可以写为

$$K_r(y)=\frac{7k}{4b^2d^4}y^6 \tag{2-12}$$

如图 2-5 所示，在高阶退化条件 a=0、b=0.6、d=0.5 下，HQZS 退化系统的等效恢复力、确定性势能、相图和等效刚度曲线在退化平衡点附近平滑区间更宽。因此，情况Ⅳ所表示的退化 HQZS 振子在超低频隔振和振动能量俘获方面具有明显的优势。明显看出，退化 HQZS 振子的非线性等效恢复力非常简单，避免了未退化系统的一些复杂非线性特性问题。因此，它能够减少许多非线性结构在工程应用中导致的非线性问题。

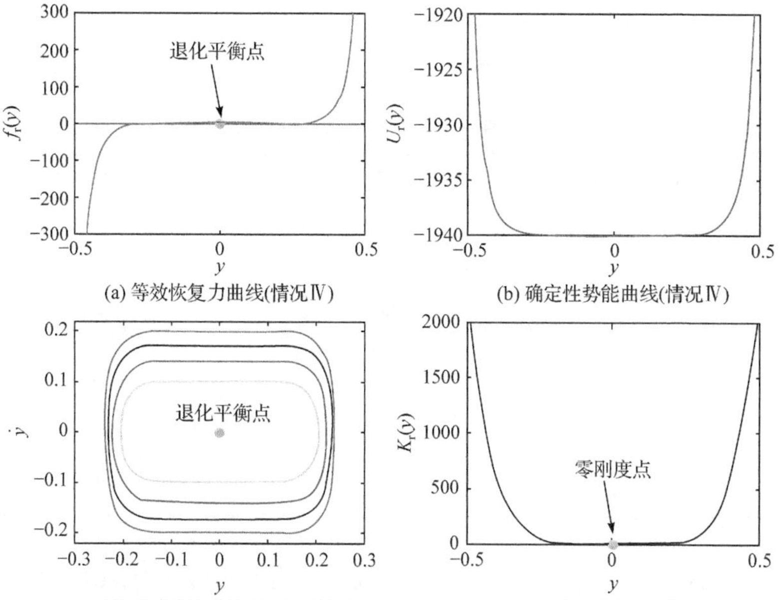

(a) 等效恢复力曲线(情况Ⅳ)　(b) 确定性势能曲线(情况Ⅳ)
(c) 无扰动非线性系统的相图(情况Ⅳ)　(d) 等效刚度曲线(情况Ⅳ)

图 2-5　HQZS 退化系统

2.1.3　不动点近似拟合

为了方便动力学分析，将式(2-2)改写为多项式。基于不动点近似拟合方法，等效恢复力 $f_r(y)$ 可以表示为

$$\begin{aligned}f_r(y)&=4k\frac{\delta}{|y_{2,3}|^2|y_{4,5}|^2|y_{6,7}|^2}y(y-y_2)(y-y_3)(y-y_4)(y-y_5)(y-y_6)(y-y_7)\\&=-\varphi_0y+\varphi_1y^3+\varphi_2y^5+\varphi_3y^7\end{aligned} \tag{2-13}$$

其中，

$$\begin{cases}\varphi_0 = 4k\delta \\ \varphi_1 = \dfrac{\varphi_0\left(\left|y_{2,3}\right|^2\left|y_{4,5}\right|^2+\left|y_{2,3}\right|^2\left|y_{6,7}\right|^2+\left|y_{2,3}\right|^2\left|y_{4,5}\right|^2\left|y_{6,7}\right|^2\right)}{\left|y_{2,3}\right|^2\left|y_{4,5}\right|^2\left|y_{6,7}\right|^2} \\ \varphi_2 = \dfrac{\varphi_0\left(\left|y_{2,3}\right|^2+\left|y_{4,5}\right|^2+\left|y_{6,7}\right|^2\right)}{\left|y_{2,3}\right|^2\left|y_{4,5}\right|^2\left|y_{6,7}\right|^2} \\ \varphi_3 = \dfrac{\varphi_0}{\left|y_{2,3}\right|^2\left|y_{4,5}\right|^2\left|y_{6,7}\right|^2}\end{cases} \tag{2-14}$$

其中，δ 为恢复系数。不同退化情况下系统的恢复力近似表达式如表 2-1 所示。

表 2-1　不同退化情况下系统的恢复力近似表达式

退化情况	恢复力	退化点
Ⅰ	$-\varphi_0 y+\dfrac{3\varphi_0}{\left\|y_{2,3}\right\|^2}y^3-\dfrac{3\varphi_0}{\left\|y_{2,3}\right\|^4}y^5+\dfrac{\varphi_0}{\left\|y_{2,3}\right\|^6}y^7$	$\left(\pm\sqrt{-a^2+2ad},0\right)$
Ⅱ	$-\varphi_0 y+\dfrac{3\varphi_0}{\left\|y_{2,3}\right\|^2}y^3-\dfrac{3\varphi_0}{\left\|y_{2,3}\right\|^4}y^5+\dfrac{\varphi_0}{\left\|y_{2,3}\right\|^6}y^7$	$\left(\pm\sqrt{c^2-d^2},0\right)$
Ⅲ	$-\varphi_0 y^3+\dfrac{\varphi_0}{\left\|y_{2,3}\right\|^6}y^5$	$(0,0)$
Ⅳ	$\varphi_0 y^7$	$(0,0)$

四种不同退化情况下的退化系统近似拟合力-位移曲线如图 2-6 所示。图 2-6(a) 展示了泰勒近似、不动点近似拟合和精确表达式下的力-位移曲线的对比。不动点近似拟合和精确表达式结果在$|y|<c$ 的位移范围内误差很小。对于更小位移范围，泰勒近似则更精确。可以看到，在情况Ⅰ、Ⅱ和Ⅳ的退化情形下，两种近似

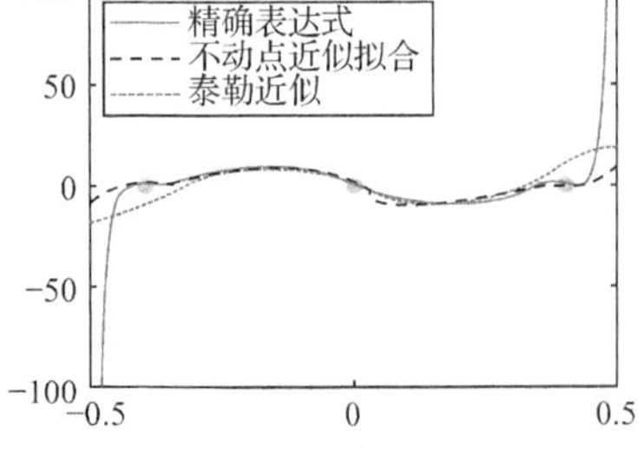

(a) 情况Ⅰ

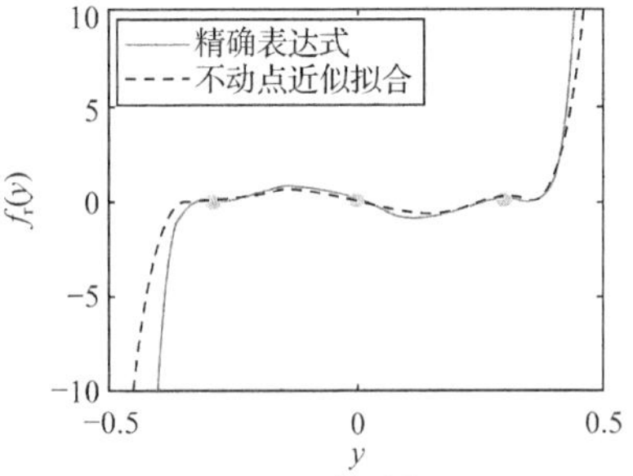

(b) 情况Ⅱ

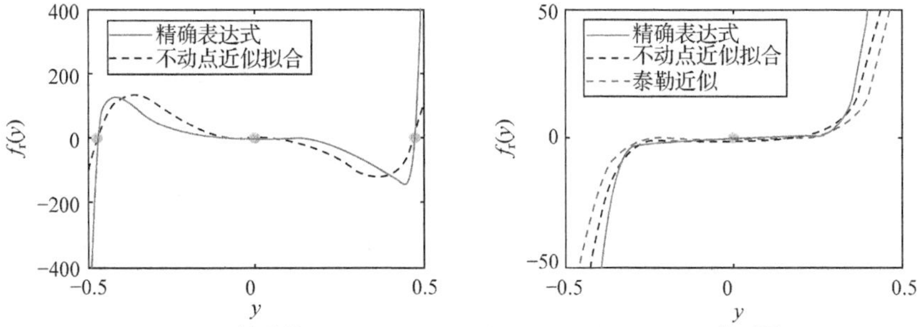

(c) 情况Ⅲ　　(d) 情况Ⅳ

图 2-6　退化系统近似拟合力-位移曲线

方法在$|y|<c$ 的位移范围内的误差非常小。但泰勒近似在大位移时，误差更大。因此，不动点近似拟合得到的力-位移曲线更接非线性退化振子的精确表达式，减小了对大位移不稳定性的预测误差。应该注意的是，不动点近似拟合方法没有设置位移边界条件，因此对超出边界区域力的行为没有限制。

2.2　非线性退化动力学

2.2.1　简谐激励下动力学分析

1. 幅-频响应

仿生非线性退化振子的动能为

$$T_{\mathrm{ke}}=\frac{1}{2}MY^2(t) \tag{2-15}$$

其中，$Y(t)$是非线性振子的绝对位移。

根据拉格朗日原理，仿生非线性退化振子的欧拉-拉格朗日方程为

$$\frac{\mathrm{d}}{\mathrm{d}t}\left(\frac{\partial\hat{\Pi}}{\partial\dot{Y}}\right)-\frac{\partial\hat{\Pi}}{\partial Y}=M\ddot{Y}+f_{\mathrm{r}}\left(y(t)\right)=-C_{\mathrm{d}}\dot{y}(t) \tag{2-16}$$

其中，$\hat{\Pi}=T_{\mathrm{ke}}-U_{\mathrm{r}}$，是拉格朗日函数。

设相对位移$y(t)=Y(t)-z(t)$，其中$z(t)$为基础位移。仿生非线性退化振子的运动微分方程为

$$M\ddot{y}(t)+C_{\mathrm{d}}\dot{y}(t)+f_{\mathrm{r}}\left(y(t)\right)=-M\ddot{z}(t) \tag{2-17}$$

其中，C_{d}为等效阻尼；$\ddot{z}(t)$为基础激励；$\ddot{y}(t)$与$\dot{y}(t)$分别为 y 对时间的二阶微分与一阶微分；$f_{\mathrm{r}}\left(y(t)\right)$为弹簧等效恢复力。将弹簧等效恢复力的近似表达式(2-13)

代入动力学方程(2-17)并无量纲化，可以得到：

$$\ddot{\hat{y}}(\tau)+c_{\mathrm{d}}\dot{\hat{y}}(\tau)-\omega_0^2\hat{y}(\tau)+\hat{\varphi}_1\hat{y}^3(\tau)+\hat{\varphi}_2\hat{y}^5(\tau)+\hat{\varphi}_3\hat{y}^7(\tau)=-\ddot{\hat{z}}(\tau) \tag{2-18}$$

其中，$\tau=\omega_0 t$；$c_{\mathrm{d}}=\dfrac{C_{\mathrm{d}}}{M\omega_0}$；$\omega_0^2=\dfrac{\varphi_0}{M}$；$\hat{\varphi}_1=\dfrac{\varphi_1}{M\omega_0^2}$；$\hat{\varphi}_2=\dfrac{\varphi_2}{M\omega_0^2}$；$\hat{\varphi}_3=\dfrac{\varphi_3}{M\omega_0^2}$。激励$\ddot{\hat{z}}(\tau)$是一个简谐振动信号，可以表示为$\ddot{\hat{z}}(\tau)=F\cos(\omega\tau)$，其中 F 为激励振幅；ω 为激励频率。

采用多尺度方法对所提出的仿生非线性退化振子进行动力学分析，假设：

$$c_{\mathrm{d}}=\varepsilon\overline{c},\omega_0^2=\varepsilon\overline{\omega}_0^2,\hat{\varphi}_1=\varepsilon\overline{\varphi}_1,\hat{\varphi}_2=\varepsilon\overline{\varphi}_2,\hat{\varphi}_3=\varepsilon\overline{\varphi}_3,\ddot{\hat{z}}(\tau)=-\varepsilon F\cos(\omega\tau)=-\varepsilon\ddot{\overline{z}}$$

变量$\varepsilon>0$是一个小参数，可以用来衡量系统参数的大小。将式(2-18)改写为

$$\omega^2\frac{\mathrm{d}^2\hat{y}}{\mathrm{d}\tau^2}+\varepsilon\overline{c}\omega\frac{\mathrm{d}\hat{y}}{\mathrm{d}\tau}-\varepsilon\overline{\omega}_0{}^2\hat{y}(\tau)+\varepsilon\overline{\varphi}_1\hat{y}^3(\tau)+\varepsilon\overline{\varphi}_2\hat{y}^5(\tau)+\varepsilon\overline{\varphi}_3\hat{y}^7(\tau)=\varepsilon\ddot{\overline{z}}(\tau) \tag{2-19}$$

假设式(2-19)的一阶近似解为

$$\hat{y}(\tau,\varepsilon)=y_0(T_0,T_1)+\varepsilon y_1(T_0,T_1)+\cdots \tag{2-20}$$

其中，$T_0=\tau$ 和 $T_1=\varepsilon\tau$ 分别表示快时间尺度和慢时间尺度。通过引入 $D_0=\dfrac{\partial}{\partial T_0}$，$D_1=\dfrac{\partial}{\partial T_1}$，$D_2=\dfrac{\partial}{\partial T_2}$，可以得到以下表达式：

$$\frac{\mathrm{d}}{\mathrm{d}\tau}=\frac{\partial}{\partial T_0}\frac{\partial T_0}{\partial\tau}+\frac{\partial}{\partial T_1}\frac{\partial T_1}{\partial\tau}=D_0+\varepsilon D_1+\cdots \tag{2-21}$$

$$\frac{\mathrm{d}^2}{\mathrm{d}\tau^2}=D_0^2+2\varepsilon D_0D_1+\varepsilon^2\left(D_1^2+2D_0D_2\right)+\cdots \tag{2-22}$$

用小参数$\varepsilon\sigma=\omega_0^2+\omega^2$来描述共振频带的带宽，式(2-19)可以改写为

$$\omega^2\frac{\mathrm{d}^2\hat{y}}{\mathrm{d}\tau^2}+\omega^2\hat{y}=-\varepsilon\overline{c}\omega\frac{\mathrm{d}\hat{y}}{\mathrm{d}\tau}+\varepsilon\sigma\hat{y}-\varepsilon\overline{\varphi}_1\hat{y}^3(\tau)-\varepsilon\overline{\varphi}_2\hat{y}^5(\tau)-\varepsilon\overline{\varphi}_3\hat{y}^7(\tau)+\varepsilon\ddot{\overline{z}}(\tau) \tag{2-23}$$

将式(2-21)和式(2-22)代入式(2-23)，可以得到：

$$\varepsilon^0:D_0{}^2y_0(T_0,T_1)+y_0(T_0,T_1)=0 \tag{2-24}$$

$$\begin{aligned}\varepsilon^1:D_0^2y_1(T_0,T_1)+y_1(T_0,T_1)=&-2D_0D_1y_0(T_0,T_1)-\frac{\overline{c}}{\omega}D_0y_0(T_0,T_1)+\frac{\varepsilon\sigma}{\varepsilon\omega^2}y_0(T_0,T_1)\sqrt{b^2-4ac}\\&-\frac{\overline{\varphi}_1}{\omega^2}y_0^3(T_0,T_1)-\frac{\overline{\varphi}_2}{\omega^2}y_0^5(T_0,T_1)-\frac{\overline{\varphi}_3}{\omega^2}y_0^7(T_0,T_1)+\frac{1}{\omega^2}\ddot{\overline{z}}(T_0)\end{aligned} \tag{2-25}$$

假设式(2-24)和式(2-25)的解为

$$y_0(T_0,T_1)=A(T_1)\cos\left(T_0+\Theta(T_1)\right) \tag{2-26}$$

其中，$A(T_1)$是位移响应的振幅；$\Theta(T_1)$是相位。

将式(2-24)和式(2-25)代入式(2-23)，可以得到：

$$\begin{aligned}D_0^2 y_1(T_0,T_1)+y_1(T_0,T_1)=&2A'(T_1)\sin(T_0+\Theta)+2\Theta'(T_1)A(T_1)\cos(T_0+\Theta)\\&+\frac{\bar{c}}{\omega}A(T_1)\sin(T_0+\Theta)+\frac{\sigma}{\omega^2}A(T_1)\cos(T_0+\Theta)\\&-\frac{\bar{\varphi}_1}{\omega^2}A^3(T_1)\cos^3(T_0+\Theta)\\&-\frac{\bar{\varphi}_2}{\omega^2}A^5(T_1)\cos^5(T_0+\Theta)-\frac{\bar{\varphi}_3}{\omega^2}A^7(T_1)\cos^7(T_0+\Theta)\\&+\frac{\bar{F}}{\omega^2}\cos(T_0+\Theta)\cos\Theta+\frac{\bar{F}}{\omega^2}\sin(T_0+\Theta)\sin\Theta\end{aligned} \tag{2-27}$$

当$A'(T_1)=0$和$\Theta'(T_1)=0$时，能够求出系统的稳态解。然后，可以推导出平均幅-频响应方程：

$$(c_{\mathrm{d}}\omega A)^2+\left(\left(\omega^2+\omega_0{}^2\right)A-\frac{3\hat{\varphi}_1}{4}A^3-\frac{5\hat{\varphi}_2}{8}A^5-\frac{35\hat{\varphi}_3}{64}A^7\right)^2=F^2 \tag{2-28}$$

为了验证式(2-28)的稳定性，可以引入扰动项$A=A_0+\Delta A$和$\Theta=\Theta_0+\Delta\Theta$。$\Delta A$和$\Delta\Theta$在$(A_0,\Theta_0)$处对时间$t$的一阶导数为

$$\begin{cases}\dfrac{\mathrm{d}\Delta A}{\mathrm{d}t}=-\dfrac{1}{2\omega}\left(\left(\dfrac{\partial\zeta}{\partial A}\right)\bigg|_{A_0}\Delta A-\eta\big|_{A_0}\Delta\Theta\right)\\[2ex]\dfrac{\mathrm{d}\Delta\Theta}{\mathrm{d}t}=-\dfrac{1}{2A_0\omega}\left(\left(\dfrac{\partial\eta}{\partial A}\right)\bigg|_{A_0}\Delta A-\zeta\big|_{A_0}\Delta\Theta\right)\end{cases} \tag{2-29}$$

其中，

$$\begin{cases}\zeta=c_{\mathrm{d}}\omega A\\ \eta=\left(\omega^2+\omega_0{}^2\right)A-\dfrac{3\hat{\varphi}_1}{4}A^3-\dfrac{5\hat{\varphi}_2}{8}A^5-\dfrac{35\hat{\varphi}_3}{64}A^7\end{cases} \tag{2-30}$$

因此，解的稳定性可以通过系统的特征方程来判断，其特征方程为

$$\det\begin{bmatrix}\lambda+\dfrac{1}{2\omega}\left(\dfrac{\partial\zeta}{\partial A}\right)\bigg|_{A_0} & -\dfrac{1}{2\omega}\eta\bigg|_{A_0}\\[2ex]\dfrac{1}{2A_0\omega}\left(\dfrac{\partial\eta}{\partial A}\right)\bigg|_{A_0} & \lambda+\dfrac{1}{2A_0\omega}\zeta\bigg|_{A_0}\end{bmatrix}=\lambda^2+2\psi_1\lambda+\psi_2=0 \tag{2-31}$$

其中，λ是微分方程的特征值，并且

$$\begin{cases} \psi_1 = \dfrac{1}{4\omega}\left(\dfrac{\partial \zeta}{\partial A}\right)\Bigg|_{A_0} + \dfrac{1}{4A_0\omega}\zeta\Bigg|_{A_0} \\ \psi_2 = \dfrac{1}{4A_0\omega^2}\left(\dfrac{\partial \zeta}{\partial A}\right)\Bigg|_{A_0}\zeta\Big|_{A_0} + \dfrac{1}{4A_0\omega^2}\left(\dfrac{\partial \eta}{\partial A}\right)\Bigg|_{A_0}\eta\Big|_{A_0} \end{cases} \tag{2-32}$$

根据劳斯-赫尔维茨(Routh-Hurwitz)判据，如果满足 $\varphi_1 > 0$ 和

$$\psi_2 = \frac{1}{4A_0\omega^2}\left(\frac{\partial \zeta}{\partial A}\right)\Bigg|_{A_0}\zeta\Big|_{A_0} + \frac{1}{4A_0\omega^2}\left(\frac{\partial \eta}{\partial A}\right)\Bigg|_{A_0}\eta\Big|_{A_0} > 0 \tag{2-33}$$

解 (A_0, Θ_0) 是稳定的，反之为不稳定解。

考虑到不同参数条件下的退化形式，图 2-7 展示了响应振幅 A 随激励频率 ω 变化的情况。虚线为理论分析结果，黑点为数值分析结果。理论分析结果通过多尺度方法得到，数值分析结果则通过四阶龙格-库塔(Runge-Kutta)方法得到，线性固有频率 $\omega_0 = 1$。影响幅-频曲线类型的主要因素是非线性系统的刚度。因此，不同退化形式下的幅-频曲线类型会有所不同，主要表现为弹簧硬化效应、弹簧软化效应和弹簧硬-软化效应。退化双稳态振子情况Ⅰ、Ⅱ和退化 HQZS 振子情况Ⅳ的幅-频曲线表现出弹簧硬化效应，如图 2-7(a)、(b)和(d)所示。退化双

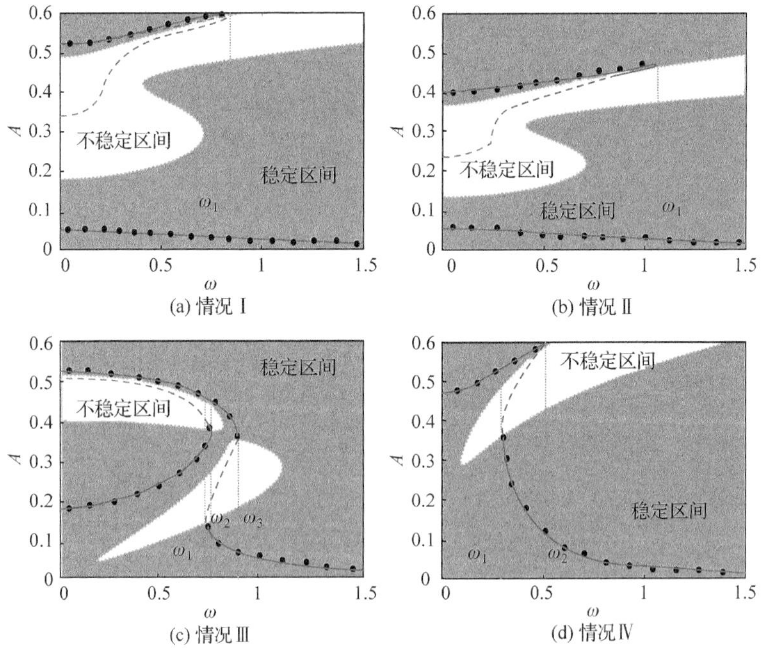

图 2-7　退化非线性振子的幅-频响应曲线

虚线为理论分析结果；黑点为数值分析结果；参数为 $c_d = 0.1$、$F = 0.05$；其他参数由退化条件确定

稳态振子情况Ⅲ的幅-频曲线表现出具有双向非线性刚度特性的弹簧硬-软化效应，如图 2-7(c)所示。在图 2-7 中，白色区域为不稳定区间，灰色区域为稳定区间，频率 $\omega_i (i=1,2,3)$ 为跳跃频率。理论分析结果与数值分析结果高度一致，证明了理论分析结果十分有效。

2. 退化系统的性能比较

双翅目昆虫飞行机制解释了昆虫的各种飞行动力学，并弥补了非线性动力学与生物学之间的联系。基于双翅目昆虫飞行机制得到的仿生结构具有天然的双稳态或 QZS 特征，其在宽带隔振和能量俘获方面的应用得到了广泛的研究。当仿生非线性结构的弹簧均在水平方向时，非线性结构退化到 QZS 形式。无论是本章所介绍的仿生非线性退化振子，还是基于双翅目昆虫飞行机制的非线性振子，其位移范围都是由刚性连杆长度决定的。为了比较上述非线性振子在同一预设位移范围内的幅-频曲线，刚性连杆长度 c 固定在 0.5。在相同外激励下，幅-频曲线对比分析结果如图 2-8 所示。

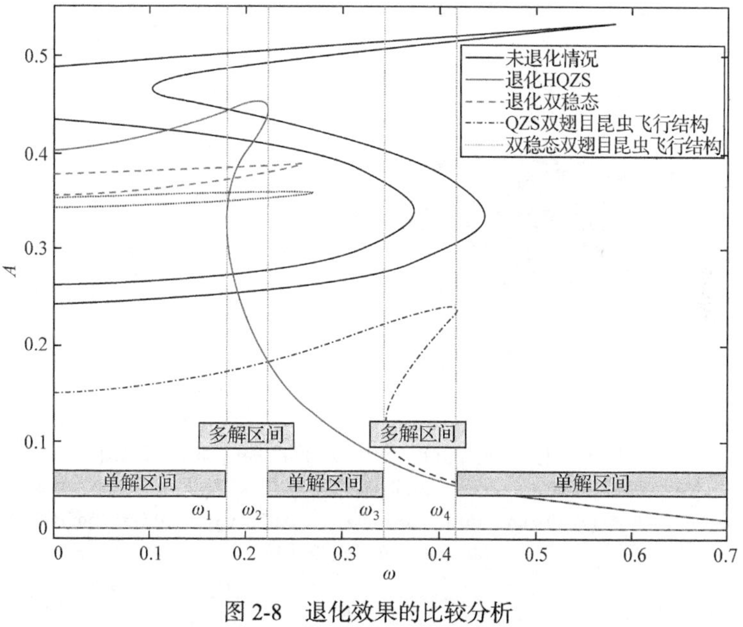

图 2-8　退化效果的比较分析

参数为 $c_d = 0.1$、$F = 0.01$；其他参数由降解条件确定

可以得出以下结论：①与基于双翅目昆虫飞行机制的双稳态结构相比，四稳态未退化振子的最大位移振幅较大，更适合低频大振幅振动。②与四稳态未退化振子相比，退化后振子的最大振幅较小，但退化 HQZS 振子的最大振幅大于退化双稳态振子的最大振幅。③与基于双翅目昆虫飞行机制的 QZS 振子相比，退化

HQZS 振子的共振频率更低，在超低频段位移振幅较大。④与退化双稳态振子相比，退化 HQZS 振子具有较大的振幅，在超低频区域没有不稳定解。因此，非线性退化可以降低超低频区域不稳定解个数以及退化振子共振频率。

在实际可设计的参数下，图 2-9 为通过数值模拟方法给出退化振子的位移和速度随激励频率变化的相图。从图 2-9(a)可以看出，退化双稳态振子情况Ⅰ在超低频率下表现为大振幅阱间振动。随着频率的增加，它最终只在一个势阱内做小振幅振动。退化双稳态振子情况Ⅱ和情况Ⅲ可以保持在高频范围内实现大振幅阱间振动，如图 2-9(b)和(c)所示。但退化双稳态振子情况Ⅲ的稳定性较差，容易失效导致小振幅阱内振动。从图 2-9(d)可以看出，退化 HQZS 振子情况Ⅳ在整个频率范围内保持了良好的周期运动，但响应位移小于退化双稳态振子。

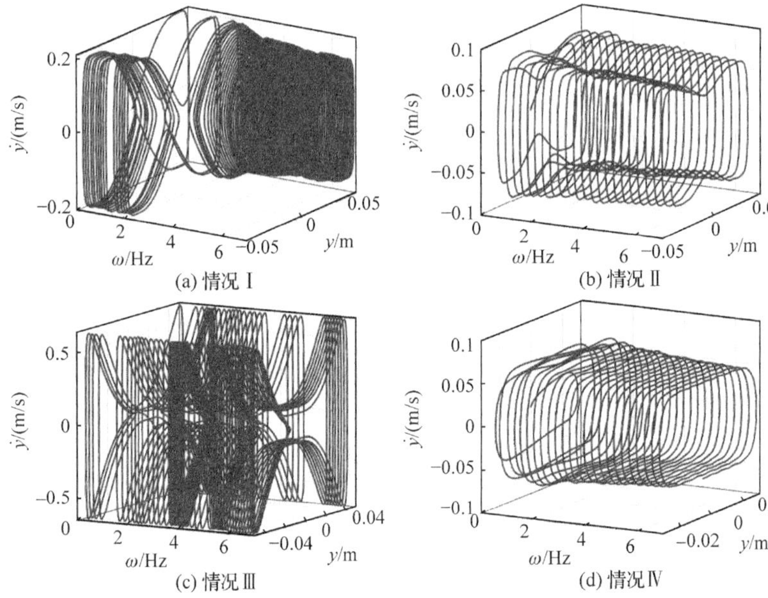

图 2-9　退化振子的位移和速度随激励频率变化的相图

系统参数为 $c_d = 0.006\text{N}\cdot\text{s/m}, K = 1000\text{N/m}, M = 1\text{kg}, F = 0.02\text{m}, l = 0.06\text{m}, c = 0.05\text{m}$

(a) $a = -0.02, b = 0.06\text{m}, d = 0.05\text{m}$；(b) $a = 0, b = 0.06\text{m}, d = 0.04\text{m}$；(c) $a = 0, b = 0.05\text{m}, d = 0.05\text{m}$；(d) $a = 0, b = 0.06\text{m}, d = 0.05\text{m}$

3. 功率流特征

单靠传递率函数不足以分析系统在某处的能量大小，而利用功率流则可以清楚地对其进行衡量。虽然振动控制的方法多种多样，但其目的都是减小对于系统的功率输出。因此，本小节将讨论仿生非线性退化振子的功率流特征。

仿生非线性退化振子的功率流方程可以写为

$$\underbrace{\ddot{\hat{y}}(\tau)\dot{\hat{y}}(\tau)}_{\dot{K}}+\underbrace{c_{\rm d}\dot{\hat{y}}(\tau)\dot{\hat{y}}(\tau)}_{\dot{D}}\underbrace{-\omega_0^2\hat{y}(\tau)\dot{\hat{y}}(\tau)+\hat{\varphi}_1\hat{y}^3(\tau)\dot{\hat{y}}(\tau)+\hat{\varphi}_2\hat{y}^5(\tau)\dot{\hat{y}}(\tau)+\hat{\varphi}_3\hat{y}^7(\tau)\dot{\hat{y}}(\tau)}_{\dot{U}}$$
$$=\underbrace{-\dot{\hat{y}}(\tau)\ddot{\hat{z}}(\tau)}_{\dot{P}_{\rm in}} \tag{2-34}$$

式(2-34)可以简写为 $\dot{K}+\dot{D}+\dot{U}=\dot{P}_{\rm in}$，其中 K、D、U 和 $P_{\rm in}$ 分别表示动能、阻尼耗散能、势能和总输入能，字母上方的点表示对时间 τ 的一阶微分；$\dot{\hat{y}}(\tau)$ 和 $\ddot{\hat{y}}(\tau)$ 分别表示 $\hat{y}(\tau)$ 对时间 τ 的一阶微分和二阶微分。

将 $\dot{K}$ 、$\dot{D}$ 、$\dot{U}$ 和 $\dot{P}_{\rm in}$ 对 τ 进行积分，得到：

$$K=\frac{\dot{\hat{y}}^2(\tau)}{2} \tag{2-35}$$

$$D=\int c_{\rm d}\dot{\hat{y}}^2(\tau)\mathrm{d}\tau \tag{2-36}$$

$$U=\int\left(-\omega_0^2\hat{y}(\tau)\dot{\hat{y}}(\tau)+\hat{\varphi}_1\hat{y}^3(\tau)\dot{\hat{y}}(\tau)+\hat{\varphi}_2\hat{y}^5(\tau)\dot{\hat{y}}(\tau)+\hat{\varphi}_3\hat{y}^7(\tau)\dot{\hat{y}}(\tau)\right)\mathrm{d}\tau \tag{2-37}$$

$$P_{\rm in}=\int-\dot{\hat{y}}(\tau)F\cos(\omega\tau)\mathrm{d}\tau \tag{2-38}$$

稳态功率流对应的周期为 τ_p，即 $\dfrac{2\pi}{\omega}$。此时，仿生非线性退化振子在稳态下的最大动能为

$$K_{\max}=\frac{\dot{\hat{y}}_{\max}^2(\tau)}{2}=\frac{A^2\omega^2}{2} \tag{2-39}$$

平均输入功率的表达式可以表示为

$$P_{\rm in}^{\rm ave}=-\frac{\omega}{2\pi}\int_{\tau_0}^{\tau_0+\frac{2\pi}{\omega}}A\omega\sin(\omega\tau+\Theta)F\cos(\omega\tau)\mathrm{d}\tau=c_{\rm d}A^2\omega^2 \tag{2-40}$$

图 2-10(a)和(b)显示了不同情况下，平均输入功率和最大动能在不同激励频率下的变化情况。可以看出，退化 HQZS 振子情况Ⅳ的平均输入功率和最大动能集中在一个低频范围内。因此，退化 HQZS 振子在超低频区域传递的振动能量较大，而在高频带传输的振动能量显著降低。图 2-10(c)和(d)显示了在三种不同激励振幅下，退化 HQZS 振子的平均输入功率和最大动能在不同激励频率下的变化情况。可以看出，平均输入功率和最大动能随激励振幅增加而增大，并且响应曲线向高频区域弯曲。因此，合理地选择几何结构参数，可以实现超低频 HQZS 非线性隔振。

2.2.2　随机激励下动力学分析

在上述研究中，所提出的仿生非线性退化振子只受到一个简谐激励，而在自

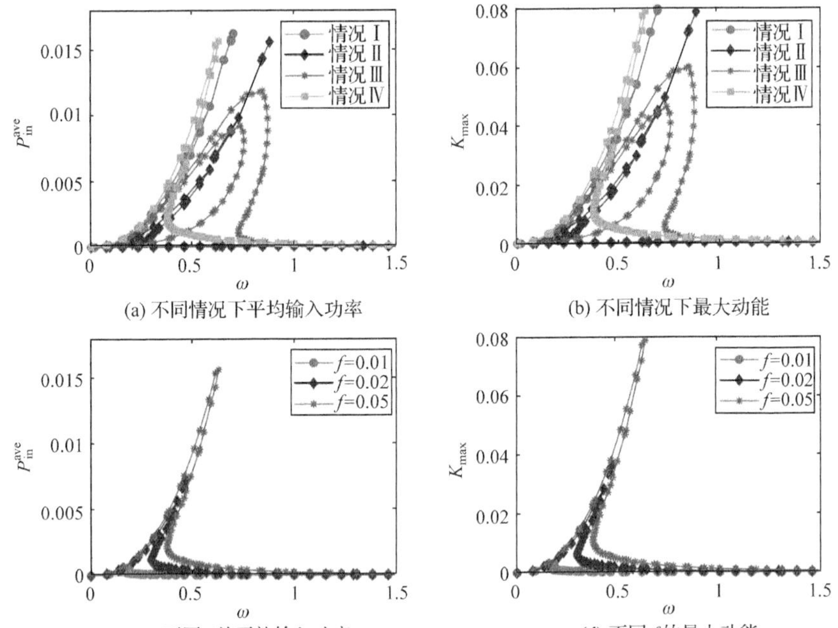

(a) 不同情况下平均输入功率　(b) 不同情况下最大动能

(c) 不同 f 的平均输入功率　(d) 不同 f 的最大动能

图 2-10　系统的平均输入功率与最大动能在不同激励频率下的变化情况

参数为 $c_{\mathrm{d}}=0.1$，(a)和(b)中 $f=0.05$，其他参数由退化条件确定

然界中，更多是简谐激励和随机激励共同存在。因此，为了更详细地分析复杂多源激励对仿生非线性退化振子动力学的影响，将考虑简谐激励和随机激励的耦合作用，即 $\ddot{z}=F\cos(\omega\tau)+\varsigma(\tau)$，其中，随机信号 $\varsigma(\tau)$ 满足以下统计特性：$\langle\varsigma(\tau)\rangle=0$，$\langle\varsigma(\tau)\varsigma(\tau')\rangle=2\sigma\delta(\tau-\tau')$。$\langle\cdots\rangle$ 表示噪声 $\varsigma(\tau)$ 的相对平均值，σ 是噪声强度，δ 是狄利克雷函数。

1. 稳态响应特性

基于不动点近似拟合力-位移曲线，分析中的非线性恢复力可以写为如下形式：

$$f_{\mathrm{r}}(y)=\begin{cases}\kappa y^3\left(y^2-y_{s1,s2}^2\right)\\ \kappa y\left(y^2-y_{s1,s2}^2\right)^3\end{cases}\tag{2-41}$$

上式是基于鞍点退化的恢复力；下式是基于中心点退化的恢复力。其中，κ 为恢复力系数；$y=(0,0)$ 和 $\left(y_{s1,s2},0\right)$ 分别为退化双稳态振子不稳定平衡点和稳定平衡点。将退化双稳态振子的动力学方程改写成两个一阶方程：

$$\begin{cases}\dfrac{\mathrm{d}y}{\mathrm{d}\tau}=\upsilon\\\dfrac{\mathrm{d}\upsilon}{\mathrm{d}\tau}=-c_{\mathrm{d}}\upsilon-f_{\mathrm{r}}(y)+F\cos(\omega\tau)+\varsigma(\tau)\end{cases}\tag{2-42}$$

与式(2-42)对应的转移概率密度函数 $Q(y,\upsilon,\tau)$ 的福克尔-普朗克(Fokker-Planck)方程为

$$\begin{aligned}\frac{\partial}{\partial t}Q(y,\upsilon,\tau)=&-\frac{\partial}{\partial y}zQ(y,\upsilon,\tau)-\frac{\partial}{\partial\upsilon}(-c_{\mathrm{d}}\upsilon)Q(y,\upsilon,\tau)-\frac{\partial}{\partial\upsilon}(-f_{\mathrm{r}}(y))Q(y,\upsilon,\tau)\\&-\frac{\partial}{\partial\upsilon}(F\cos(\omega\tau))Q(y,\upsilon,\tau)+\frac{\partial^2}{\partial\upsilon^2}Q(y,\upsilon,\tau)\end{aligned}\tag{2-43}$$

因此，稳态概率密度 $Q_{\mathrm{st}}(y,\upsilon,\tau)$ 可以由式(2-43)推导得

$$Q_{\mathrm{st}}(y,\upsilon,\tau)=C_0\exp\left[-U_{\mathrm{e}}(y,\upsilon,\tau)\right]\tag{2-44}$$

其中，C_0 为归一化常数，并且有效势能 $U_{\mathrm{e}}(y,\upsilon,\tau)$ 为

$$U_{\mathrm{e}}(y,\upsilon,\tau)=\begin{cases}\dfrac{c_{\mathrm{d}}}{\sigma}\left(\dfrac{1}{2}\upsilon^2-\dfrac{\kappa y_{s1,s2}^2}{4}y^4+\dfrac{\kappa}{6}y^6-yF\cos(\omega\tau)\right)\\\dfrac{c_{\mathrm{d}}}{\sigma}\left(\dfrac{1}{2}\upsilon^2-\dfrac{\kappa y_{s1,s2}^6}{2}y^2+\dfrac{3\kappa y_{s1,s2}^4}{4}y^4-\dfrac{\kappa y_{s1,s2}^2}{2}y^6+\dfrac{\kappa}{8}y^8-yF\cos(\omega\tau)\right)\end{cases}\tag{2-45}$$

根据式(2-45)，y 和 υ 的均方值为

$$E_{\mathrm{st}}\left[y^2\right]=\int_{-\infty}^{+\infty}\int_{-\infty}^{+\infty}y^2Q_{\mathrm{st}}(y,\upsilon)\mathrm{d}y\mathrm{d}\upsilon\tag{2-46}$$

$$E_{\mathrm{st}}\left[\upsilon^2\right]=\int_{-\infty}^{+\infty}\int_{-\infty}^{+\infty}\upsilon^2Q_{\mathrm{st}}(y,\upsilon)\mathrm{d}y\mathrm{d}\upsilon\tag{2-47}$$

在只考虑随机激励的情况下，图 2-11 和图 2-12 分别描述了基于鞍点和基于中心点退化双稳态系统的有效势能、稳态概率密度和均方位移的变化情况。如图 2-11(a)和图 2-12(a)所示，在不同平衡点位移 $|y_s|$，有效势能为退化双稳态形式。对应的稳态概率密度则呈现双峰形状并且在退化平衡点 $y_{s1,s2}$ 附近的曲线相对光滑，如图 2-11(b)和图 2-12(b)所示。如图 2-11(c)和(d)和图 2-12(c)和(d)所示，随着噪声强度 σ 的增加，均方位移增大；随着平衡点位移 $|y_s|$ 增加，均方位移也增大；随着恢复力系数 κ 增加，均方位移减小。

2. 平均首次穿越时间

平均首次穿越时间(mean first passage time，MFPT)是指在随机过程中首次经

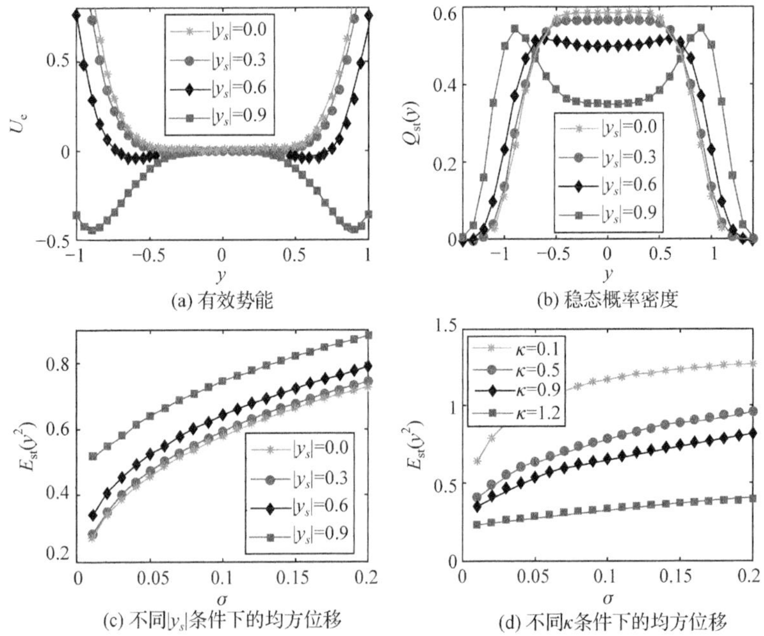

图 2-11　基于鞍点退化双稳态系统的稳态响应

参数为 $c_{\mathrm{d}}=0.1$，其他参数：(a)和(b) $\kappa=1,\sigma=0.01$，(c) $\kappa=1$，(d) $|y_s|=0.9$

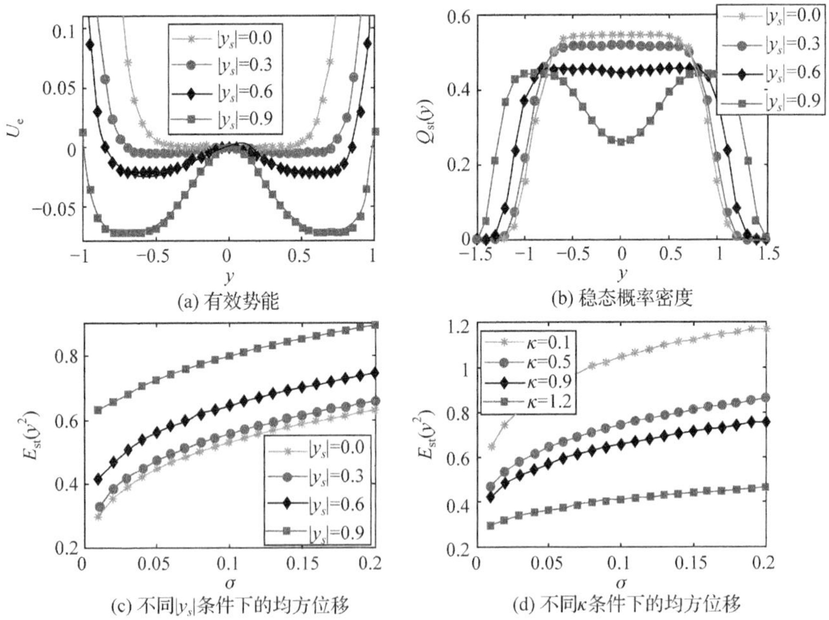

图 2-12　基于中心点退化双稳态系统的稳态响应

参数为 $c_{\mathrm{d}}=0.1$，其他参数：(a)和(b) $\kappa=1,\sigma=0.01$，(c) $\kappa=1$，(d) $|y_s|=0.9$

过某种给定状态的时间的数学期望。为了得到退化双稳态振子的 MFPT，首先需要计算 $y(\tau)$ 从 $y_{s2,s1}$ 到 $y_{s1,s2}$ 过程中的平均逃逸速率 $\Gamma_{s1,s2}$。通过近似速率方法[9]，$\Gamma_{s1,s2}$ 由类克拉默斯(Kramers-like)公式得出：

$$\Gamma_{s1,s2}(\tau)=\Upsilon_{\mathrm{TST}}\Lambda_{\mathrm{TF}}(\tau) \tag{2-48}$$

其中，$\Lambda_{\mathrm{TF}}(\tau)$是 Kramers 函数中的传输因子；平均逃逸率 Υ_{TST} 遵循经典瞬态理论。传输因子 $\Lambda_{\mathrm{TF}}(\tau)$可以表示为

$$\Lambda_{\mathrm{TF}}(\tau)=\int_{y_{c1}}^{y_{s1}}\exp\left(U_{\mathrm{e}}(y,\tau)-\frac{c_{\mathrm{d}}^{3}y^{2}}{2\sigma}\right)\mathrm{d}y\int_{y_{s1}}^{y_{u}}\exp\left(-U_{\mathrm{e}}(y,\tau)\right)\mathrm{d}y \tag{2-49}$$

其中，$U_{\mathrm{e}}(y,\tau)$ 为有效势能函数。势垒位于 $y_u=0$ 处，势阱位于 $y_{s1,s2}$ 处，在 $y_{c1,c2}$ 处的势能满足 $U_{\mathrm{e}}(y_{c1,c2})=0$，如图 2-13 所示。

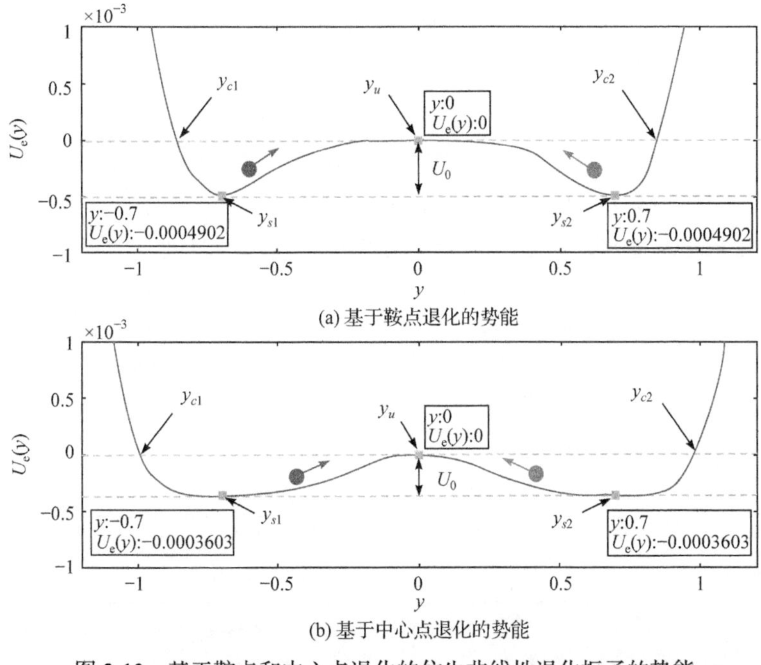

(a) 基于鞍点退化的势能

(b) 基于中心点退化的势能

图 2-13　基于鞍点和中心点退化的仿生非线性退化振子的势能

$\kappa=0.05,|y_s|=0.7$

为了越过高度为 U_0 的势阱，平均逃逸率 Υ_{TST} 需要满足：

$$\Upsilon_{\mathrm{TST}}=\sqrt{\frac{\sigma}{2\pi c_{\mathrm{d}}}}\exp(-U_0)\int_{-\infty}^{0}\exp\left(U_{\mathrm{e}}(y)-U_{\mathrm{e}}(y_{s1})\right)\mathrm{d}y \tag{2-50}$$

将平均逃逸速率 $\Gamma_{s1,s2}$ 通过泰勒级数展开可得

$$\varGamma_{s1,s2}(\tau)=\varGamma_{s01,s02}\left[1\mp\frac{c_{\mathrm{d}}}{\sigma}y_{s1,s2}F\cos(\omega\tau)+\frac{1}{2}\frac{c_{\mathrm{d}}}{\sigma^{2}}y_{s1,s2}^{2}F^{2}\cos^{2}(\omega\tau)\pm\cdots\right] \tag{2-51}$$

其中，$\varGamma_{s01,s02}=\varGamma_{y_{s1,s2\to}y_{s2,s1}}\Big|_{S(\tau)=0}, S(\tau)=F\cos(\omega\tau)$。忽略高阶项，式(2-51)近似表示为

$$\varGamma_{s1}(\tau)=\varLambda_1-\varDelta_1F\cos(\omega\tau), \varGamma_{s2}(\tau)=\varLambda_2+\varDelta_2F\cos(\omega\tau) \tag{2-52}$$

平均逃逸速率 $\varGamma_{s1,s2}(\tau)$ 与平均首次穿越时间 $\mathrm{MFPT}_{s1,s2}(\tau)$ 的关系为 $\mathrm{MFPT}_{s1,s2}(\tau)=1/\varGamma_{s1,s2}(\tau)$。由于本章所考虑的退化双稳态系统为对称结构，因此 $\mathrm{MFPT}_{s1}(\tau)=\mathrm{MFPT}_{s2}(\tau)$。

图 2-14 和图 2-15 分别展示了阻尼系数 c_{d}、激励振幅 F、恢复力系数 κ 和平衡点位移 $|y_s|$ 对基于鞍点和基于中心点退化双稳态系统 MFPT 的影响，其中，图中横坐标为噪声强度 σ。可以看出，随着 σ 增加，MFPT 会出现最大值。由图 2-14(a)和图 2-15(a)可知，随着阻尼系数 c_{d} 增加，MFPT 的最大值增大。由图 2-14(b)～(d)和图 2-15(b)～(d)可知，随着激励振幅 F、恢复力系数 κ 和平衡点位移 $|y_s|$ 增加，MFPT 的最大值减小。MFPT 的最大值增大意味着稳态 $y_{s1,s2}$ 的稳定性可以被噪声强度 σ 增强，并且稳态 $y_{s1,s2}$ 的平均寿命比确定性衰减时间要长。此外，MFPT 随着噪声强度 σ 变化出现的最大值被认为是退化双稳态系统中噪声增强稳定性现象。Mantegna 等[10]通过实验观察到亚稳态平均逃逸时间作为噪声强度变化时

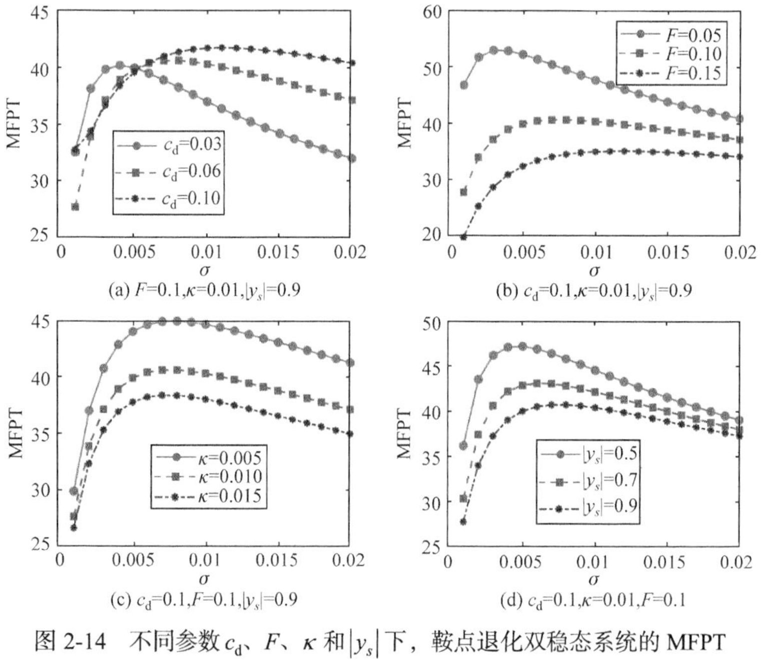

图 2-14　不同参数 c_{d}、F、κ 和 $|y_s|$ 下，鞍点退化双稳态系统的 MFPT

呈现非单调行为，称为噪声增强稳定性现象。从图 2-16 可以看出，基于鞍点退化双稳态系统的 MFPT 大于基于中心点退化双稳态系统的 MFPT。

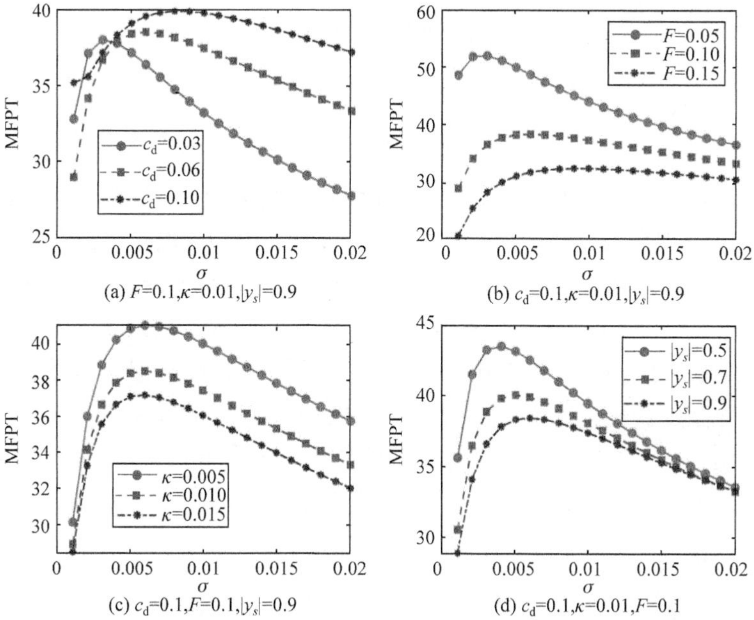

(a) F=0.1,κ=0.01,$|y_s|$=0.9　(b) c_d=0.1,κ=0.01,$|y_s|$=0.9

(c) c_d=0.1,F=0.1,$|y_s|$=0.9　(d) c_d=0.1,κ=0.01,F=0.1

图 2-15　不同参数 c_d、F、κ 和 $|y_s|$ 下，中心点退化双稳态系统的 MFPT

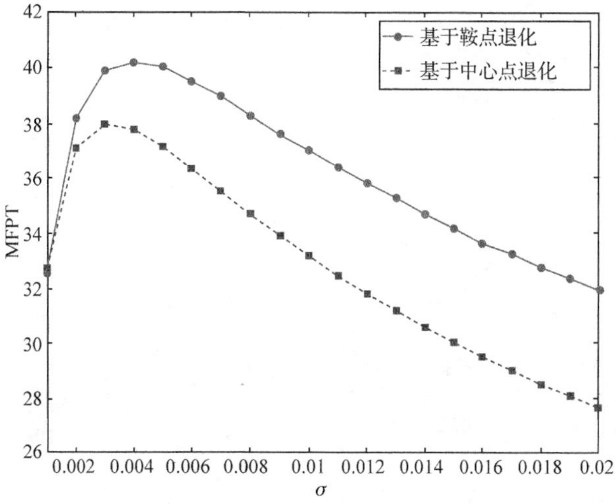

图 2-16　不同退化形式的 MFPT 比较分析

$c_d = 0.03, F = 0.1, \kappa = 0.01, |y_s| = 0.9$

3. 随机共振

随机共振通常用来描述非线性系统中内噪声或外噪声的存在，可以增加系统输出的现象。为了定量地描述仿生非线性退化振子随机共振，可以给出系统信噪比(signal-to-noise ratio，SNR)为

$$\mathrm{SNR}=\frac{\pi F^2\left(\varDelta_2\varLambda_1+\varDelta_1\varLambda_2\right)}{4\varLambda_1\varLambda_2\left(\varLambda_1+\varLambda_2\right)} \tag{2-53}$$

其中，$\varLambda_1=\varGamma_{s1}\big|_{S(\tau)=0}$；$\varDelta_1=-\dfrac{\mathrm{d}\varGamma_{s1}}{\mathrm{d}S(\tau)}\Big|_{S(\tau)=0}$；$\varLambda_2=\varGamma_{s2}\big|_{S(\tau)=0}$；$\varDelta_2=-\dfrac{\mathrm{d}\varGamma_{s2}}{\mathrm{d}S(\tau)}\Big|_{S(\tau)=0}$。

根据SNR的表达式(2-53)，当噪声强度σ为横坐标，不同阻尼系数c_{d}、激励振幅F、恢复力系数κ和平衡点位移$|y_s|$对鞍点和中心点退化双稳态系统的SNR的影响如图2-17和图2-18所示。SNR有一个最大值，即所谓的随机共振现象[11]。从图2-17(a)、(c)和(d)与图2-18(a)、(c)和(d)看出，SNR的最大值随着c_{d}、κ和$|y_s|$的增加而减小。如图2-17(b)和图2-18(b)所示，SNR的最大值随着F的增加而增大，即激励振幅可以增强随机共振现象，有利于提高退化双稳态振子的输出性能。根据随机共振的原理，退化双稳态振子十分适合于工程应用，这是因为在振动隔离、振动能量俘获和故障诊断中，随机振动和周期性振动往往同时存在。

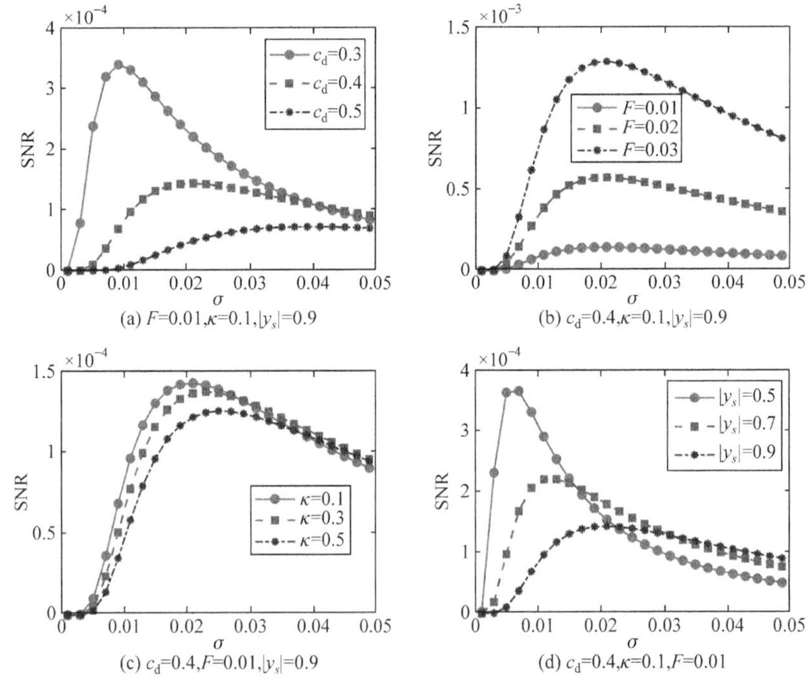

图2-17　不同参数c_{d}、F、κ和$|y_s|$下，鞍点退化双稳态系统的SNR

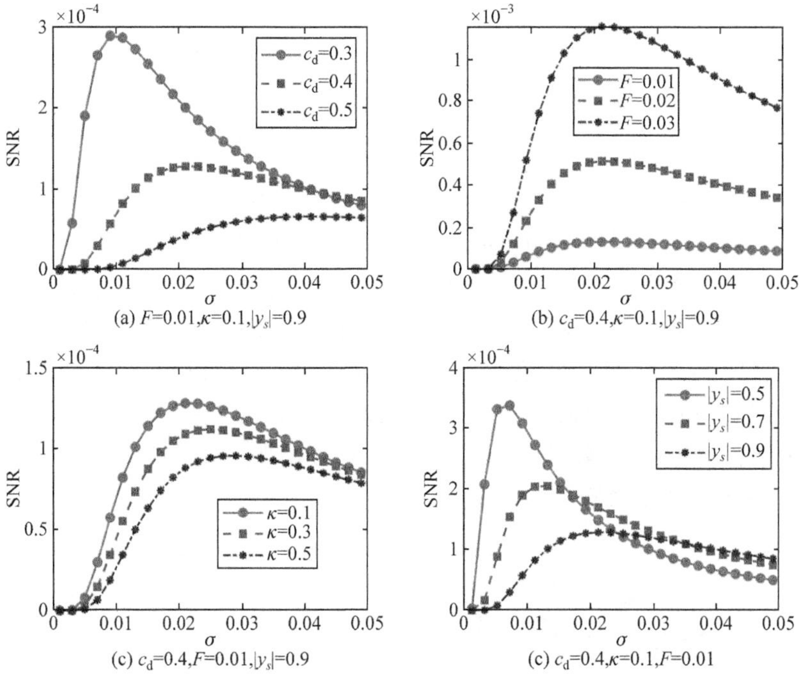

图 2-18　不同参数 c_d、F、κ 和 $|y_s|$ 下，中心点退化双稳态系统的 SNR

2.2.3　潜在工程应用

在前面几节中，对所提出的仿生非线性退化振子退化为 HQZS 特征和双稳态特征进行了讨论。HQZS 特性表现为超低的共振频率，而退化的双稳态系统具有复杂而丰富的动力学特性，本节将讨论这些退化特性在工程中的潜在应用。

1. 振动隔离

在隔振领域，合理设计非线性隔振装置可以对低频振动实现有效抑制。非线性 QZS 隔振器因其高静态-低动态特性、低频隔振性能和冲击保护能力[12]而引起了科研工作者广泛的研究兴趣。设计 QZS 隔振器的关键是建立紧凑可靠的负刚度结构，如斜弹簧结构[13,14]、连杆-弹簧结构[15]、凸轮-滚子-弹簧结构[16]、剪状结构[17]、磁弹簧结构[18]等。

本小节将分析退化 HQZS 振子的力传递率，其传递到基础的力可表示为

$$F_r(y) = c_d\dot{y} + f_r(y) \tag{2-54}$$

将式(2-20)代入式(2-54)，传递力的幅值为

$$F_r(A) = \sqrt{(c_d\omega A)^2 + \left(\omega_0^2 A - \frac{3\hat{\varphi}_1}{4}A^3 - \frac{5\hat{\varphi}_2}{8}A^5 - \frac{35\hat{\varphi}_3}{64}A^7\right)^2} \tag{2-55}$$

因此，退化 HQZS 振子的力传递率可表示为

$$T_{F_y}=\sqrt{\frac{\left(c_{\mathrm{d}}\omega A\right)^2+\left(\omega_0^2A-\frac{3\hat{\varphi}_1}{4}A^3-\frac{5\hat{\varphi}_2}{8}A^5-\frac{35\hat{\varphi}_3}{64}A^7\right)^2}{A^2}} \tag{2-56}$$

图 2-19(a)分别比较了高阶中心点退化、QZS 双翅目昆虫飞行结构和线性结构的力传递率曲线。结果表明，退化 HQZS 振子采用非线性优化设计进行隔振，将产生更大的有效隔振带宽，实现低频减振的目的。与 QZS 双翅目昆虫飞行结构的力传递率相比，低频区退化 HQZS 振子的隔振效率明显优于 QZS 双翅目昆虫飞行结构，即退化 HQZS 振子的初始隔振频率低于 QZS 双翅目昆虫飞行结构和线性结构，说明退化 HQZS 振子具有良好的超低频减振性能。图 2-19(b)讨论了激励振幅 F 对力传递率的影响。随着激励振幅增加，高阶中心点退化的 HQZS 振子的初始隔振频率将向高频带移动。

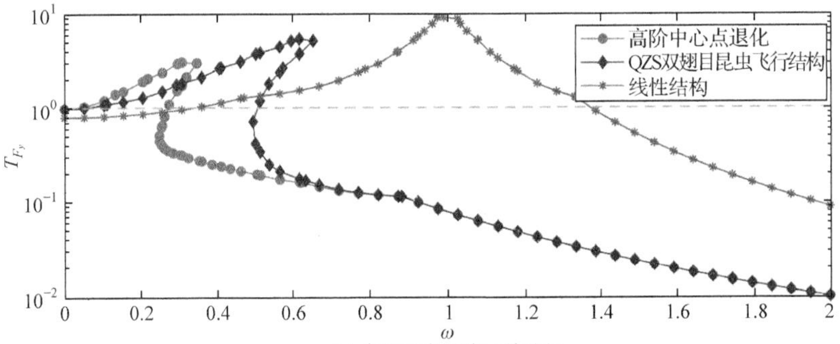

(a) 力传递率曲线比较分析

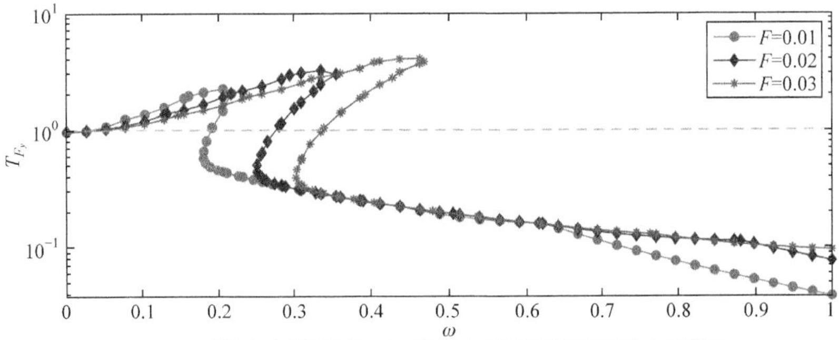

(b) 高阶中心点退化的HQZS振子在不同激发振幅下的力传递率

图 2-19　不同结构的力传递率的比较

2. 振动能量俘获

在振动能量俘获领域，目前的研究大多集中在通过设计非线性结构来扩大有效工作频带，以提高能量俘获效率[19-22]。基于电磁、压电和摩擦电振动能量俘获

技术的非线性优化设计，研究主要集中在提高能量俘获器的响应振幅。对于电磁振动能量俘获器，响应振幅的增加意味着线圈切割磁感应线的速度也会增加，从而使感应电动势增加[23]；对于压电振动能量俘获器，响应振幅增加可以增大压电材料的应变和应力，从而提高输出能力[24]；对于摩擦电振动能量俘获器，增大不同摩擦电材料之间的相对运动，则有助于增加位移、电流和输出功率[25]。

为了提高低频振动能量俘获效率，应有效地利用摩擦电纳米发电机仿生非线性退化振子。本节对用于优化能量俘获性能的退化 HQZS 振子和退化双稳态结构进行综合分析。首先，本节中考虑的电磁能量俘获机构由一个固定在集中质量块 M 上的永磁体和连接到底部滑块上的封闭线圈组成，如图 2-20(a)所示。该力学模型可以简化为外接能量俘获电路与弹簧-质量-阻尼耦合的系统，其运动微分方程表示为

$$M\ddot{y}(t)+C_{\mathrm{d}}\dot{y}(t)+f_{\mathrm{r}}\big(y(t)\big)+B_{\mathrm{e}}l_{\mathrm{c}}I(t)=M\ddot{z}(t) \tag{2-57}$$

$$L_{\mathrm{i}}\dot{I}(t)+(R+R_{\mathrm{i}})I(t)-B_{\mathrm{e}}l_{\mathrm{c}}\dot{y}(t)=0 \tag{2-58}$$

其中，l_{c} 和 I 分别是线圈的长度和流过线圈内的电流；L_{i} 是线圈的电感；R 和 R_{i} 分别是电路中负载电阻和线圈电阻；$B_{\mathrm{e}}l_{\mathrm{c}}\dot{y}(t)$ 是在电磁电路中产生的楞次电动势电压。

考虑 TENG，以氟化乙烯丙烯(FEP)薄膜作为电介质，以两个铜膜作为电极。一个 FEP 薄膜和一个铜膜粘在一起，附着在集中质量块 M 上，另一个铜膜附着在底部玻片上，其结构如图 2-20(b)所示。TENG 系统的运动微分方程为

$$M\ddot{y}(t)+C_{\mathrm{d}}\dot{y}(t)+f_{\mathrm{r}}\big(y(t)\big)+B_{\mathrm{e}}l_{\mathrm{c}}I(t)=M\ddot{z}(t)+f_{u}y(t) \tag{2-59}$$

其中，f_u 为 FEP 薄膜与铜膜之间的摩擦力。

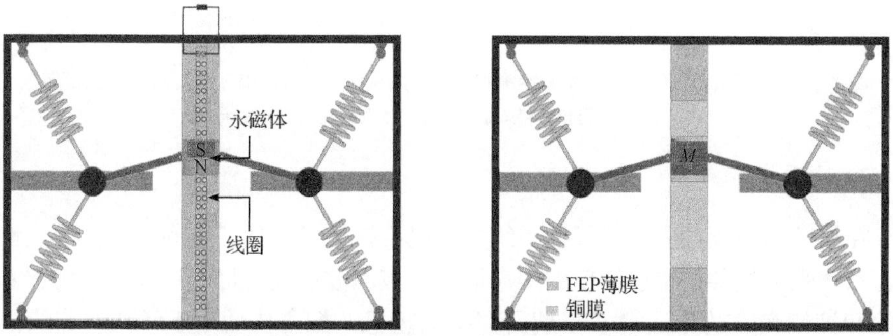

(a) 电磁发电机　　(b) 摩擦电纳米发电机

图 2-20　振动能量俘获结构的示意图

为了探究仿生非线性退化振子的能量俘获性能，通过式(2-57)和式(2-58)对退

化双稳态振子和退化 HQZS 振子进行动力学分析。图 2-21(a)和(d)显示了位移、速度随频率变化的模拟结果。在扫频模拟中，加速度激励的振幅为 $0.15\text{m}/\text{s}^2$。如图 2-21(a)和(d)所示，随着频率增加，初始位移和速度响应比较弱，但随后位移和速度响应增强，最终位移响应逐渐减小。如图 2-21(b)和(c)所示，退化双稳态振子的输出电压和功率在 3.5Hz 附近有一个峰值。类似地，退化 HQZS 振子的输出电压和功率在 2.7Hz 附近出现峰值，如图 2-21(e)和(f)所示。因此，非线性退化系统有利于实现超低频振动能量俘获。

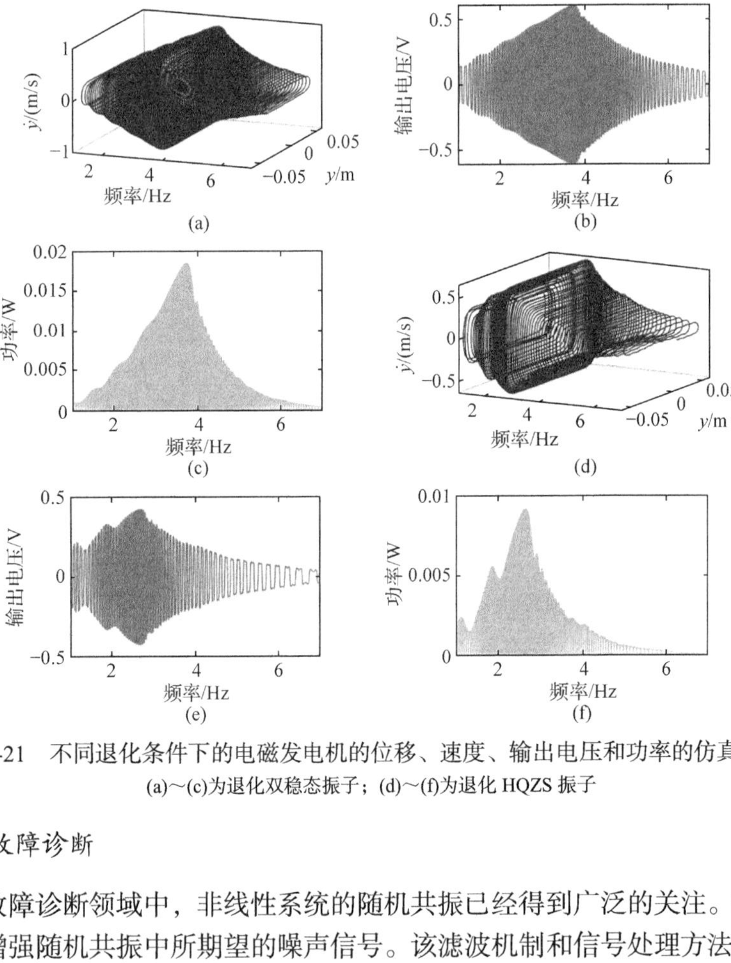

图 2-21　不同退化条件下的电磁发电机的位移、速度、输出电压和功率的仿真结果

(a)～(c)为退化双稳态振子；(d)～(f)为退化 HQZS 振子

3. 故障诊断

在故障诊断领域中，非线性系统的随机共振已经得到广泛的关注。非线性系统可以增强随机共振中所期望的噪声信号。该滤波机制和信号处理方法优于基于消除和抑制噪声的方法[26]。早期研究中的随机共振主要适用于经典的非线性双稳态系统，并得到了许多有趣的结论和重要结果[27]。为了打破经典双稳态势函数的局限，非线性势函数得到了极大的改进，如伍兹-萨克森势函数、三稳态势函数、非对称分段势函数等。因此，非线性系统有效势能最优设计方法已成为故

障诊断领域的一个研究热点。

在 2.4 节中，对高斯白噪声环境下退化双稳态振子的输出 SNR 进行了理论分析，并探讨了系统参数对 SNR 的影响，发现退化双稳态振子具有随机共振现象。因此，可以利用退化双稳态系统的随机共振进行故障诊断，故障诊断的实验平台与结果如图 2-22 所示。图 2-22(a)为轴承测试台，由电机、光电传感器、三轴加速度传感器、测试轴承等组成。测试轴承(SKF 6205)的外圈上存在裂纹，可产生故障信号，如图 2-22(b)所示。轴的转动频率 f_0 约为 9.9Hz，根据 SKF 6205 的几何尺寸，外环中的球转动频率 f_{BPFO} 约为 36Hz。图 2-22(c)显示了高斯白噪声强度为 0.1 的振动信号，在频谱中无法观察到脉冲特性。如图 2-22(d)所示，在频域内没有发现故障特征频率 f_{BPFO} ，这是因为故障信号较弱，而且通常是多模态的。如图 2-22(e)所示，经过退化双稳态系统的随机共振后，故障信号的振幅得到增强。在图 2-22(f)中，可以很明显地找出故障特征频率 f_{BPFO} 。此外，还可以检测到 $f_{\mathrm{BPFO}}+f_0$ 和 f_{BPFO} 的简谐激励，进一步验证了故障发生在外圈上。因此，退化双稳态系统的随机共振可以大大增强弱故障信号，提高信噪比，实现早期故障诊断。

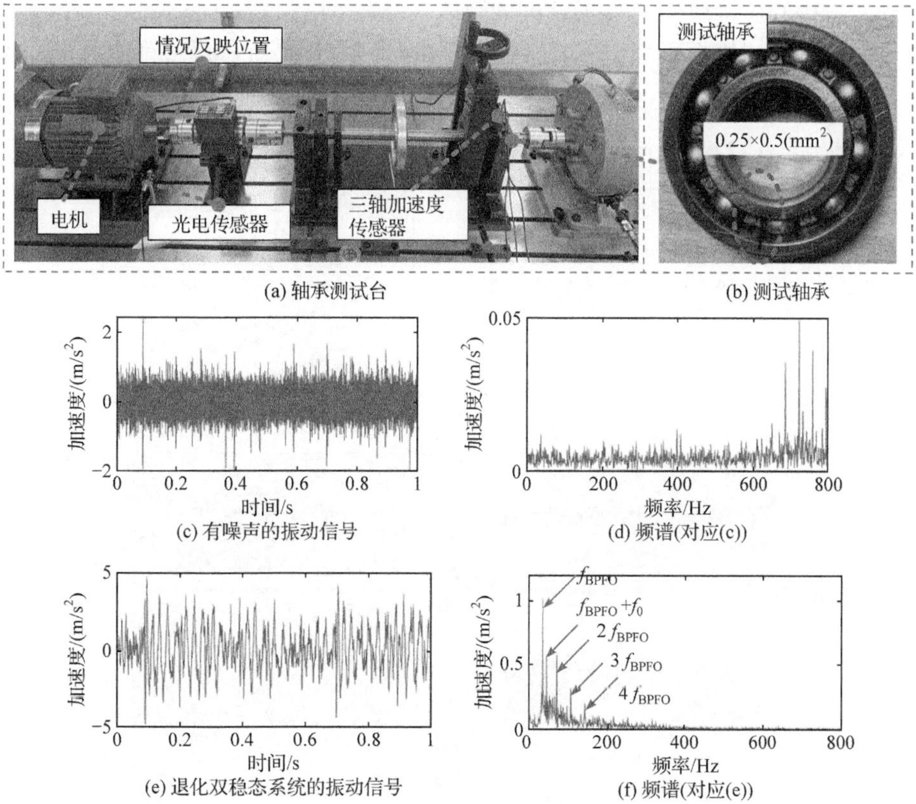

(a) 轴承测试台　(b) 测试轴承

(c) 有噪声的振动信号　(d) 频谱(对应(c))

(e) 退化双稳态系统的振动信号　(f) 频谱(对应(e))

图 2-22　故障诊断的实验平台与结果

2.3 非线性退化多级隔振器

本小节介绍将 QZS 结构与刚性连杆耦合在一起构成一种与预置位移阈值范围相对应的多级隔振器。结合电磁转换技术，能够实现宽带、可调、超低频的隔振与能量俘获，并通过理论和实验分析多级隔振器实现能量俘获与隔振双目标的可行性。

2.3.1 多级隔振器建模

图 2-23 显示了多级隔振器的物理模型。第一级振子由中心质量块 M 和一对斜弹簧组成，如图 2-23(a)所示。K 表示斜弹簧的刚度，L 和 a 分别表示斜弹簧的自由长度和水平方向压缩时的长度，R_c 表示线圈的等效电阻，R_d 表示负载电阻。在图 2-23(b)中，与第一级振子相比，第二级振子增加了一对刚性连杆 1，两个对称分布的第一级振子通过刚性连杆 1 连接在一起。b 表示刚性连杆 1 垂直于导轨时，中心质量块 M 与弹簧之间的距离。c 表示刚性连杆 1 的长度。与第二级振子相比，第三级振子增加一对刚性连杆 2，两个对称分布的第二级振子通过刚

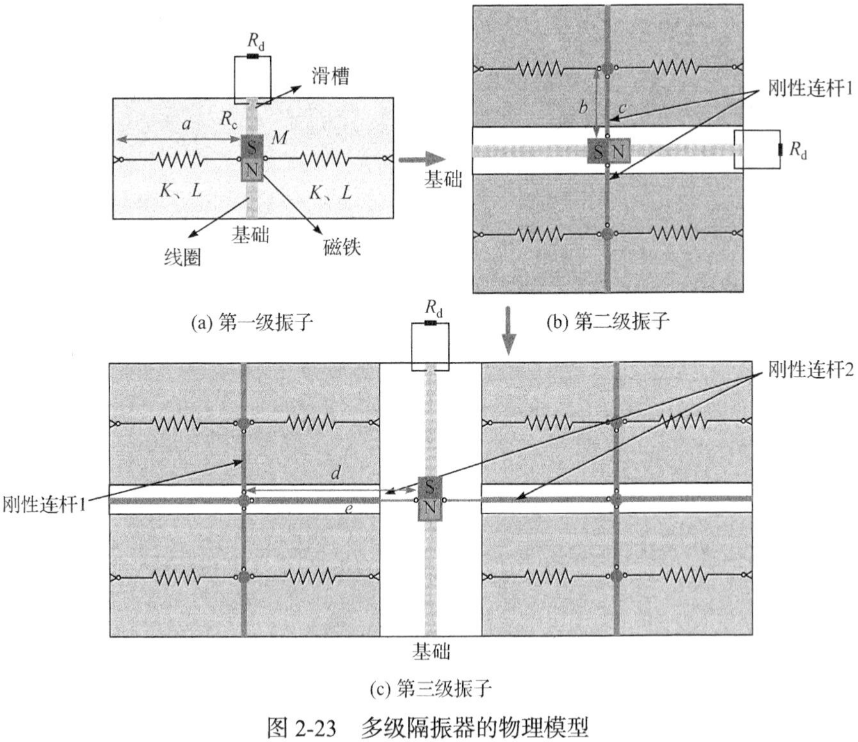

图 2-23 多级隔振器的物理模型

性连杆 2 连接在一起，如图 2-23(c)所示。d 表示 M 与刚性连杆 1 之间的距离，e 表示刚性连杆 2 的长度。

在所提出的第三级隔振器中，图 2-24(a)显示了当外力作用于初始位置时的变形。图 2-24(b)展示了角度 θ_1、θ_2、θ_3 与位移 x、y、z 之间的关系。通过静力学分析，不同级隔振器的恢复力可表示为

$$F_{\text{fir}}(x)=2F_k(x)\sin\theta_1=2Kx\left(1-\frac{L}{\sqrt{x^2+a^2}}\right) \tag{2-60}$$

$$F_{\text{sec}}(y)=4\sin\theta_1\tan\theta_2=4Ky\left(1-\frac{L}{\sqrt{\left(b-\sqrt{c^2-y^2}\right)^2+a^2}}\right)\left(\frac{b}{\sqrt{c^2-y^2}}-1\right) \tag{2-61}$$

$$F_{\text{thi}}(z)=8F_k(x)\sin\theta_1\tan\theta_2\tan\theta_3=8Ky\left(1-\frac{L}{\sqrt{\left(b-\sqrt{c^2-\left(d-\sqrt{e^2-z^2}\right)^2}\right)^2}}\right)$$
$$\times\left(\frac{b}{\sqrt{c^2-\left(d-\sqrt{e^2-z^2}\right)^2}}-1\right)\left(\frac{d}{\sqrt{e^2-z^2}}-1\right) \tag{2-62}$$

其中，$F_k(x)$为当外力作用于初始位置时的弹簧恢复力；$F_{\text{fir}}(x)$、$F_{\text{sec}}(y)$ 和 $F_{\text{thi}}(z)$ 分别为第一级振子、第二级振子和第三级振子的恢复力。通过恢复力对位移 x、y、z 的微分，推导出各级振子的刚度表达式为

$$K_{\text{fir}}(x)=\frac{\mathrm{d}F_{\text{fir}}(x)}{\mathrm{d}x},\ K_{\text{sec}}(y)=\frac{\mathrm{d}F_{\text{sec}}(y)}{\mathrm{d}y},\ K_{\text{thi}}(z)=\frac{\mathrm{d}F_{\text{thi}}(z)}{\mathrm{d}z} \tag{2-63}$$

不同级振子的恢复力可推广为以下泰勒级数：

$$\boldsymbol{F}_{\text{spring}}^{\text{app}}(\boldsymbol{u}_0)=k_1\boldsymbol{u}+k_3\boldsymbol{u}^3+k_5\boldsymbol{u}^5+k_7\boldsymbol{u}^7+\cdots \tag{2-64}$$

其中，$\boldsymbol{u}=[x,y,z]$。令 $\boldsymbol{F}_{\text{spring}}^{\text{app}}(\boldsymbol{u}_0)=0$，$\left.\dfrac{\mathrm{d}\boldsymbol{F}_{\text{spring}}^{\text{app}}(\boldsymbol{u}_0)}{\mathrm{d}\boldsymbol{u}}\right|_{\boldsymbol{u}=\boldsymbol{u}_0}=0$ 和 $\left.\dfrac{\mathrm{d}\boldsymbol{F}_{\text{spring}}^{\text{app}}(\boldsymbol{u}_0)}{\mathrm{d}\boldsymbol{u}}\right|_{\boldsymbol{u}=\boldsymbol{u}_0+\boldsymbol{u}_\Delta}>0$，可得到多级隔振器在 $\boldsymbol{u}=\boldsymbol{u}_0$ 处的 QZS 条件。这里 $\boldsymbol{u}_\Delta$ 是一个小位移，以确保点 u_0 是稳定的。

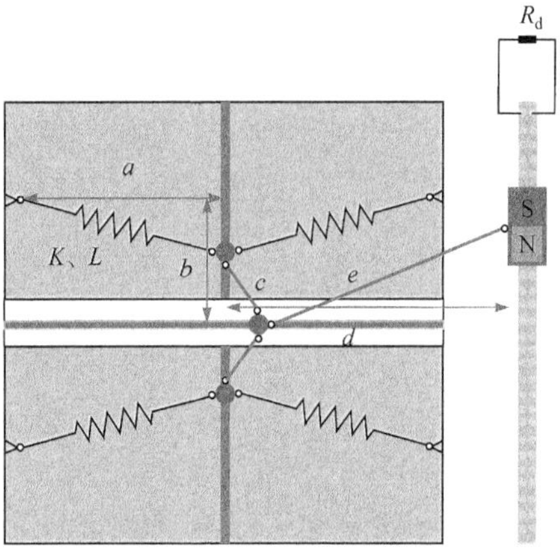

(a) 多级振子的变形

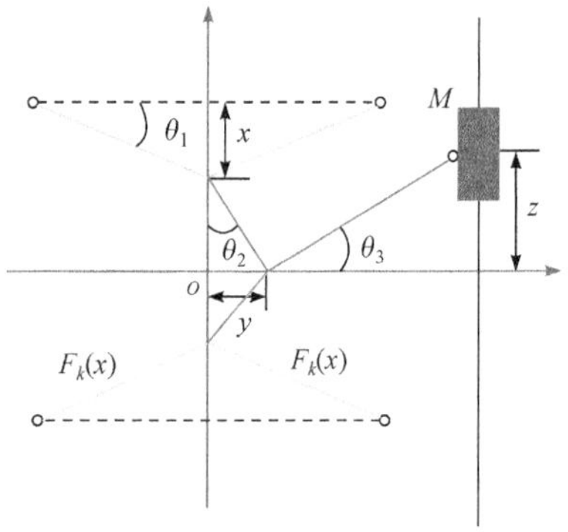

(b) 基于变形的参数关系

图 2-24　外力作用下第三级隔振器的变形情况

在这两种情况下，第一级振子、第二级振子和第三级振子的 QZS 条件分别为：①$L=a$；②$L=a$，$b=c$；③$L=a$，$b=c$，$d=e$。在 QZS 条件下，不同级振子的恢复力表达式可以写为以下泰勒级数：

$$F_{\text{fir}}^{\text{app}}(x)=\frac{K}{a^2}x^3-\frac{3K}{4a^4}x^5=\alpha_1x^3+\alpha_2x^5 \tag{2-65}$$

$$F_{\text{sec}}^{\text{app}}(x)=\frac{K}{4a^2c^4}y^7+\frac{5K}{16a^2c^6}y^9=\alpha_3y^7+\alpha_4y^9 \tag{2-66}$$

$$F_{\text{thi}}^{\text{app}}(x)=\frac{K}{256a^2c^4e^8}z^{15}+\frac{9K}{1024a^2c^4e^{10}}z^{17}=\alpha_5z^{15}+\alpha_6z^{17} \tag{2-67}$$

从方程(2-65)到方程(2-67)，各级振子的恢复力 $F_{\text{fir}}^{\text{app}}(x)$、$F_{\text{sec}}^{\text{app}}(x)$ 和 $F_{\text{thi}}^{\text{app}}(x)$ 与结构参数 a、c 和 e 有很强的依赖性。在 QZS 条件下，当结构参数改变时，静力平衡点的位置和稳定性是相同的。根据 2.2.2 小节对 HQZS 的定义，第二级振子和第三级振子属于 HQZS。

图 2-25 为特定结构参数 K、a 和 c 下不同级振子的恢复力和刚度曲面。当参数值满足 QZS 条件时，在静力平衡位置 x，y，$z=0$ 附近对应位移的刚度无限接近于 0。因此，可以获得更宽的 QZS 范围，并且不同级振子的刚度面在平衡位置周围表现为水平表面的特征。水平表面的长度和宽度随着振子级数的增加而变长，QZS 的范围得到扩大。HQZS 振子将 QZS 振子与刚性连杆耦合，使其刚度趋于零，在静力平衡位置周围形成一个 QZS 面，有效地扩大了 QZS 范围。

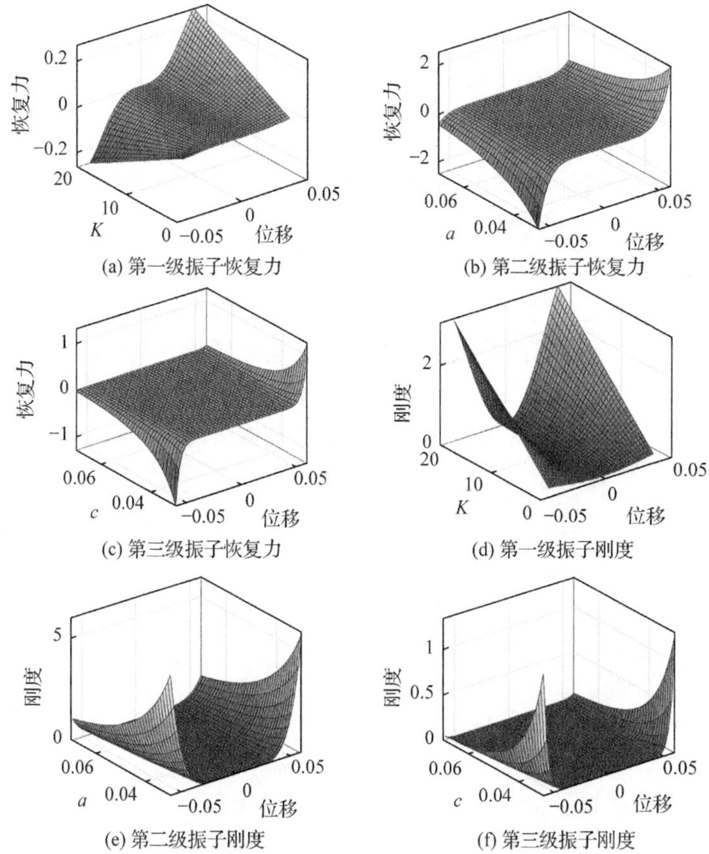

(a) 第一级振子恢复力　(b) 第二级振子恢复力

(c) 第三级振子恢复力　(d) 第一级振子刚度

(e) 第二级振子刚度　(f) 第三级振子刚度

图 2-25　特定结构参数 K、a 和 c 下不同级振子的恢复力和刚度曲面

(a)和(d)中 $a=0.05$，$c=0.05$；(b)和(e)中 $K=20$，$c=0.05$；(c)和(f)中 $K=20$，$a=0.05$

2.3.2　动力学及隔振性能分析

对于所提出的多级隔振器的动态模型，假设载荷位于 QZS 振子的质心 M 处，运动方程可表示为

$$\begin{cases} M\ddot{\boldsymbol{u}}(t)+\boldsymbol{C}\dot{\boldsymbol{u}}(t)+\boldsymbol{F}_{\text{spring}}^{\text{app}}(t)+B_{\text{e}}l_{\text{c}}\boldsymbol{I}(t)=M\ddot{\boldsymbol{q}}(t) \\ L_{\text{i}}\dot{\boldsymbol{I}}(t)+(R_{\text{d}}+R_{\text{c}})\boldsymbol{I}(t)-B_{\text{e}}l_{\text{c}}\dot{\boldsymbol{u}}(t)=0 \end{cases} \tag{2-68}$$

其中，$\boldsymbol{C}=[C_x,C_y,C_z]^{\text{T}}$，为等效阻尼；$\boldsymbol{F}_{\text{spring}}^{\text{app}}(t)=[F_{\text{fir}}^{\text{app}}(x),F_{\text{sec}}^{\text{app}}(y),F_{\text{thi}}^{\text{app}}(z)]^{\text{T}}$，为恢复力；$\boldsymbol{I}(t)=[I_x,I_y,I_z]^{\text{T}}$，为输出电流；$\ddot{\boldsymbol{q}}$ 为外激励。引入变量和参数 $\boldsymbol{c}=\dfrac{\boldsymbol{C}}{M}$，$\omega_0^2=\dfrac{1}{M}$，$\eta=\dfrac{B_{\text{e}}l_{\text{c}}}{M}$，$\lambda=\dfrac{R_{\text{d}}+R_{\text{c}}}{L_{\text{i}}}$，$\beta=\dfrac{B_{\text{e}}l_{\text{c}}}{L_{\text{i}}}$，所提多级振子的运动方程(2-68)为

$$\begin{cases}\ddot{\boldsymbol{u}}(t)+\boldsymbol{c}\dot{\boldsymbol{u}}(t)+\omega_0^2\boldsymbol{F}_{\text{spring}}^{\text{app}}(t)+\eta\boldsymbol{I}(t)=\ddot{\boldsymbol{q}}(t)\\ \dot{\boldsymbol{I}}(t)+\lambda\boldsymbol{I}(t)-\beta\dot{\boldsymbol{u}}(t)=0\end{cases}\tag{2-69}$$

其中，$\boldsymbol{c}=[c_x,c_y,c_z]^{\text{T}}$，表示不同级振子的阻尼系数。采用多尺度法，可推导带电磁转换结构的不同阶 QZS 隔振器的位移响应、力传递率和输出功率，相关的推导过程此处不再详细展开。

图 2-26(a)比较了不同级振子的力传递率曲线。激励频率 ω 增大时，力传递率增大并达到最大值，然后迅速减小。随着 QZS 阶次的增加，初始隔振频率向低频偏移。同时，可以看出共振区的力传递率也降低了，其超低频隔振性能得到了显著提高。结构参数 a、c 和 e 对第三级振子的力传递率的影响如图 2-26(b)～(d)所示。随着 a、c 和 e 的增大，力传递率在共振区减小，初始隔振频率向低频偏移，隔振性能较好。

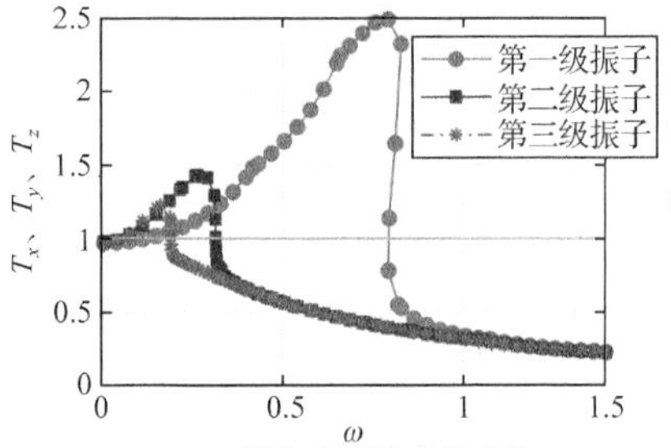

(a) 不同级振子的力传递率

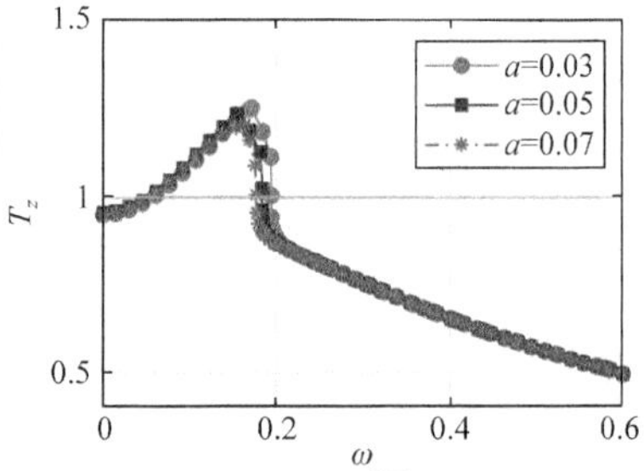

(b) 不同a

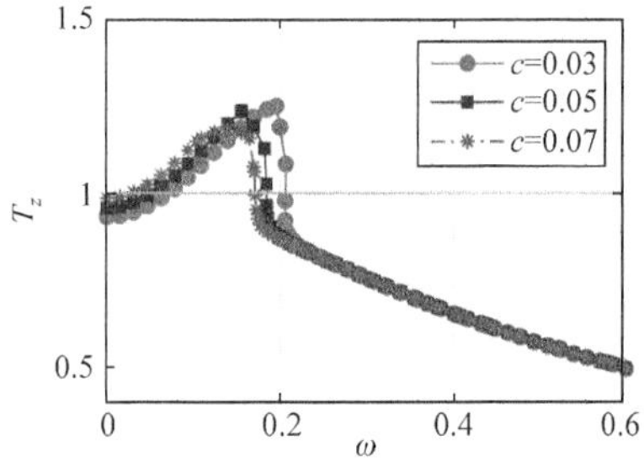

(c) 不同c

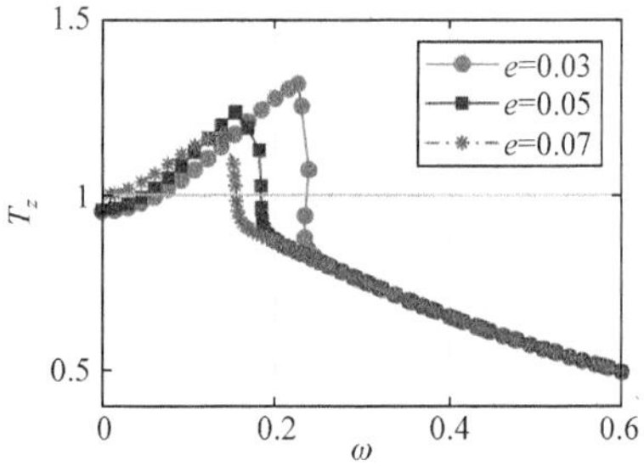

(d) 不同e

图 2-26 不同级振子的力传递率比较

2.3.3 实验验证

图 2-27 为实验样机及其配置，设计参数如表 2-2 所示。如图 2-27 所示，所提出的第二级隔振器装配在带有振动控制器和功率放大器的激振器上。由于超低频大幅值实验难以直接进行，因此设置激振器在 5～15Hz 范围产生最大幅值为 4m/s^2 的扫频简谐加速度激励，以保护实验设备。实验的采样频率为 2000Hz。用加速度计和激光传感器分别测量了基础激励的加速度和质量块的绝对位移。然后

数据采集设备获取电磁转换结构产生的电信号。在图 2-27(c)和(d)中，第二级隔振器和电磁转换结构的一部分都按照图 2-23 所示的物理模型进行组装。由于实验室条件的限制，实验样机及其配置主要用于验证第二级隔振器的动态响应。

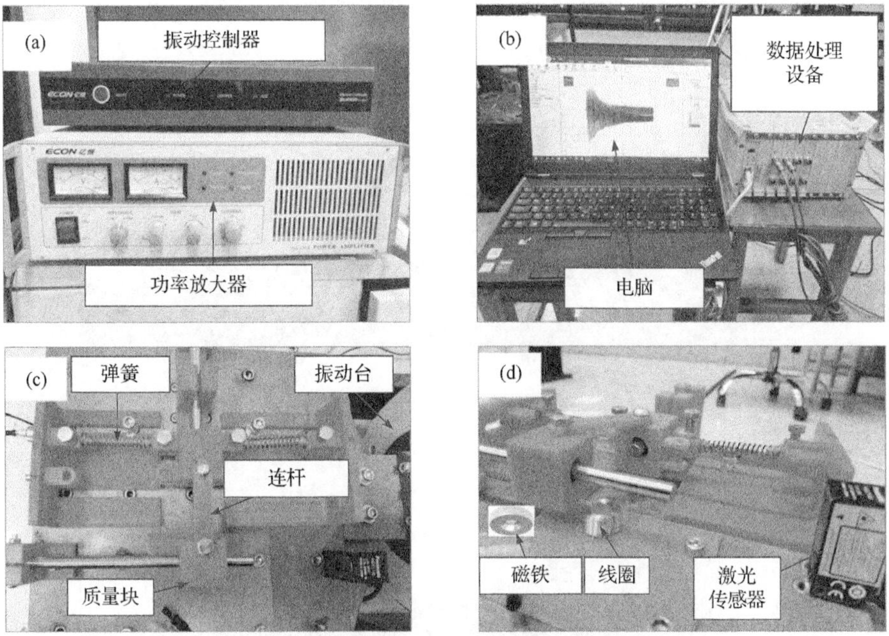

图 2-27　第二级隔振器的实验设置
(a)和(b)为实验装置，(c)和(d)为第二级隔振器的原型

表 2-2　QZS 多级隔振器的实验设计参数

参数	值	单位
几何参数 a、b、c、d、e	5	cm
质量 M	0.08	kg
弹簧刚度 K	190	N/m
弹簧自由长度 L	5	cm
线圈直径 Φ	12/20	mm
线径	0.2	mm
线圈高度	10	mm
线圈电阻 R_c	23	Ω
线圈电感 L_i	12.3	mh
负载电阻 R_d	10	Ω
磁体表面磁通密度 B_e	1	T

具有 HQZS 特征的第二级隔振器在激励为 3m/s^2 和 4m/s^2 时的实验输出电压 V 和功率 $p=V^2/R$，如图 2-28 所示。在 0～30Hz 范围，在 4m/s^2 激励下的最大输出电压和功率分别为 0.14V 和 0.8mW。在此频率范围内，第二级隔振器的输出功率大于 0.2mW，输出功率足够大，表明能量俘获性能较好，可以为一些低功耗传感器和微机电系统提供电力。

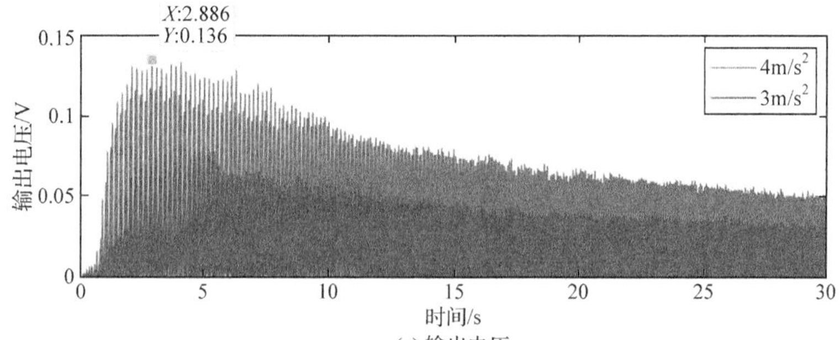

(a) 输出电压

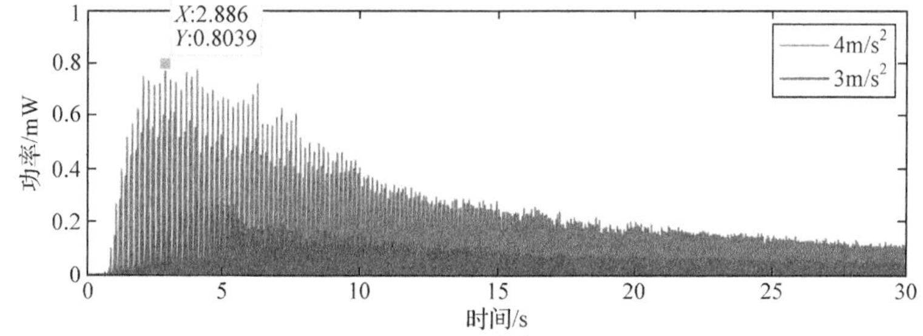

(b) 功率

图 2-28　HQZS 特征的第二级隔振器的输出电压和功率

本 章 小 结

本章基于非线性退化理论，首先提出了可以退化为不同非线性形式的仿生非线性退化振子。仿生非线性退化振子由生物肢体形态结构和双翅目昆虫飞行机制组成。通过调整非线性振子的几何参数，实现特定的非线性退化。其次，探讨了具有双稳态和 HQZS 特性的退化非线性振子的静力学与动力学特性，通过幅-频方程的近似表达式，发现非线性退化可以降低超低频区域的不稳定解个数，降低了未退化非线性振子的共振频率。基于非线性退化的优点，展示了非线性退化振子在隔振和振动能量俘获中的应用。非线性退化振子的初始隔振频率和共振频率都低于非线性未退化振子，更容易实现超低频振动能量俘获和大振幅阱间振动。再次，对退化双稳态系统的随机动力学进行分析，讨论了不同参数对稳态响应特性、平均首次穿越时间和信噪比的影响，发现了噪声增强稳定性和随机共振现象。退化双稳态系统的随机共振可以提高信噪比，有效增强弱故障信号，实现早期故障诊断。最后，基于非线性退化原理，提出了非线性退化多级隔振器，进一步论证了非线性退化在振动隔离方面的优势，并为非线性退化设计提供了新的思路。本章提出的非线性退化结构和基本理论将有助于进一步理解和发展非线性退化现象。非线性退化在设计具有改进和目标动态性能的工程系统和结构方面具有潜在的好处。

参 考 文 献

[1] YANG T, CAO Q J, HAO Z F. A novel nonlinear mechanical oscillator and its application in vibration isolation and energy harvesting[J]. Mechanical Systems and Signal Processing, 2021, 155:107636.

[2] YANG T, ZHANG Y, ZHOU S. Multistage oscillators for ultra-low frequency vibration isolation and energy harvesting[J]. Science China Technological Sciences, 2022, 65:631-645.

[3] TARNAI T. Zero stiffness elastic structures[J]. International Journal of Mechanical Sciences, 2003, 45:425-431.

[4] GUEST S D, KEBADZE E, PELLEGRINO S. A zero-stiffness elastic shell structure[J]. Journal of Mechanics of Materials and Structures, 2011, 6:203-212.

[5] CAO Q J, XIONG Y P, WIERCIGROCH M. A novel model of dipteran flight mechanism[J]. International Journal of Dynamics and Control, 2013, 1:1-11.

[6] SHAW A D, NEILD S A, WAGG D J, et al. A nonlinear spring mechanism incorporating a bistable composite plate for vibration isolation[J]. Journal of Sound and Vibration, 2013, 332:6265-6275.

[7] BAI Q, ZHOU T, GAN C, et al. A triboelectric-piezoelectric hybrid nanogenerator for rotational energy harvesting based on bistable cantilever beam[J]. Energy Conversion and Management, 2024, 300:117971.

[8] CHENG W, XU X, DING Y, et al. An adaptive smooth unsaturated bistable stochastic resonance system and its application in rolling bearing fault diagnosis[J]. Chinese Journal of Physics, 2020, 65:629-641.

[9] BEREZHKOVSKII A M, TALKNER P, EMMERICH J. Thermally activated traversal of an energy barrier of arbitrary shape[J]. Journal of Chemical Physics, 1996, 105:10890-10895.

[10] MANTEGNA R N, SPAGNOLO B. Noise enhanced stability in an unstable system[J]. Applied Physics Letters, 1996, 76:563-566.

[11] MIKHAYLOV A N, GUSEINOV D V, BELOV A I, et al. Stochastic resonance in a metal-oxide memristive device[J]. Chaos Solitons & Fractals, 2021, 144:110723.

[12] WANG K, ZHOU J, XU D, et al. Lower band gaps of longitudinal wave in a one-dimensional periodic rod by exploiting geometrical nonlinearity[J]. Mechanical Systems and Signal Processing, 2019, 124:664-678.

[13] HAO Z, CAO Q, WIERCIGROCH M, et al. Nonlinear dynamics of the quasi-zero-stiffness SD oscillator based upon the local and global bifurcation analyses[J]. Nonlinear Dynamics, 2017, 87:987-1014.

[14] YANG T, CAO Q, LI Q, et al. A multi-directional multi-stable device: Modeling, experiment verification and applications[J]. Mechanical Systems and Signal Processing, 2021, 146:106986.

[15] XU D, YU Q, ZHOU J, et al. Theoretical and experimental analyses of a nonlinear magnetic vibration isolator with quasi-zero-stiffness characteristic[J]. Journal of Sound and Vibration, 2013, 332:3377-3389.

[16] ZHOU J, WANG X, XU D, et al. Nonlinear dynamic characteristics of a quasi-zero stiffness vibration isolator with

cam-roller-spring mechanisms[J]. Journal of Sound and Vibration, 2015, 346:53-69.

[17] SUN X, JING X. Multi-direction vibration isolation with quasi-zero stiffness by employing geometrical nonlinearity[J]. Mechanical Systems and Signal Processing, 2015, 62:149-163.

[18] ZHENG Y, ZHANG X, LUO Y, et al. Design and experiment of a high-static-low-dynamic stiffness isolator using a negative stiffness magnetic spring[J]. Journal of Sound and Vibration, 2016, 360:31-52.

[19] LI W, YANG X D, ZHANG W, et al. Free vibration analysis of a spinning piezoelectric beam with geometric nonlinearities[J]. Acta Mechanica Sinica, 2019, 35:879-893.

[20] YANG T, CAO Q. Delay-controlled primary and stochastic resonances of the SD oscillator with stiffness nonlinearities[J]. Mechanical Systems and Signal Processing, 2018, 103:216-235.

[21] ZHOU S, CAO J, ERTURK A, et al. Enhanced broadband piezoelectric energy harvesting using rotatable magnets[J]. Applied Physics Letters, 2013, 102:173901.

[22] CHEN L Q, JIANG W, PANYAM M, et al. A broadband internally resonant vibratory energy harvester[J]. Journal of Vibration and Acoustics, 2016, 138:061007.

[23] GHOLIKHANI M, SHIRAZI S Y B, MABROUK G M. Dual electromagnetic energy harvesting technology for sustainable transportation systems[J]. Energy Conversion and Management, 2021, 230:113804.

[24] WU N, BAO B, WANG Q. Review on engineering structural designs for efficient piezoelectric energy harvesting to obtain high power output[J]. Engineering Structures, 2021, 235:112068.

[25] LUO J, GAO W, WANG Z. The triboelectric nanogenerator as an innovative technology toward intelligent sports[J]. Advanced Materials, 2021, 33:2004178.

[26] QIAO Z, LEI Y, LIN J, et al. An adaptive unsaturated bistable stochastic resonance method and its application in mechanical fault diagnosis[J]. Mechanical Systems and Signal Processing, 2017, 84:731-746.

[27] GAMMAITONI L, HANGGI P, JUNG P, et al. Stochastic resonance[J]. Reviews of Modern Physics, 1998, 70:223-287.

第3章　仿生水母双稳态压电-摩擦混合能量俘获器

水母能够通过密集的肌肉神经压缩和收缩伞的内腔在海洋中运动，在运动过程中，伞部可以看作一个振子，伞部的肌肉可以简化为弹簧和连杆，由此可得仿生水母几何非线性模型。基于此，本章提出一种仿生水母双稳态压电-摩擦混合能量俘获器，简述能量俘获器的基本工作原理、静力学和动力学特征和实验性能。仿生水母双稳态压电-摩擦混合能量俘获器是一种新型能量俘获器，通过模仿生物的肌肉或骨骼设计基本结构，具有非常突出的非线性特性[1]。双稳态意味着系统具有两个稳定的平衡状态，在有效频带内可进行高能轨道阱间振动。与单稳态相比，双稳态具有更大的位移和速度响应，可以在不同的外部振动环境下进行宽频带能量俘获[2-4]。在仿生水母双稳态压电-摩擦混合能量俘获器中，压电效应和摩擦电效应被协同利用，可通过材料选择和结构设计来优化能量转换效率[5-7]。仿生水母双稳态压电-摩擦混合能量俘获器可以克服传统混合发电机输出的带宽限制和单一方法发电机的能量转换效率低的缺点。混合能量俘获器在物联网、传感器网络、健康监测等[8-10]诸多领域中具有潜在的应用价值，可以实现持续能量供应。

3.1　仿生水母双稳态压电-摩擦混合能量俘获基本原理

近年来，通过压电和摩擦电材料获取环境能量已经被广泛关注。但是要实现稳定的能量俘获，还需要在材料科学、结构设计和系统集成等方面进行深入研究和优化[11-13]。压电能量俘获具有小型化、效率高和简单性的优点[14-16]，摩擦电能量俘获具有轻质结构、低成本材料、柔性配置和高效性能等优点。压电发电和摩擦发电具有完全不同的动态和电气特性。摩擦发电需要具有高电压和高匹配阻抗的不同摩擦电材料之间的相对运动[17, 18]。相比之下，压电发电要求材料本身有较大的变形，并具有相对较低的电压和较低的匹配阻抗[19-21]。为提高能量转化效率，适应多种环境下的无线传感器网络，压电-摩擦混合能量俘获技术引起众多学者的广泛关注。能量俘获器的非线性优化设计由于可实现宽带和低频振动，引起众多学者的研究兴趣，俘能结构已经不断地从最初的线性结构向非线性、多稳态方向发展，其中仿生结构因其独特的非线性特性得到广泛研究。

本章提出一种仿生水母双稳态压电-摩擦混合能量俘获器(jellyfish-inspired bistable piezoelectric-triboelectric hybrid generator，JIB-PTHG)。在水母运动过程

中，伞部可以看作振子、弹簧和连杆，可得仿生水母几何模型。图 3-1 为仿生水母原理图与仿生水母双稳态压电-摩擦混合能量俘获器的几何原理图，其中图 3-1(a)和(b)为仿生水母双稳态压电-摩擦混合能量俘获器的几何简化示意图。图 3-1(c)展示了仿生水母几何非线性结构等效的实际几何模型，该结构由中心质量块、悬臂梁和弹簧组成。其中，主弹簧的刚度为 K；悬臂梁一端的等效刚度为 K_1；刚性连杆的长度为 L；B 表示主弹簧的端点与悬臂梁固定端在 x 轴方向上的距离。本书基于这种几何结构设计了仿生水母双稳态压电-摩擦混合能量俘获器。

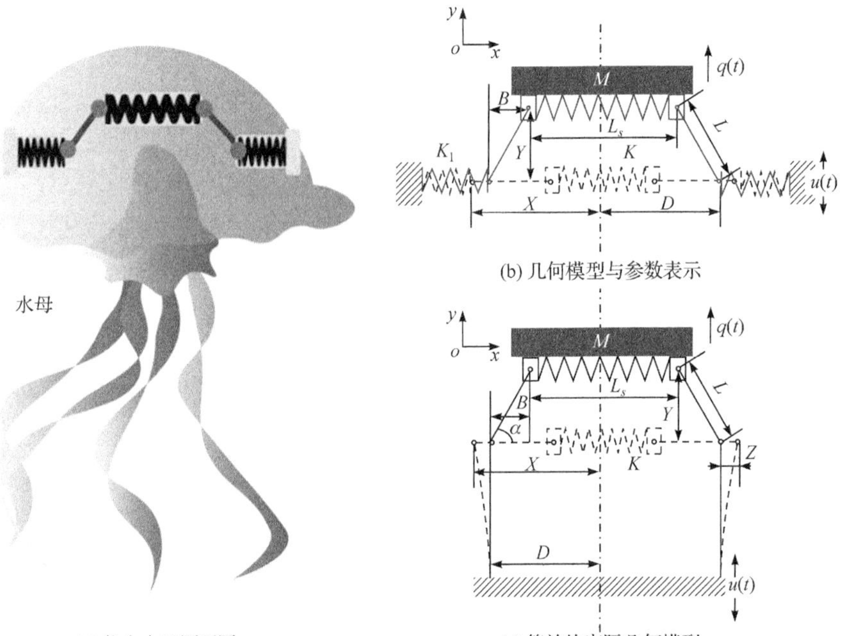

(a) 仿生水母原理图　　(c) 等效的实际几何模型

图 3-1　仿生水母原理图与仿生水母双稳态压电-摩擦混合能量俘获器的几何原理图

图 3-2 展示了仿生水母双稳态压电-摩擦混合能量俘获器的结构与原理。能量俘获器装置的三维模型图如图 3-2(a)所示，主要由底座、水平弹簧连接机构、滑轨、辅助框架、中心质量块和柔性压电梁组成。底座和滑轨连接成 T 形结构，底座侧面有通孔，便于装置的安装和固定。水平弹簧连接机构由一个水平弹簧和两个刚性连杆组成。水平弹簧的两端固定在两个滑块上，滑块连接在两个刚性连杆的端部，两个刚性连杆铰接在两个柔性压电梁的端部。辅助框架对各个部件的运动起着限制作用，固定在底座上的光轴引导滑块和辅助框架，使水平弹簧仅可在垂直于滑轨的方向上变形。中心质量块只能沿着滑轨移动。整个仿生水母双稳态压电-摩擦混合能量俘获器由两个模块组成，即摩擦发电模块和压电模块。

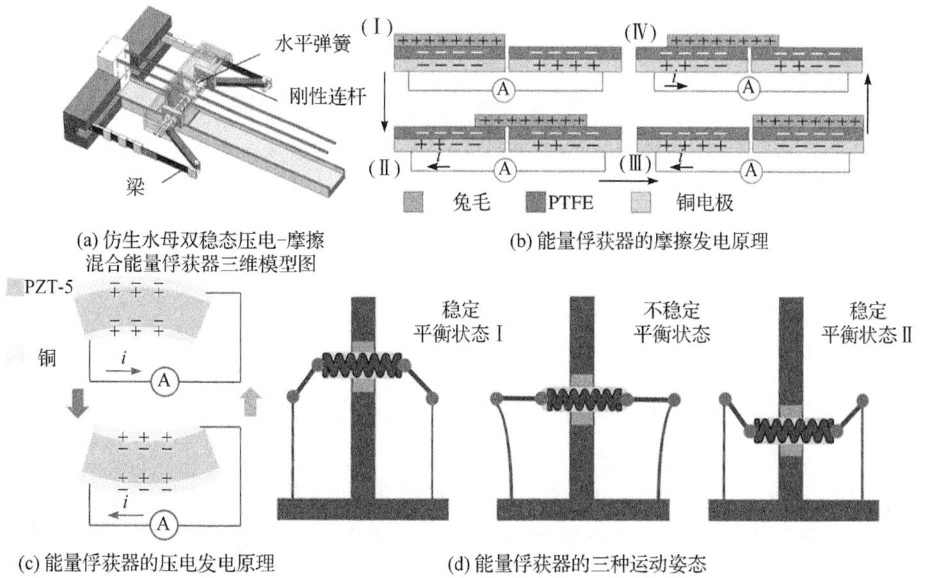

(a) 仿生水母双稳态压电-摩擦混合能量俘获器三维模型图　(b) 能量俘获器的摩擦发电原理

(c) 能量俘获器的压电发电原理　(d) 能量俘获器的三种运动姿态

图 3-2　仿生水母双稳态压电-摩擦混合能量俘获器的结构与原理

PTFE 为聚四氟乙烯

摩擦发电模块由滑块、滑轨和摩擦材料组成，聚四氟乙烯(polytetrafluoro-ethylene，PTFE)和铜电极粘贴在滑轨上，兔毛粘贴在滑块上。铜电极粘贴在滑动导轨的上表面，摩擦材料聚四氟乙烯粘贴在铜电极上。该模块的摩擦发电原理如图 3-2(b)所示，其中兔毛和聚四氟乙烯在其初始状态下不带电，相互接触后带电。兔毛的电负性低于聚四氟乙烯，因此兔毛带正电荷，聚四氟乙烯带负电荷。为了保持静电平衡，左边的铜电极带负电荷，右边的铜电极则带正电荷，当兔毛向右滑动时，为了平衡电势差，将正电荷从右铜电极转移到左铜电极。随着兔毛逐渐向最右侧滑动，左侧铜电极带正电荷，右侧铜电极带负电荷。当兔毛从右向左滑动时，为了平衡铜电极之间的电势差，正电荷从左铜电极转移到右铜电极，当左铜电极只带负电荷，右铜电极只带正电荷时，兔毛恢复到左接触状态，完成一个运动循环以产生交流电。当装置受到外激励时，滑块和滑轨产生相对运动，使附着在滑块上的兔毛不断摩擦滑轨上的聚四氟乙烯，从而产生连续的交流电。

压电发电原理如图 3-2(c)所示，当柔性钢梁在外力作用下发生弯曲变形时，压电片内部的压电钛酸铅锆(piezoelectric lead zirconium titanium，PZT)受到压力或变形，其晶格结构发生轻微变化。正电荷和负电荷会随着压力的变化而分离。当压电片受到压力时，正电荷和负电荷在材料内部移动并积聚在电极上，从而产生压电膜的正电极和负电极之间的电势差。由于压电片受到连续外力的作用，产生的电荷会随着变形而变化。因为外力的周期性，电荷的变化也是周期性的，所以产生交流电。压电模块由两个柔性压电梁和两个压电陶瓷片组成。该装置中使用的压电陶瓷为 PTZ-5，压电贴片粘贴在压电梁靠近底座的端部。当基座在外激励下振动时，中心质量块可以沿着滑轨移动，从而在压电梁中引起变形，并实现能量俘获。同时，压电梁还可以将振动传递到中心质量块，从而激励摩擦发电模块工作。通过摩擦发电和压电发电两个模块，这种具有强非线性特性的结构可以在更宽的低频带内俘获振动能量。图 3-2(d)展示了仿生水母双稳态压电-摩擦混合能量俘获器的三种运动姿态，表现出该结构的双稳态特性，可以看出其具有两个稳定平衡状态和一个不稳定平衡状态。

3.2 仿生水母双稳态压电-摩擦混合系统力学分析

本节将介绍仿生水母双稳态压电-摩擦混合能量俘获器的几何模型构建过程及混合发电原理，推导仿生非线性双稳态结构的恢复力、势能和刚度，建立有限元模型进行仿真分析，对比恢复力的理论与仿真结果。

3.2.1 仿生水母双稳态压电-摩擦混合系统静力学分析

根据图 3-1(b)所示的几何模型，弹簧的变形Δy可以表示为

$$\Delta y = 2\left(X - \sqrt{L^2 - Y^2} - (D - B)\right) \tag{3-1}$$

其中，压电梁的自由端的端点位移可以定义为$Z = X - D$。因此，

$$\Delta y = 2\left(Z + B - \sqrt{L^2 - Y^2}\right) \tag{3-2}$$

根据牛顿定律，仿生水母双稳态压电-摩擦混合能量俘获器的恢复力可以表示为

$$F_U = 2F_{\mathrm{S}} \cdot \frac{\sin\alpha}{\cos\alpha} \tag{3-3}$$

其中，$F_{\mathrm{S}} = -K\Delta y$，是弹簧的恢复力；$\sin\alpha = \dfrac{Y}{L}$；$\cos\alpha = \dfrac{\sqrt{L^2 - Y^2}}{L}$。动力学方程可写为

$$\delta\int_{t_1}^{t_2}(T - U)\mathrm{d}t + \int_{t_1}^{t_2}\delta W\mathrm{d}t = 0 \tag{3-4}$$

其中，δ是无穷小的变化量；T是能量俘获器的动能；U是能量俘获器的势能，可以写成$U = U_{\mathrm{S}}$，其中U_{S}是弹簧和等效弹簧的势能；W是外力所做的功，如摩擦力和静电力；t_1是开始时间；t_2是结束时间。

假设弹簧和刚性连杆等部件的质量相对较轻且可忽略不计，则能量俘获器的

动能仅包括中心质量块 M 的动能，因此，$T = T_M$。中心质量块的动能可以表示为

$$T_M = \frac{1}{2}M(\dot{Y} - \dot{u})^2 \tag{3-5}$$

弹簧的势能 U_S 可表示为

$$U_S = \int_0^X F_U \mathrm{d}Y \tag{3-6}$$

等效恢复力和势能可以写成：

$$F_U = -\frac{2KY}{\sqrt{L^2 - Y^2}}\left(Z - B + \sqrt{L^2 - Y^2}\right) \tag{3-7}$$

$$U_S = 2K\left(Z - B + \sqrt{L^2 - Y^2}\right) \tag{3-8}$$

根据力平衡条件，Z 和 Y 之间的关系可以表示为

$$2K\left(Z - B + \sqrt{L^2 - Y^2}\right) = -K_1 Z \tag{3-9}$$

因此

$$Z = \frac{2K}{2K + K_1}\left(-B + \sqrt{L^2 - Y^2}\right) \tag{3-10}$$

可以分别计算仅与 Y 相关的力、势能和刚度：

$$F_U = \frac{2K(4K + K_1)}{2K + K_1}Y(1 - \frac{B}{\sqrt{L^2 - Y^2}}) \tag{3-11}$$

$$K_S = \frac{\mathrm{d}F_U}{\mathrm{d}Y} = -\frac{2K(4K + K_1)}{2K + K_1}\left(1 - \frac{BL^2}{(L^2 - Y^2)^{3/2}}\right) \tag{3-12}$$

$$U_S = 2K\left(\frac{4K + K_1}{2K + K_1}\left(-B + \sqrt{L^2 - Y^2}\right)\right)^2 \tag{3-13}$$

对恢复力进行五阶泰勒展开，得到：

$$\begin{aligned} F_U = &-\frac{2\left(K\left(K_1 + 4K\right)\left(-B + \sqrt{L^2}\right)\right)Y}{\left(K_1 + 2K\right)\sqrt{L^2}} + \frac{BK\left(K_1 + 4K\right)Y^3}{\left(K_1 + 2K\right)\left(L^2\right)^{3/2}} \\ &+ \frac{3BK\left(K_1 + 4K\right)Y^5}{4\left(K_1 + 2K\right)L^4\sqrt{L^2}} + O\left(Y\right)^6 \end{aligned} \tag{3-14}$$

当刚性连杆长度 L 为 0.06m 时，仿生水母双稳态压电-摩擦混合能量俘获器的静态分析如图 3-3 所示。图 3-3(a)展示了泰勒展开前后恢复力的比较，泰勒展

开后的恢复力可以更好地模拟真实力。参数 B 变化时的恢复力曲线如图 3-3(b)所示。当 $B>L$ 时，能量俘获器具有双稳态特性；当 $B=L$ 时，能量俘获器具有 QZS 特性；当 $B<L$ 时，能量俘获器具有单稳态特性，该结果与图 3-3(c)所示的刚度曲线一致。图 3-3(d)～(f)展示了能量俘获器的势能，这是决定能量俘获器静态特性的关键因素。势能的最小值称为势阱，最大值称为势垒。当 $B\geqslant L$ 时，只有一个势阱，并且振子经历小振幅的阱内振动。如图 3-3(d)所示，当 $B<L$ 时，存在一个势垒和两个势阱，振子具有双稳态特性。跨越势垒可以在高能轨道上导致明显的阱间振动。如图 3-3(e)所示，能量俘获器在双稳态下有一个不稳定平衡点和两个稳定平衡点，这与图 3-2(d)所示的三种运动平衡点一致。

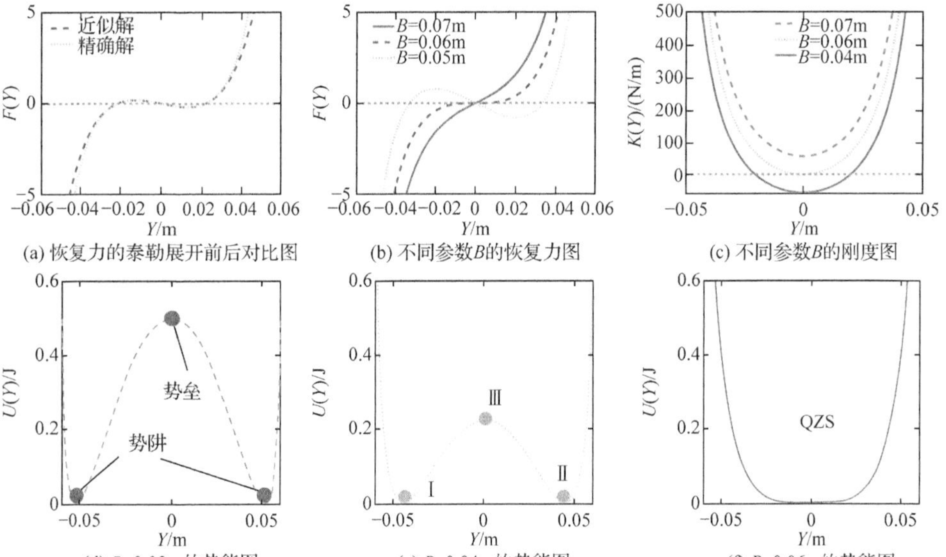

(a) 恢复力的泰勒展开前后对比图　(b) 不同参数B的恢复力图　(c) 不同参数B的刚度图

(d) B=0.03m的势能图　(e) B=0.04m的势能图　(f) B=0.06m的势能图

图 3-3　仿生水母双稳态压电-摩擦混合能量俘获器的静态分析

简化模型，仿生水母双稳态压电-摩擦混合能量俘获器的仿真分析如图 3-4 所示。结果表明，当中心质量块从一个稳态平衡点移动到另一个稳态平衡点时，压电梁中的应力发生了明显变化。当中心质量块振动时，能量俘获器经历高能轨道运动将产生较大功率。图 3-4(b)中的最大应力大于图 3-4(a)和(c)中的最大应力，这意味着当中心质量块穿过势垒时，压电模块将产生最大输出电压。然而，当中心质量块沿着滑轨运动时，压电梁会经历不同类型的轴向变形。当中心质量块向压电梁远端运动时，压电梁受到拉伸；当中心质量块向压电梁近端运动时，压电梁受到压缩。众所周知，当细长梁受到大偏心压缩时，弯曲变形是主要的变形；当细长梁受到大偏心拉伸时，轴向张力是主要的变形。在大偏心拉伸和压缩下，不同的变形机制导致了系统的不对称性。当位移在势阱间的距离范围内时，系统几乎是对称的。如图 3-4(d)所示，通过理论表达式计算的恢复力与通过有限元仿真分析获得的结果具有一致性。

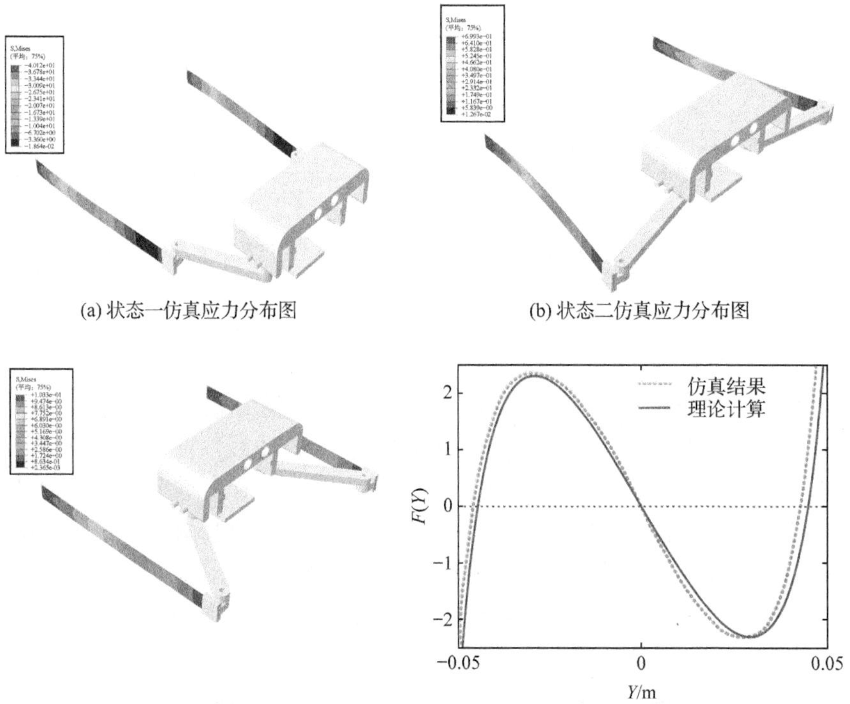

(a) 状态一仿真应力分布图　(b) 状态二仿真应力分布图

(c) 状态三仿真应力分布图　(d) 仿真与理论对比图

图 3-4　仿生水母双稳态压电-摩擦混合能量俘获器的仿真分析

3.2.2　仿生水母双稳态压电-摩擦混合系统动力学分析

本节对仿生水母双稳态压电-摩擦混合能量俘获器进行了动力学分析，采用四阶龙格-库塔法求解了随频率变化的动态位移响应，通过求解能量俘获器的扰动方程绘制了相位轨迹，并分析了激励条件和结构参数对响应结果的影响。采用谐波平衡法求解了能量俘获器的幅-频方程，并进行了主共振分析。对未扰动的能量俘获器进行了平衡点分岔特性分析，绘制了未扰动能量俘获器的相轨迹。分析了考虑干摩擦时的动态变化。

1. 有阻尼受迫振动动力学建模

在基础激励力 $F\cos(\Omega t)$ 作用下，中心质量块沿着 Y 方向运动，当主弹簧被滑块压缩，可按经典弹簧-质量-阻尼系统进行研究。理论模型上，水平方向的动力学方程为

$$M\ddot{Y}+F_f+F_U=F\cos(\Omega t) \tag{3-15}$$

根据库仑摩擦定律，摩擦力 F_f 可表示为

$$F_f=\mu F_N\,\mathrm{sgn}(\dot{Y})=c\dot{Y} \tag{3-16}$$

则有

$$M\ddot{Y}+c\dot{Y}+\frac{2K(4K+K_1)}{2K+K_1}Y\left(1-\frac{B}{\sqrt{L^2-Y^2}}\right)=F\cos(\Omega t) \tag{3-17}$$

$$M\ddot{Y}+c\dot{Y}-\frac{2\big(K(K_1+4K)(-B+L)\big)Y}{(K_1+2K)L}+\frac{BK(K_1+4K)Y^3}{(K_1+2K)\left(L^2\right)^{3/2}}+\frac{3BK(K_1+4K)Y^5}{4(K_1+2K)L^4L}=F\cos(\Omega t) \tag{3-18}$$

利用四阶龙格-库塔法进行求解，可得真实恢复力和近似恢复力下的系统受迫振动频响曲线如图 3-5 所示，其中图 3-5(a)为原非线性恢复力的响应结果，图 3-5(b)展示了泰勒展开后的恢复力的响应结果，可看出二者具有良好的一致性。可以观察到，在 0～10Hz 的激励频率范围内，当激励频率为 3.5～5Hz 时，系统实现了高能轨道运动，具有大振幅的响应。然而，当激励频率小于 3.5Hz 或大于 5Hz 时，系统则处于低能轨道运动，表现为小振幅的响应。为简化计算，后续分析均采用泰勒展开后的近似恢复力。

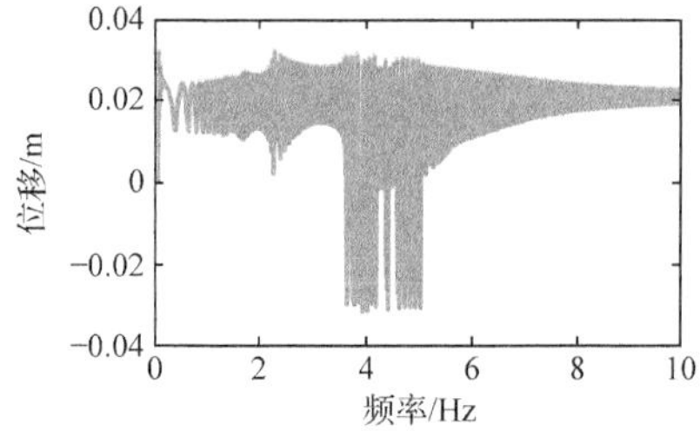

(a) 原非线性恢复力的响应结果

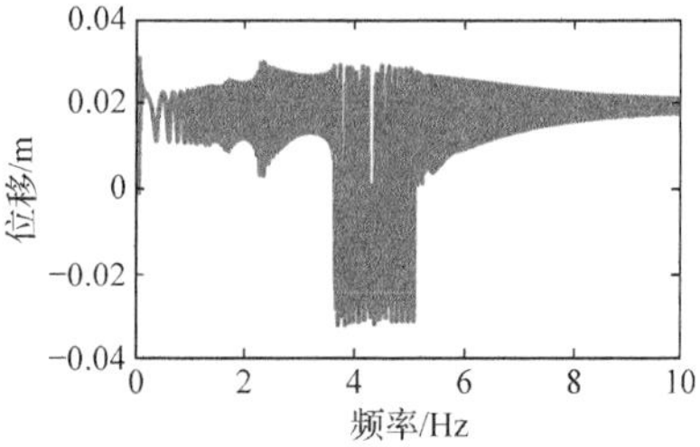

(b) 泰勒展开后的恢复力的响应结果

图 3-5　真实恢复力和近似恢复力下的系统受迫振动频响曲线

图 3-6 展示了不同结构参数和激励条件下的系统相-频响应。图 3-6(a)～(c)分别展示了 F=0.14N，L=0.06m，B=0.07m，B=0.06m，B=0.056m 时的相-频曲线。可明显看出，当 $B<L$ 时，模型具有双稳态特征；当 $B=L$ 时，模型具有 QZS 特征；当 $B>L$ 时，模型具有典型单稳态特征。图 3-6(d)～(f)分别展示了 F=0.18N，L=0.06m，B=0.07m，B=0.06m，B=0.056m 时的相-频曲线，对于具有双稳态的简谐激励系统而言，随着激励频率的变化，系统的响应振动会上下跳跃，相应的响应振幅也会变化。当激励力增大时，系统在高能轨道产生大振幅响应的频率区间明显增大。

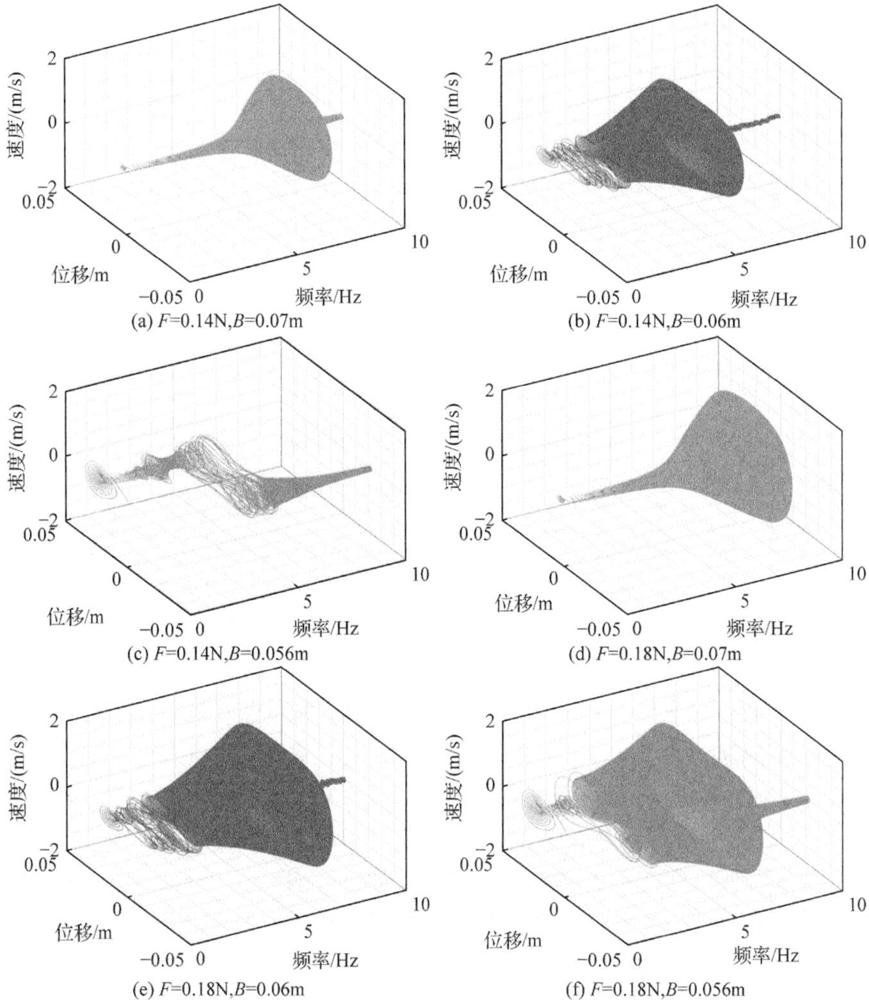

(a) F=0.14N,B=0.07m　(b) F=0.14N,B=0.06m

(c) F=0.14N,B=0.056m　(d) F=0.18N,B=0.07m

(e) F=0.18N,B=0.06m　(f) F=0.18N,B=0.056m

图 3-6　不同结构参数和激励条件下的系统相–频响应

(a)和(d)为单稳态；(b)和(e)为 QZS；(c)和(f)为双稳态

2. 无阻尼自由振动系统的周期运动分析

能量俘获器无阻尼自由振动系统无量纲化的运动方程为

$$\ddot{y}+2\omega_0^{\,2}\left(\frac{4+a}{2+a}\left(1-\frac{b}{\sqrt{1-y^2}}\right)\right)y=0 \tag{3-19}$$

其中，$\omega_0=\sqrt{\dfrac{K}{L}}$；$y=\dfrac{Y}{L}$；$a=\dfrac{K_1}{K}$；$b=\dfrac{B}{L}$。令 $\dot{z}=y$，系统可改写为二维系统如下：

$$\begin{cases} \dot{y} = z \\ \dot{z} = -2{\omega_0}^2 \left(\dfrac{4+a}{2+a} \left(1 - \dfrac{b}{\sqrt{1-y^2}} \right) \right) y \end{cases} \tag{3-20}$$

下面通过哈密顿函数的非线性分析方法来展示系统(3-20)的动力学特征，哈密顿函数为系统势能与动能的总和。在系统(3-20)的第二个方程两边同时乘上第一个等式可以得出：

$$\dot{z}z = -2{\omega_0}^2 \left(\frac{4+a}{2+a} \left(1 - \frac{b}{\sqrt{1-y^2}} \right) \right) y\dot{y} \tag{3-21}$$

方程(3-21)两边分别为系统动能和势能对时间 t 的微分形式。因此对方程(3-21)两边同时积分得出哈密顿函数：

$$H(\dot{y}, y) = \frac{1}{2}\dot{y}^2 + 2{\omega_0}^2 \left(\frac{4+a}{2+a} \left(-b + \sqrt{1-y^2} \right) \right)^2 \tag{3-22}$$

因此，可以根据哈密顿函数 $H(y, \dot{y}) = E$ 的不同取值，展现系统(3-20)不同的动力学特征。

图 3-7 展示了仿生水母双稳态压电-摩擦混合能量俘获器随参数变化的无扰动动力学相轨迹。如图 3-7 (a)所示，当 $b \geqslant 1$ 时，系统(3-20)具有单稳态特征，$E > 0$ 表示系统的一簇周期轨道都围绕着当 $E = 0$ 时的平衡点(0, 0)。如图 3-7(b)和(c)所示，当 $0 < b < 1$ 时，系统(3-20)表现类似于双阱 Duffing 方程的动力学特性，具有双稳态特征，存在一个鞍点(0, 0)和两个稳态平衡点。$E = 0$ 代表系统的一对同宿轨道，$E < 0$ 或 $E > 0$ 时存在系统的一簇周期轨道。如图 3-7(d)所示，当 $b = 0$ 时，系统(3-20)呈现不连续动力学特征。

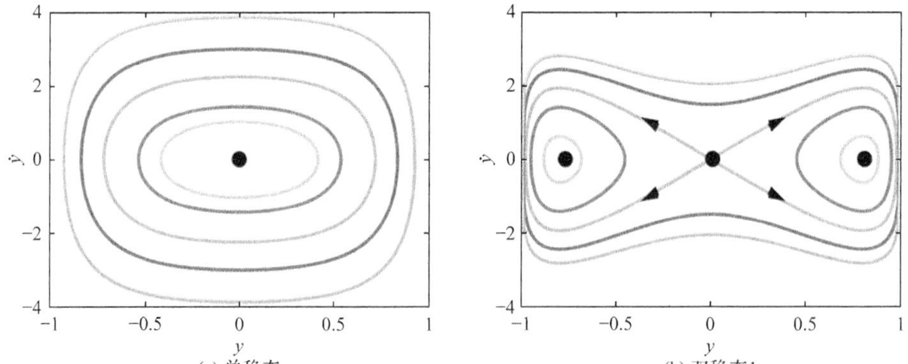

(a) 单稳态　　(b) 双稳态1

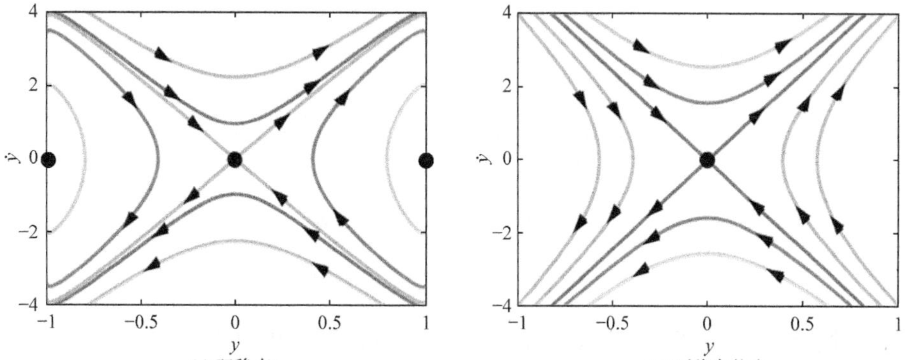

(c) 双稳态2 (d) 不稳定状态

图 3-7 仿生水母双稳态压电-摩擦混合能量俘获器随参数变化的无扰动动力学相轨迹

3. 基于谐波平衡法的主共振分析

在有阻尼受迫振动条件下，仿生水母双稳态压电-摩擦混合系统无量纲动力学方程可表示为

$$\ddot{y}+2\xi\omega_0\dot{y}+2\omega_0^2\left(\frac{4+a}{2+a}\left(1-\frac{b}{\sqrt{1-y^2}}\right)\right)y=f\cos(\omega t) \tag{3-23}$$

其中，$\omega_0=\sqrt{\dfrac{K}{L}}$；$y=\dfrac{Y}{L}$；$a=\dfrac{K_1}{K}$；$b=\dfrac{B}{L}$；$\xi=\dfrac{c}{2M\omega_0}$；$\omega=\dfrac{\Omega}{\omega_0}$；$f=\dfrac{F}{2KL}$。无量纲恢复力可表示为

$$f_u=2\omega_0^2\left(\frac{4+a}{2+a}\left(1-\frac{b}{\sqrt{1-y^2}}\right)\right)y \tag{3-24}$$

将无量纲参数代入泰勒展开的恢复力可得动力学方程为

$$\ddot{y}+2\xi\omega_0\dot{y}=-\frac{2\left((4+a)(-1+b)\omega_0^2\right)y}{2+a}-\frac{(4+a)b\omega_0^2y^3}{2+a}-\frac{3\left((4+a)b\omega_0^2\right)y^5}{4(2+a)}+f\cos(\omega t) \tag{3-25}$$

根据谐波平衡法，假设该系统有稳态解 $y(t)=A_1\cos(\omega t)+B_1\sin(\omega t)$，平衡位置为 0，振动的位移响应幅值可以表示为 $A\doteq\sqrt{A_1^2+B_1^2}$，将稳态解代入方程可得

$$\begin{aligned}&\sin(\omega t)\left(-B_1\omega^2-2A_1\xi\omega\omega_0\right)+\cos(\omega t)\left(-A_1\omega^2+2B_1\xi\omega\omega_0\right)\\&=-2(-1+b)e\left(A_1\cos(\omega t)+B_1\sin(\omega t)\right)\omega_0^2-be\left(A_1\cos(\omega t)+B_1\sin(\omega t)\right)^3\omega_0^2\\&\quad-\frac{3}{4}be\left(A_1\cos(\omega t)+B_1\sin(\omega t)\right)^5\omega_0^2+f\cos(\omega t)\end{aligned} \tag{3-26}$$

令方程(3-26)左右两边常数项与三角函数的系数相同，忽略高次谐波项和二阶微分项，化简后可得幅-频方程为

$$\frac{1}{1024}A^2\left(\begin{aligned}&1024\omega^4-64\left(\left(-64+\left(64+24A^2+15A^4\right)b\right)\frac{4+a}{2+a}-64\xi^2\right)\omega^2\omega_0^2\\&+\left(-64+\left(64+24A^2+15A^4\right)b\right)^2\left(\frac{4+a}{2+a}\right)^2\omega_0^4\end{aligned}\right)=f^2 \tag{3-27}$$

根据幅-频方程绘制幅-频曲线，图 3-8 展示了不同刚度比、结构参数、等效阻尼系数和激励条件下的系统幅-频曲线，系统在双稳态区间运动时存在多个解，包括稳定解和不稳定解，呈现单稳态运动时只存在稳定解。如图 3-8(a)所示，a 表示模型悬臂梁和弹簧等效刚度的比值。当 $a=0$ 时，系统的共振峰幅值最低。随着刚度比 a 的增加，共振峰幅值逐渐增大，全频段共振振幅增大，共振频率区间减小。如图 3-8(b)所示，随着结构参数 b 的增加，共振峰幅值逐渐减少，共振峰向右移动，共振频率范围缩小，在低频段共振振幅减小，在高频段共振振幅增加。如图 3-8(c)所示，随着等效阻尼系数 ξ 的增加，共振峰幅值明显下降，共振频率范围明显缩小。如图 3-8(d)所示，随着激励 f 的增加，共振峰幅值明显增大，全频段共振振幅增大，共振频率范围也增大。

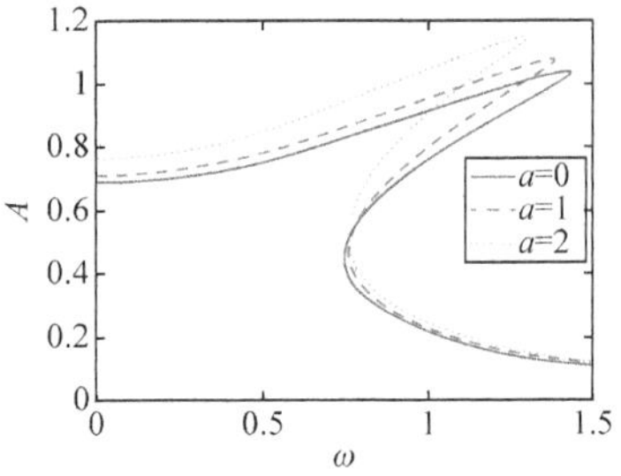

(a) 不同刚度比

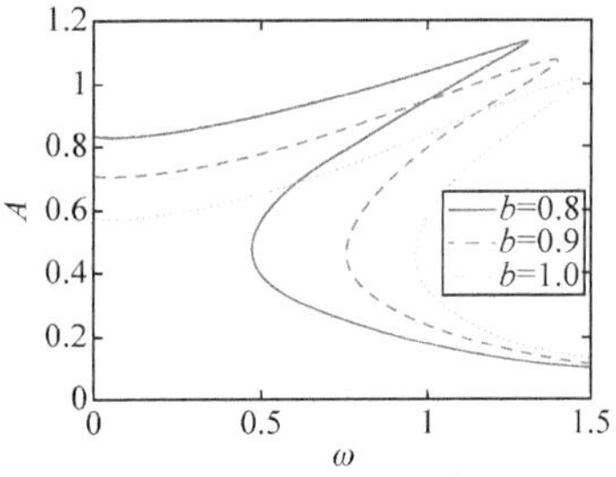

(b) 不同结构参数

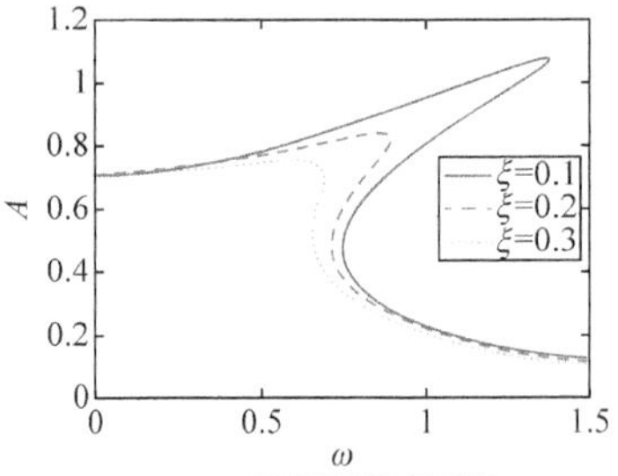

(c) 不同等效阻尼系数

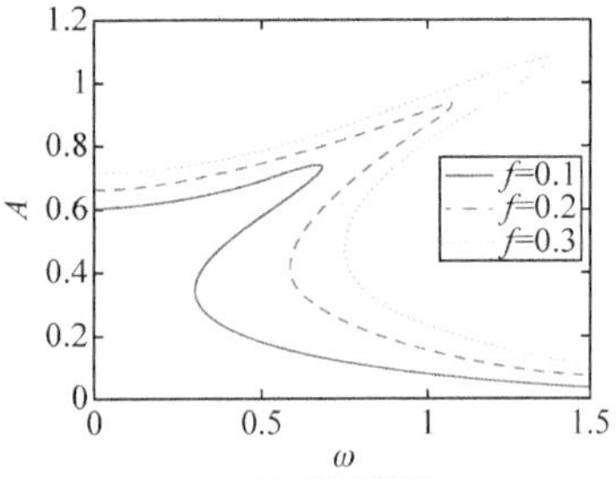

(d) 不同激励

图 3-8　不同刚度比、结构参数、等效阻尼系数和激励条件下的系统幅-频曲线

4. 仿生水母双稳态系统的平衡点分岔特性分析

由于 TENG 发电方式的特殊性，其阻尼由干摩擦引起，其摩擦力可以写为

$$F_f = \mu F_N \operatorname{sgn}(\dot{Y}) \tag{3-28}$$

其中，符号函数表示为

$$\operatorname{sgn}(\dot{Y}) = \begin{cases} -1, & \dot{Y} < 0 \\ (-1,1), & \dot{Y} = 0 \\ 1, & \dot{Y} > 0 \end{cases} \tag{3-29}$$

恢复力表示为

$$F_U = \frac{2K(4K + K_1)}{2K + K_1} Y \left(1 - \frac{B}{\sqrt{L^2 - Y^2}}\right) \tag{3-30}$$

代入动力学方程可得

$$M\ddot{Y} + \mu F_N \operatorname{sgn}(\dot{Y}) + \frac{2K(4K + K_1)}{2K + K_1} Y \left(1 - \frac{B}{\sqrt{L^2 - Y^2}}\right) = 0 \tag{3-31}$$

无量纲化后为

$$\ddot{y} + \mu f_n \operatorname{sgn}(\dot{y}) + 2\omega_0^2 \left(\frac{4+a}{2+a}\left(1 - \frac{b}{\sqrt{1-y^2}}\right)\right) y = 0 \tag{3-32}$$

根据微分包含理论，系统的平衡点集可表示为

$$\Xi = \left\{ (y, \dot{y}) \middle| (\dot{y} = 0) \cap \left(2\omega_0^2 \left(\frac{4+a}{2+a} \left(1 - \frac{b}{\sqrt{1-y^2}} \right) \right) y + \mu f_n \operatorname{sgn}(0) = 0 \right) \right\} \tag{3-33}$$

其中，sgn(0)代表[−1，1]整个区间。

图 3-9 (a)展示了 (y,μ,b) 空间中系统的平衡点 ε 的集合，该空间由 $\mu = 0.5$ 和 $b = 1$ 平面分为 A、B、C 和 D 四个域。无干摩擦的系统的平衡点分岔(μ= 0)如图 3-9 (b)所示，其中在 $b = 1$ 处发生了叉形分岔。在图 3-9 (c)中，A-B 域中的摩擦系数为 $0 < \mu < 0.5$，随着 b 从 0 增加到 2，有三个平衡点集合并成一个大的平衡点集。如图 3-9(d)所示，当 $\mu \geqslant 0.5$ 时，系统只有一个平衡点集，b 在 C-D 域中从 0 变化到 2。如图 3-9(e)所示，当 $b = 0$ 时，系统变成了一个有摩擦的线性系统，此时只有一个平衡点集存在，并随着参数 μ 的增加而变大，直到 $\mu \approx 0.5$。在图 3-9(f)中，当 $0 < b < 1$ 时，在 A-D 域中，随着 μ 从 0 增加到 1，有三个平衡点集合并为一个平衡点集。如图 3-9(g)所示，当 $b \geqslant 1$，B-C 域的 μ 从 0 增加到 1 时，系统只有一

个平衡点集。

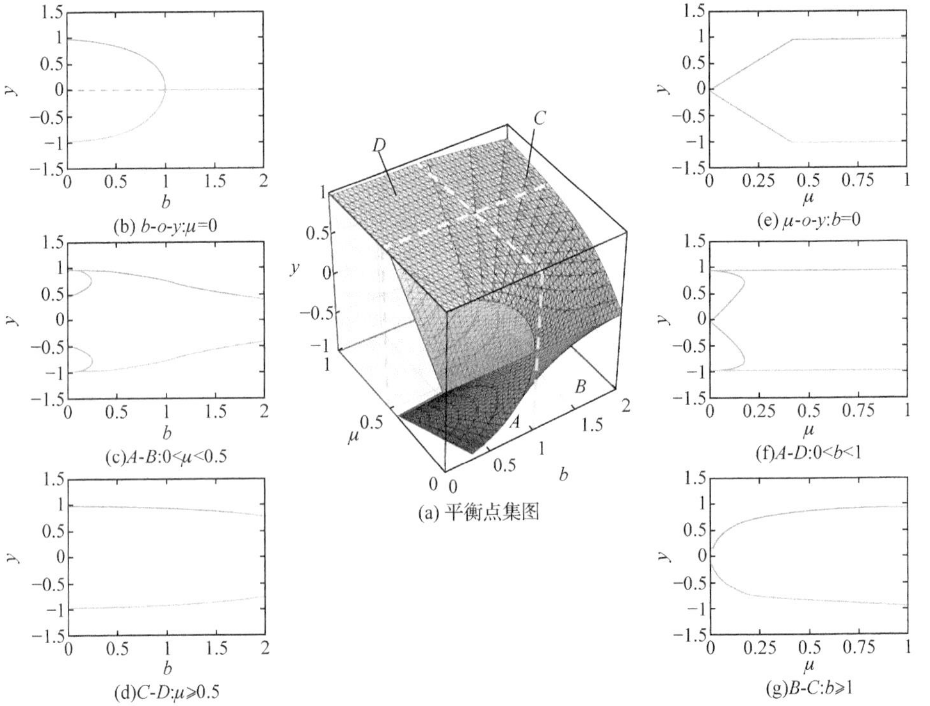

图 3-9　(y,μ,b) 空间中系统的平衡点集与分岔图

求解方程:

$$\begin{cases}\Psi_1=\dfrac{2\omega_0^2(4+a)}{2+a}y\left(1-\dfrac{b}{\sqrt{1-y^2}}\right)+\mu f_n=0\\ \Psi_2=\partial_y\Psi_1=0\end{cases}\tag{3-34}$$

得到曲线:

$$H=\left\{(b,\mu)\left|-\frac{2(4+a)\left(1-b^{2/3}\right)^{3/2}}{2+a}+\mu f_n=0,f_n>0,a>0\right.\right\}\tag{3-35}$$

该曲线将参数(b,μ)平面划分为两个以Ⅰ和Ⅱ标记的不同区域，图 3-10 展示了考虑干摩擦下有扰系统的相轨迹。如图 3-10(a)所示，该曲线展示了系统由多个平衡点集合并成一个平衡点集的跃迁过程，对应的相位图标记为Ⅰ、***H***和Ⅱ。

当(b,μ)位于Ⅰ区域时，系统只有一个平衡点集，如式(3-36)所示。如图3-10(b)所示，具有单稳态特征。

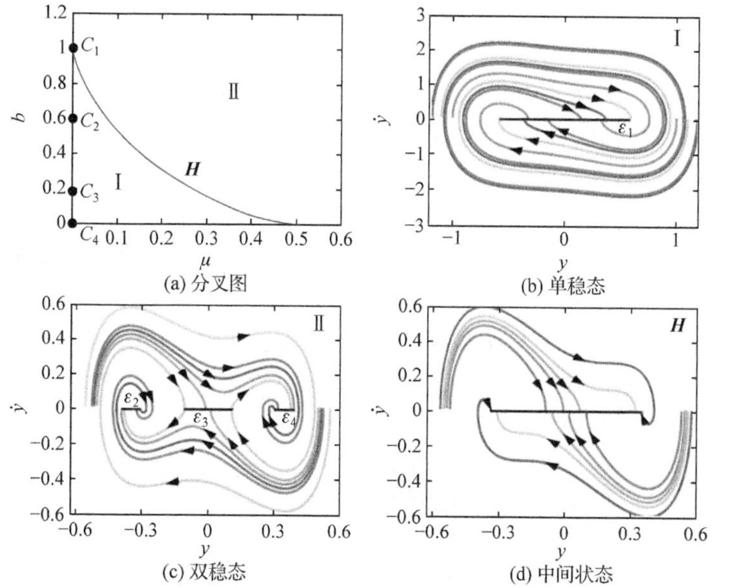

图 3-10　考虑干摩擦下有扰系统的相轨迹

$$\varepsilon_1 = \left\{(y,\dot{y}) \middle| y_{1l} \leqslant y \leqslant y_{1r}, \dot{y}=0\right\} \tag{3-36}$$

其中，y_{1l}为平衡点集ε_1的左端点；y_{1r}为平衡点集ε_1的右端点。

当(b,μ)位于Ⅱ区域时，系统有三个平衡点集，如图 3-10(c)所示，且具有双稳态特征。ε_2和ε_4为稳定平衡点集，ε_3为不稳定平衡点集：

$$\begin{aligned} \varepsilon_2 &= \left\{(y,\dot{y}) \middle| y_{2l} \leqslant y \leqslant y_{2r}, \dot{y}=0\right\} \\ \varepsilon_3 &= \left\{(y,\dot{y}) \middle| y_{3l} \leqslant y \leqslant y_{3r}, \dot{y}=0\right\} \\ \varepsilon_4 &= \left\{(y,\dot{y}) \middle| y_{4l} \leqslant y \leqslant y_{4r}, \dot{y}=0\right\} \end{aligned} \tag{3-37}$$

其中，y_{2l}、y_{3l}和y_{4l}分别为平衡点集ε_2、ε_3和ε_4的左端点；y_{2r}、y_{3r}和y_{4r}分别为平衡点集ε_2、ε_3和ε_4的右端点。Ⅰ区域和Ⅱ区域的平衡点集可通过式(3-35)相互转化，如图 3-10(d)所示。

3.3　仿生水母双稳态压电-摩擦混合能量俘获实验验证

本节建立了仿生水母双稳态压电-摩擦混合能量俘获器实验模型，并对摩擦发电模块和压电模块进行了性能实验。通过调整能量俘获器的中心质量块、连杆长度和不同激励条件，探讨不同激励条件和结构参数对发电机输出性能的影响。比较了振动能量俘获性能和输出频带。

3.3.1 仿生水母双稳态系统摩擦发电模块输出性能

实验中使用的仿生水母双稳态压电-摩擦混合能量俘获器实验平台如图 3-11(a)所示。该能量俘获器固定在 FIP 线性电机上，并使用 DELTA A31KW 驱动器提供低频简谐激励。激光位移传感器固定在直线电机旁边的支架上，用于测量滑块的位移。此外，能量俘获器还与电阻箱和数据采集设备外部连接。能量俘获器在不同频率下的理论和实验位移如图 3-11(b)所示，实验测量结果和理论预测结果之间存在一些差异，这归因于阻尼和结构参数误差的影响。总体而言，在位移响应比较图中的理论预测结果与实验测量结果具有较好的一致性。该模型在 5.5Hz 下摩擦电模块的转移电荷如图 3-11(c)所示，最大转移电荷为 74.28nC。

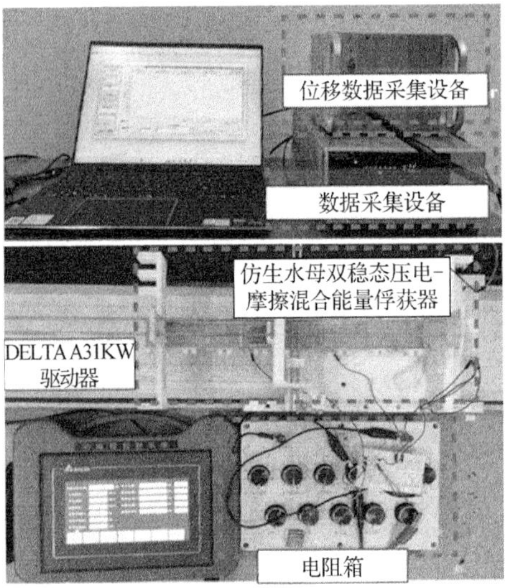

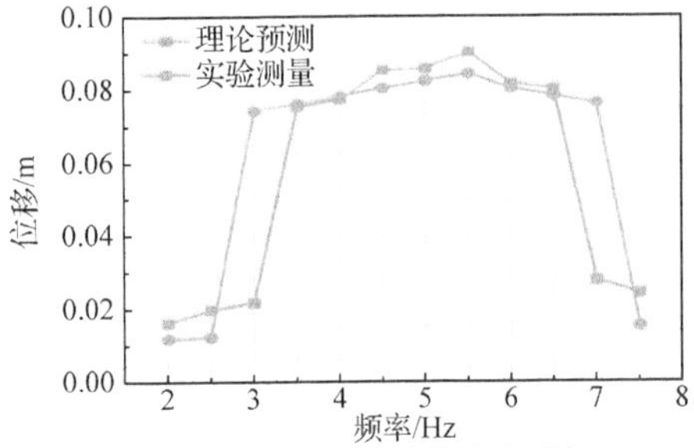

(b) 理论和实验位移对比图

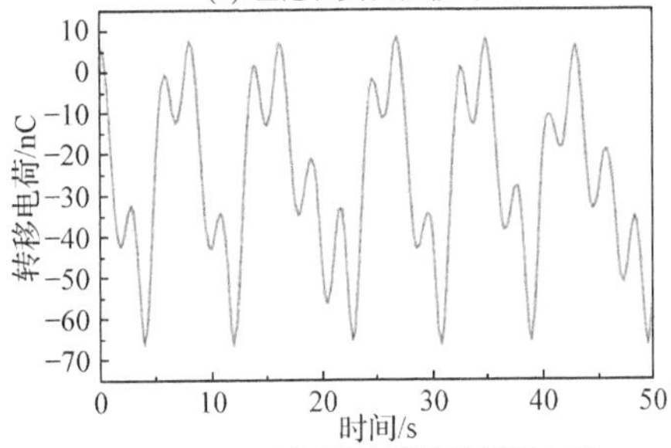

(a) 实验平台　　(c) 5.5Hz下摩擦电模块的转移电荷

图 3-11　摩擦发电模块实验与结果图

图 3-12(a)～(c)展示了仿生水母双稳态压电-摩擦混合能量俘获器在外激励振幅为 17.5mm，外激励频率分别为 2.5Hz、3.5Hz 和 5.5Hz 下的位移响应。图 3-12(d)～(f)展示了相应的电压。当外激励频率为 2.5Hz 时，能量俘获器在平衡点附近振动，输出电压达到 20V。当外激励频率达到 3.5Hz 时，能量俘获器会在两个平衡点之间转换，并经历高能轨道运动，即阱间振动。此时存在混沌现象，输出电压可以达到 103V。当外激励频率达到 5.5Hz 时，能量俘获器响应变得更加剧烈，输出电压可达 172V。输出电压响应与位移响应保持一致。

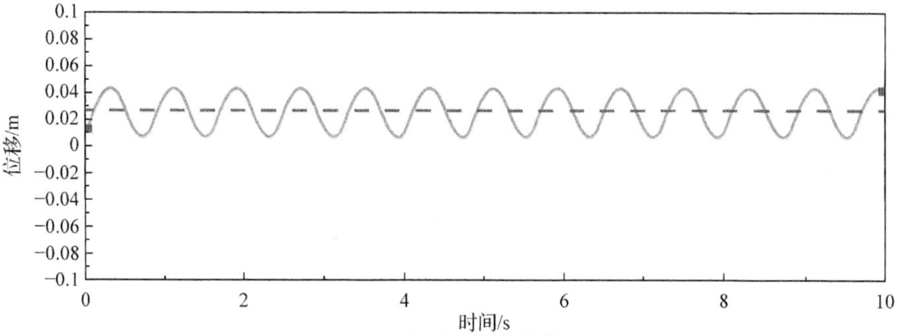

(a) 2.5Hz下的位移

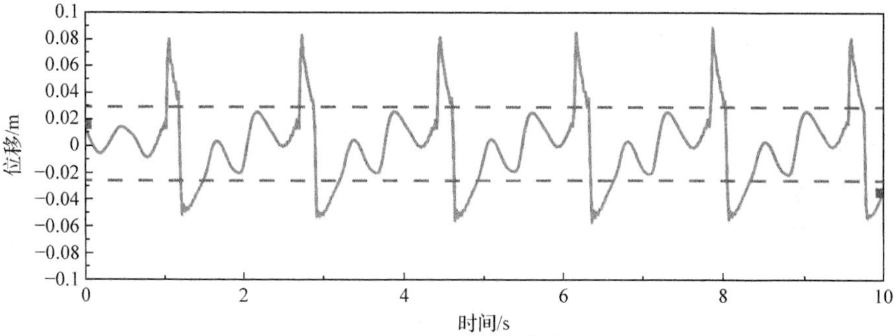

(b) 3.5Hz下的位移

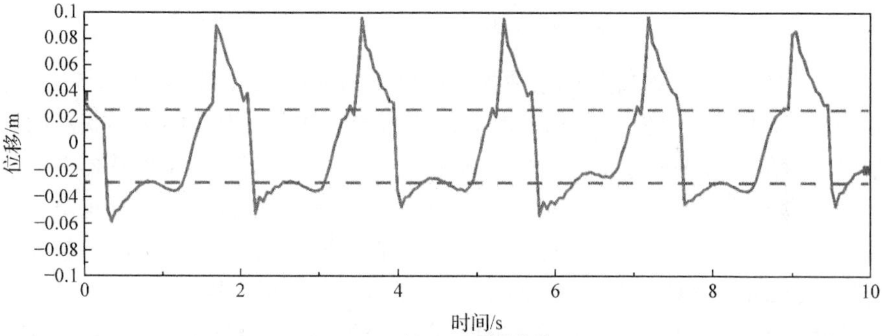

(c) 5.5Hz下的位移

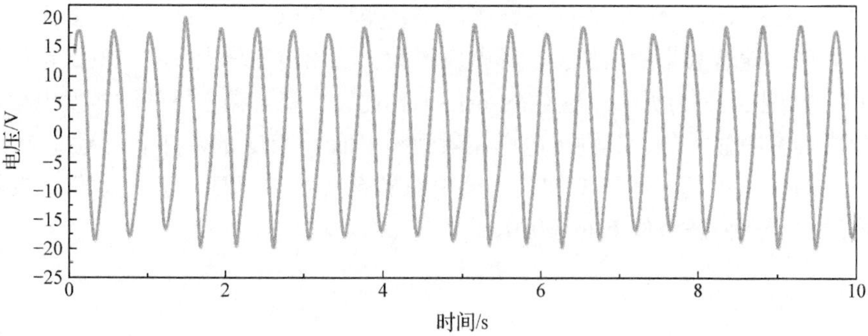

(d) 2.5Hz下的电压

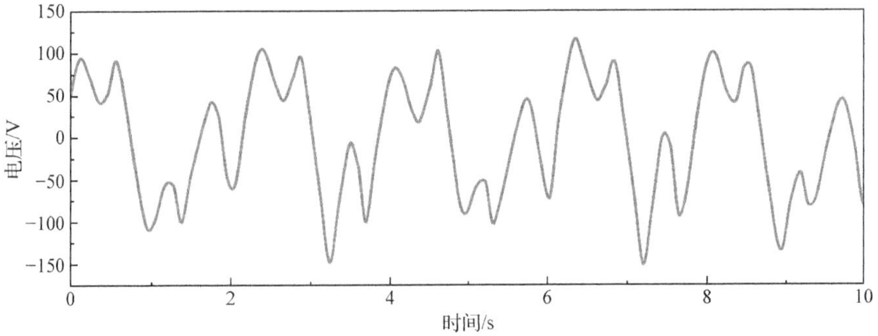

(e) 3.5Hz下的电压

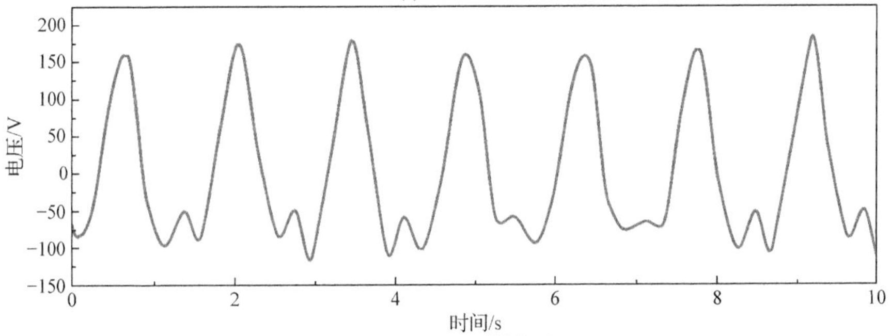

(f) 5.5Hz下的电压

图 3-12　17.5mm 的外激励振幅下发电机的位移响应和电压响应

图 3-13(a)展示了摩擦发电模块模型在杆长为 45.5mm，振幅为 17.5mm 时，不同频率下的电流，图 3-13(b)展示了相应的输出电压，混合能量俘获器的电流和输出电压随着频率的增加先增加后减小。在 2～3Hz 时，能量俘获器在低能轨道运动，电流缓慢增加。在 3Hz 的频率下，电流增加到 0.3μA。当输出电压增加到 26V，频率为 3.5Hz 时，模型开始进入高能轨道运动，在 6.5Hz 时，最大输出电流为 1.55μA。当频率为 5.5Hz 时，该能量俘获器的最大输出电压为 178V。从 7Hz 开始，电流和电压减小，在 7.5Hz 时，电流减小到 0.9μA，电压降至 47V。如图 3-13(c)所示，QZS 条件下，能量俘获器具有单稳态特征，在平衡点附近做往复运动，随着频率的增加，位移响应增大，输出电压增大，在 7.5Hz 可以达到 150V。如图 3-13(d)所示，与 QZS 条件下相比，双稳态条件下的摩擦发电模块在低频段具有明显优势，其输出电压在激励频率低于 5Hz 的条件下均超过 QZS 条件下的两倍，但随着频率增加，当超出双稳态有效频带时，QZS 条件下的输出电压远大于双稳态条件下的输出电压。

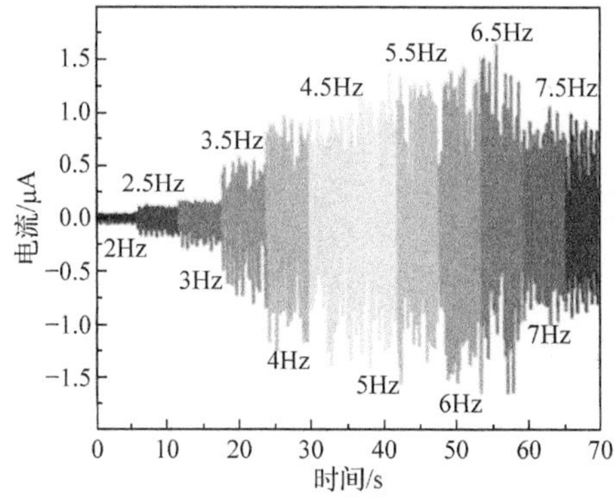

(a) 电流

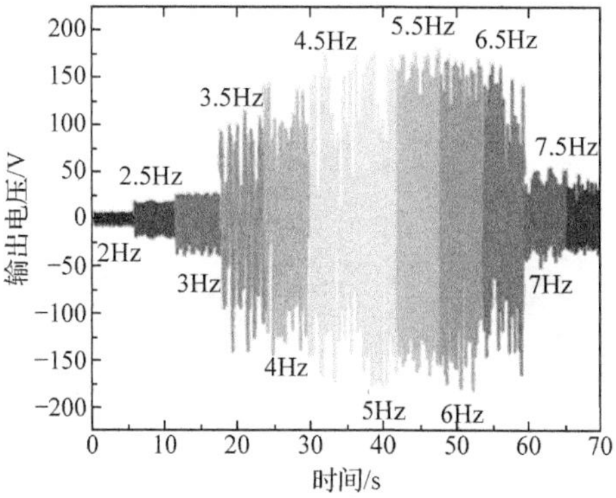

(b) 电压

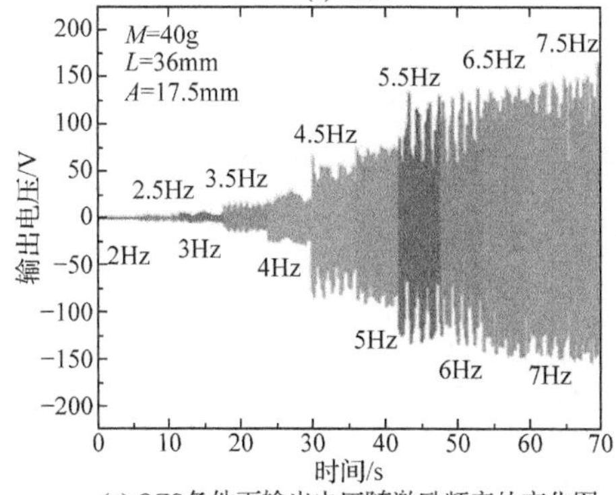

(c) QZS条件下输出电压随激励频率的变化图

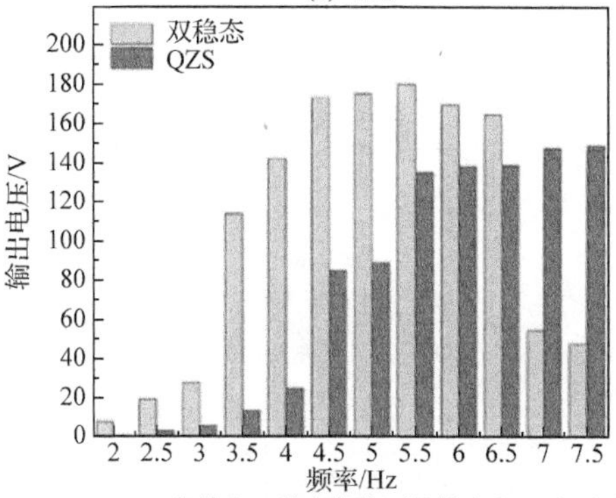

(d) QZS条件和双稳态条件下的输出电压对比图

图 3-13　发电机在连杆长度为 45.5mm、振幅为 17.5mm 的不同频率下的输出性能

如图 3-14(a)所示，双稳态条件下设计模型的刚性连杆长度分别为 43mm、45.5mm 和 48mm。图 3-14(b)～(d)展示了当激励振幅为 17.5mm 时，模型在不同刚性连杆长度下的输出电压。可以看出，能量俘获器的势能随着刚性连杆长度的不同而变化，表现出不同的非线性动态特性。当刚性连杆长度为 43mm 时，只有 4 个频率超过 100V，即 3.5Hz、4Hz、4.5Hz 和 5Hz，对应的输出电压为 108V、145V、178V 和 176V。当刚性连杆长度增加到 45.5mm 时，有 7 个频率超过 100V，即 3.5Hz，4Hz、4.5Hz、5Hz、5.5Hz、6Hz 和 6.5Hz，对应的输出电压为 112V、140V、171V、173V、178V、167V 和 162V。当刚性连杆长度为 48mm 时，有 6 个频率超过 100V，即 4.5Hz、5Hz、5.5Hz、6Hz、6.5Hz 和 7Hz，对应输出电压为 145V、151V、159V、198V、196V 和 170V。在图 3-14(c)中，当刚性连杆长度为 45.5mm 时，仿生水母双稳态压电-摩擦混合能量俘获器表现出最宽的输出频率范围，在 3.5～6.5Hz 的频率范围内具有高输出。

图 3-15(a)展示了仿生水母双稳态压电-摩擦混合能量俘获器点亮 LED 灯的演示实验。能量俘获器在 5.5Hz 的 17.5mm 振幅条件下，可点亮 70 个 LED 灯。图 3-15(b)展示了能量俘获器摩擦发电的输出电路，它可以为低功率电器和电子

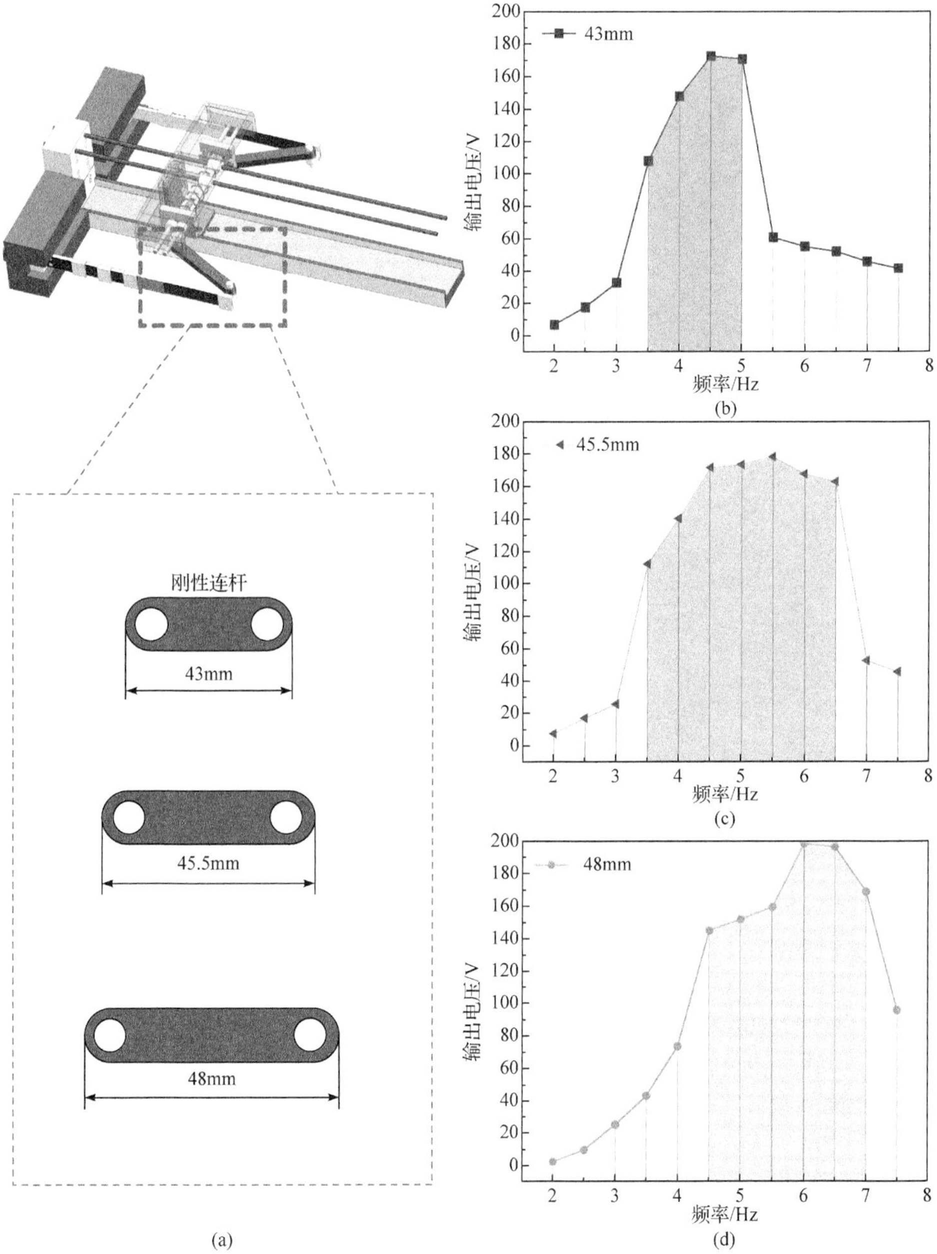

图 3-14　不同连杆长度下模型的输出电压

(a) 为双稳态条件下设计模型的刚性连杆长度分别为 43mm、45.5mm 和 48mm；(b)～(d) 为当激励振幅为 17.5mm 时，模型在不同刚性连杆长度下的输出电压

仪表充电。能量俘获器对不同容量电容器的充电曲线如图 3-15(c)所示。能量俘获器可在 60s 内分别转换 0.1μF、1μF、3.3μF、10μF 和 22μF，将电容器充电至

6.5V、2.5V、1.9V、0.5V 和 0.3V。能量俘获器的阻抗测试如图 3-15(d)所示，其相应的输出功率如图 3-15(e)所示。可以看出，当电阻为 600MΩ时，其最大输出功率为 1.84mW。

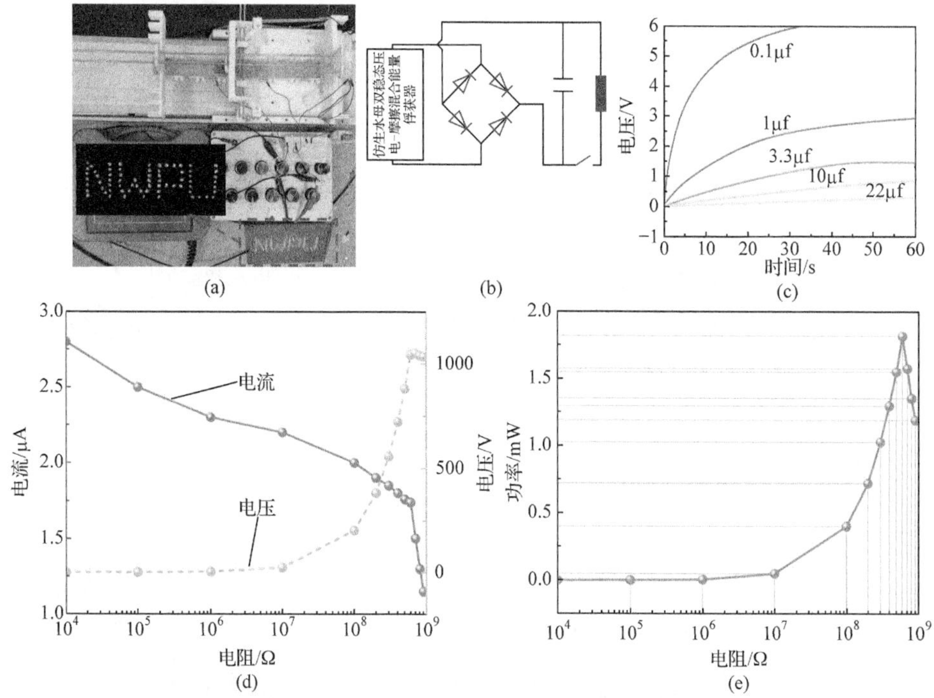

图 3-15　仿生水母双稳态压电-摩擦混合能量俘获器演示实验与实验结果

(a) 仿生水母双稳态压电-摩擦混合能量俘获器点亮 LED 灯的演示实验；(b) 能量俘获器摩擦发电的输出电路；(c) 能量俘获器对不同容量电容器的充电曲线；(d) 摩擦发电模块阻抗测试；(e) 输出功率

3.3.2　仿生水母双稳态系统压电模块输出性能

图 3-16(b)展示了与图 3-16(a)对应的功率，可以看出，当电阻为 3MΩ 时，最大输出功率为 3.7μW。

仿生水母双稳态压电-摩擦混合能量俘获器压电模块在不同振幅、杆长和质量条件下的输出电压比较图，如图 3-17 所示。如图 3-17(a)所示，当频率低于 6.5Hz 时，双稳态条件下的低频压电输出电压明显高于 QZS 下的输出电压。图 3-17(b)展示了压电模块在不同振幅条件下的输出电压比较图。随着振幅的增加，压电模块的输出电压增加。然而，频率范围没有明显变化。图 3-17(c)展示了不同杆长对压电模块输出性能的影响。可以清楚地看到，随着杆长的增加，高输出电压的频带从原来的 4.5～6.5Hz 变宽到 4.5～7Hz，输出电压值也明显增加。如图 3-17(d)所示，比较不同质量条件下的压电输出性能，可以看

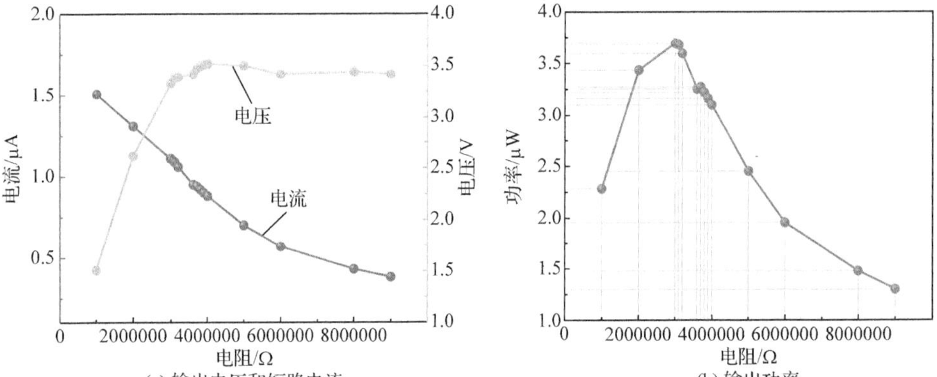

(a) 输出电压和短路电流　　(b) 输出功率

图 3-16　压电模块的最佳电阻匹配测试输出电压、短路电流和输出功率

出，当质量从 20g 增加到 40g 时，频带范围明显减小，从 4～7Hz 缩小到 4.5～6.5Hz，但最大输出电压增加。

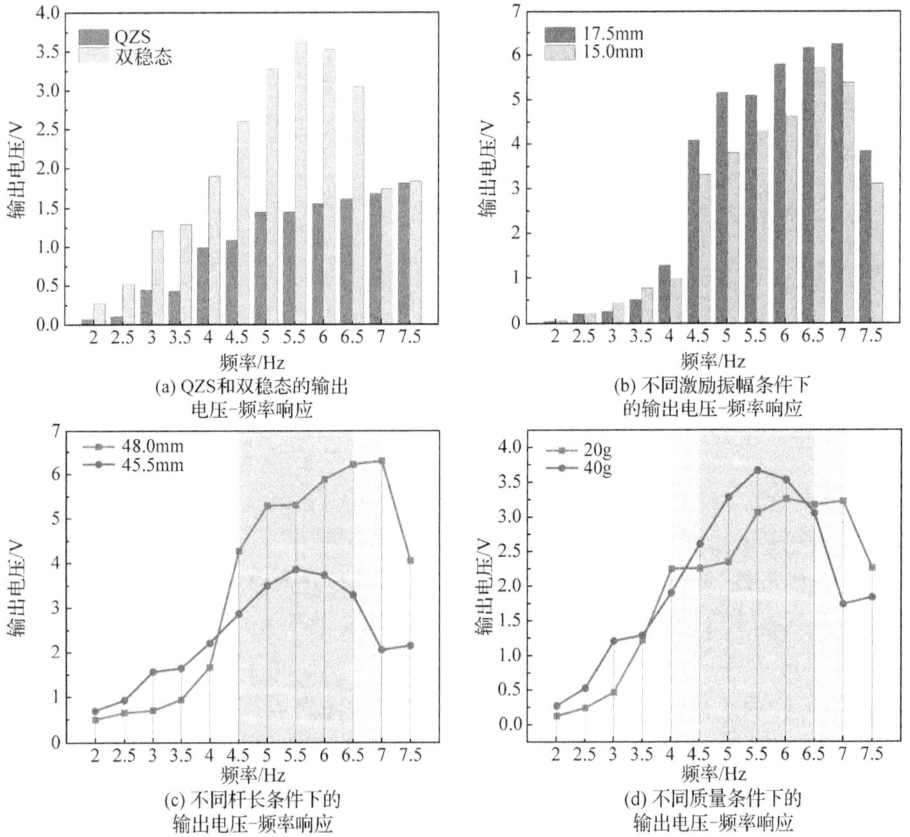

(a) QZS和双稳态的输出电压-频率响应　　(b) 不同激励振幅条件下的输出电压-频率响应

(c) 不同杆长条件下的输出电压-频率响应　　(d) 不同质量条件下的输出电压-频率响应

图 3-17　仿生水母双稳态压电-摩擦混合能量俘获器压电模块在不同振幅、杆长和质量条件下的输出电压比较图

3.3.3　仿生水母双稳态压电-摩擦混合能量俘获系统讨论

仿生水母双稳态压电-摩擦混合能量俘获器可以通过改变刚性连杆的长度来实现 QZS 和双稳态的不同非线性特性。增加刚性连杆长度可以增加摩擦发电模块的相对位移，同时也增加了压电梁的变形，有效地提高两个模块的输出性能。通过调节能量俘获器的中心质量块，可以间接调节阻尼，增加摩擦发电材料的接触面积，同时增加系统惯性，进一步提高能量俘获效率。通过不同条件下的对比实验，可以得出结论，通过调整能量俘获器的中心质量块、刚性连杆长度和激励条件，它可以适应不同的低频带，在弱激励条件下具有优异的振动能量俘获性能。通过分析能量俘获器的输出电压与位移响应的关系，其一致性验证了输出电压结果的正确性。

尽管所提出的仿生水母双稳态压电-摩擦混合能量俘获器在弱激励条件下表现出优异的能量俘获性能，但其稳定性和可靠性仍有待进一步加强，其复杂的动力学现象也有待进一步研究。摩擦电材料损耗的问题也需要进一步考虑。摩擦发电和压电之间的阻抗差太大，不利于能量的同时俘获和利用，增加了能量存储的复杂性。

目前，对长寿命和高可靠的自供电微电子系统，如无线传感器网络、便携式设备和嵌入式系统的需求正在上升。因此，利用振动能量俘获器作为电池的替代能源解决方案已经获得了学术界和工业界的广泛关注。桥的振动具有低频、多源的振动特征，在 3～5Hz 的低频范围内，桥梁仍具有大幅振动。为满足安全监测标准，多种传感器被用于桥梁安全监测。因此，建立桥梁无线传感器网络，实现桥梁传感器自供电对监测桥梁的安全具有重要意义。仿生水母双稳态压电-摩擦混合能量俘获器在桥梁振动监测领域也能发挥重要作用。它适用于低频范围内的小振幅振动，可以为低功率传感器提供独立的电源，也适用于跨海桥梁的低频振动能量俘获，可间接采集风浪引起的桥梁振动能量，实现传感器节点自供电，监测跨海桥梁温湿度环境。利用不同激励下位移响应和输出电压的一致性，仿生水母双稳态压电-摩擦混合能量俘获器也可以作为传感器，为桥梁结构健康监测提供保障。

本 章 小 结

本章提出了一种创新的仿生水母双稳态压电-摩擦混合能量俘获器，以克服传统混合发电机输出的带宽限制和单一方法发电机的能量转换效率等困难。该能量俘获器由两个模块组成：摩擦发电模块和压电模块。理论分析表明，该能量俘获器可以在较宽的频率范围内低频进行阱间振动，从而产生较高的能量输出。实验研究表明，该能量俘获器可以同时通过压电和摩擦发电两种方法获得振动能量，具有完全不同的动力学和电学特性，以及俘获多源振动能量的优点。数值模拟结果与实验结果一致，验证了实验结果的正确性。摩擦发电模块在 3.5～6.5Hz 的频率下具有优异的能量俘获效果。在 17.5mm 的激励振幅和 5.5Hz 的激励频率下，电压可达 1050V，功率为 1.84mW，可点亮 70 个 LED 灯。压电模块在 4～7Hz 时具有高输出性能。刚性连杆越长，压电模块的输出就越高。在 7Hz 的激励频率和 17.5mm 的振幅下，电压可达 6.2V，功率为 12.8μW。因此，本章提出的新型的仿生水母双稳态压电-摩擦混合能量俘获器可以通过压电-摩擦混合发电设计在低频环境中获取多源振动能量，为桥梁传感器提供电能。

参 考 文 献

[1] LIU M, ZHANG Y, FU H, et al. A seesaw-inspired bistable energy harvester with adjustable potential wells for self-powered internet of train monitoring[J]. Applied Energy, 2023, 337:120908.

[2] YAN B, YU N, MA H, et al. A theory for bistable vibration isolators[J]. Mechanical Systems and Signal Processing, 2022, 167:108507.

[3] HUANG X, YANG B. Improving energy harvesting from impulsive excitations by a nonlinear tunable bistable energy harvester[J]. Mechanical Systems and Signal Processing, 2021, 158:107797.

[4] XIA K, LIU J, LI W, et al. A self-powered bridge health monitoring system driven by elastic origami triboelectric nanogenerator[J]. Nano Energy, 2023, 105:107974.

[5] BAI Q, ZHOU T, GAN C, et al. A triboelectric-piezoelectric hybrid nanogenerator for rotational energy harvesting based on bistable cantilever beam[J]. Energy Conversion and Management, 2024, 300:117971.

[6] HE J, WEN T, QIAN S, et al. Triboelectric-piezoelectric-electromagnetic hybrid nanogenerator for high-efficient vibration energy harvesting and self-powered wireless monitoring system[J]. Nano Energy, 2018, 43: 326-339.

[7] YANG T, ZHOU S, FANG S, et al. Nonlinear vibration energy harvesting and vibration suppression technologies: Designs, analysis, and applications[J]. Applied Physics Reviews, 2021, 8(3):031317.

[8] FAN W, ZHANG C, LIU Y, et al. An ultra-thin piezoelectric nanogenerator with breathable, superhydrophobic, and antibacterial properties for human motion monitoring[J]. Nano Research, 2023, 16(9): 11612-11620.

[9] SHI Y, LI H, FU X, et al. Self-powered difunctional sensors based on sliding contact-electrification and tribovoltaic effects for pneumatic monitoring and controlling[J]. Nano Energy, 2023, 110:108339.

[10] XUE W, YANG M, HONG D, et al. The design and verification of an active SAMSR ultrasonic guided wave monitoring system with ultra-low crosstalk[J]. Sensors, 2020, 20(3):898.

[11] LUO H, YANG T, JING X, et al. Environmental energy harvesting boosts self-powered sensing[J]. Materials Today Energy, 2024, 40:101502.

[12] YANG T, ZHOU S, LITAK G, et al. Recent advances in correlation and integration between vibration control, energy harvesting and monitoring[J]. Nonlinear Dynamics, 2023, 111(22): 20525-20562.

[13] LU Z Q, SHAO D, FANG Z W, et al. Integrated vibration isolation and energy harvesting via a bistable piezo-composite plate[J]. Journal of Vibration and Control, 2020, 26(9-10): 779-789.

[14] WANG G Q, ZHAO Z X, LIAO W H, et al. Characteristics of a tri-stable piezoelectric vibration energy harvester by considering geometric nonlinearity and gravitation effects[J]. Mechanical Systems and Signal Processing, 2020, 138:106571.

[15] WANG Z, WANG W, TANG L, et al. A piezoelectric energy harvester for freight train condition monitoring system with the hybrid nonlinear mechanism[J]. Mechanical Systems and Signal Processing, 2022, 180:109403.

[16] XU J, TANG J. Multi-directional energy harvesting by piezoelectric cantilever-pendulum with internal resonance[J]. Applied Physics Letters, 2015, 107(21):213902.

[17] FU Y Q, OUYANG H J, DAVIS R B. Nonlinear dynamics and triboelectric energy harvesting from a three-degree-of-freedom vibro-impact oscillator[J]. Nonlinear Dynamics, 2018, 92(4): 1985-2004.

[18] BU C Y, LI F J, YIN K, et al. Research progress and prospect of triboelectric nanogenerators as self-powered human body sensors[J]. Acs Applied Electronic Materials, 2020, 2(4): 863-878.

[19] PRADEESH E L, UDHAYAKUMAR S. Effect of placement of piezoelectric material and proof mass on the performance of piezoelectric energy harvester[J]. Mechanical Systems and Signal Processing, 2019, 130: 664-676.

[20] RAJ P V R, SANTHOSH B. Parametric study and optimization of linear and nonlinear vibration absorbers combined with piezoelectric energy harvester[J]. International Journal of Mechanical Sciences, 2019, 152: 268-279.

[21] TAN T, WANG Z, ZHANG L, et al. Piezoelectric autoparametric vibration energy harvesting with chaos control feature[J]. Mechanical Systems and Signal Processing, 2021, 161:107989.

第 4 章　多稳态能量俘获动力学

非线性广泛存在于机械结构中，在前几章的介绍中，提出了运用几何非线性设计单稳态俘能器或双稳态俘能器。但单稳态或双稳态的俘能器在实验与应用中体现出许多问题，如低频能量俘获性能不足，需要较大激励强度才能实现跨势阱运动等，严重限制了俘能器输出性能的提升，使用环境受限[1-3]。为了解决该问题，在设计俘能器的时候可以增加稳态数目，使得势阱宽度拓宽，势垒高度降低，这样在更小的外激励强度下就能实现阱间振动，提升了俘能器的能量俘获效率。其在人体运动、海浪等低频条件下高效运行，更是丰富了俘能器的应用前景[4-6]。多稳态振动俘能器优势明显，得到了广泛的研究。本章将从结构设计、动力学分析和性能评估等研究内容出发，提出非线性四稳态俘能器，可以使用电磁转换的方法进行能量俘获。稳态数目的增加，有效提高了低频振动能量俘获性能。通过结构参数的设计，俘能器可以实现高阶准零刚度特征和四稳态特征。此外，提出了一种多方向多稳态俘能器，该俘能器可以在竖直方向的运动中实现四稳态特征，而在水平方向的运动中实现双稳态特征，有望解决多方向振动能量俘获的难题。

4.1　四稳态能量俘获动力学

本节提出的基于电磁转换的非线性四稳态俘能器结构细节如图 4-1 所示。该非线性四稳态俘能器由一个与环形永磁体相连的集中质量块 M 、四只对称分布刚度为 K 的线性弹簧、长度为 b 和 d 的刚性连杆和附加的电路组成。永磁体和与之相连的集中质量块 M 只能在竖直方向运动。四根长度为 b 对称分布的刚性连杆一端与刚度为 K 的线性弹簧相连，另一端与仅能在水平方向运动的滑块相连。两根长度为 d 对称分布的刚性连杆一端与集中质量块 M 相连，另一端与滑块相连，滑块的质量忽略不计。a 是弹簧两端处于平衡位置时，上下分布的弹簧两端距离的一半，c 是长度为 b 的刚性连杆竖直时两个滑块之间距离的一半。磁场 B_e 由固定在集中质量块 M 上的永磁体产生，I_R 为输出电流，R_d 为负载电阻，L_i 为电感，R_c 为线圈的电阻。当集中质量块 M 受到外激励时，它会与永磁体一起在竖直方向上产生振动。这种振动会导致与外框架相连的闭合线圈内部的磁通量发生变化，从而产生连续的感应电动势。这个感应电动势可以进一步通过电路中的负载电阻转换为电能，并输出到外部设备或电路中[7-9]。这样，振动能量就被有效地转换为了电能，实现了振动能量的俘获。

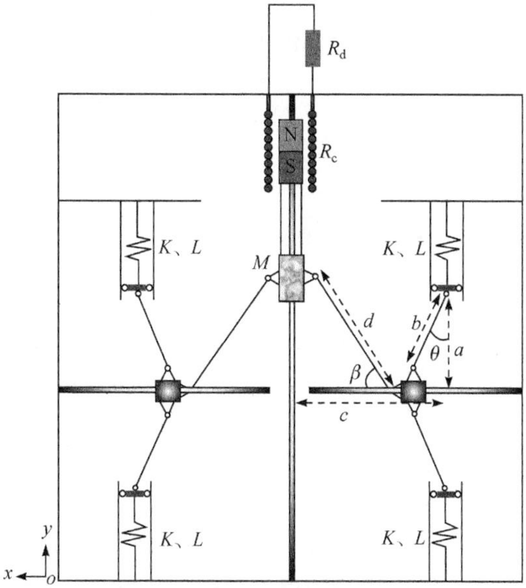

图 4-1　非线性四稳态俘能器结构图

4.1.1　动力学建模

根据牛顿定律，恢复力-位移关系可以写成 $F(y)=-4KL_{\Delta}\tan\theta\tan\beta$，其中 L_{Δ} 为线性弹簧的形变量，$L_{\Delta}=\sqrt{b^2-x_{\Delta}^2}-a$。$x_{\Delta}$ 和 y_{Δ} 分别表示 x 和 y 方向上的水平位移和竖直位移。变量 θ、β 和位移 x_{Δ}、y_{Δ} 的几何关系为

$$\tan\theta=\frac{x_{\Delta}}{\sqrt{b^2-x_{\Delta}^2}},\quad \tan\beta=\frac{c-x_{\Delta}}{\sqrt{d^2-c^2}+y_{\Delta}} \tag{4-1}$$

从图 4-1 可以看出，x_{Δ} 和 y_{Δ} 满足几何条件 $d^2=(c-x_{\Delta})^2+\left(\sqrt{d^2-c^2}+y_{\Delta}\right)^2$。令 $x=x_{\Delta}$ 和 $y=\sqrt{d^2-c^2}+y_{\Delta}$，则恢复力 $F(y)$ 可以写为关于相对位移 y 的函数，即

$$F(y)=-4Ky\left(1-\frac{a}{\sqrt{b^2-\left(c-\sqrt{d^2-y^2}\right)^2}}\right)\left(\frac{c}{\sqrt{d^2-y^2}}-1\right) \tag{4-2}$$

线性弹簧产生的势能 $U_{\mathrm{em}}(y)$ 可以表示为关于相对位移 y 的函数：

$$U_{\mathrm{em}}(y)=4K\left(\frac{y^2}{2}+c\sqrt{d^2-y^2}-a\sqrt{b^2-\left(c-\sqrt{d^2-y^2}\right)^2}\right) \tag{4-3}$$

由于集中质量 M 远大于连杆、线性弹簧等部件的附加质量，因此为了方便后续俘能器的分析，本节将忽略其余部件的质量，并用集中质量 M 来代表俘能器的质量。因此，可得到系统的动能 $T_{\mathrm{em}}(Y)$ 为

$$T_{\mathrm{em}}(Y)=\frac{1}{2}M\dot{Y}^2 \tag{4-4}$$

其中，Y 是俘能器的绝对位移。

利用拉格朗日原理建立数学模型。根据式(4-3)和式(4-4)，俘能器的欧拉-拉格朗日方程为

$$\begin{aligned}\frac{\mathrm{d}}{\mathrm{d}t}\left(\frac{\partial\hat{\Pi}}{\partial\dot{Y}}\right)-\frac{\partial\hat{\Pi}}{\partial Y}&=M\ddot{Y}-4Ky\left(1-\frac{a}{\sqrt{b^2-\left(c-\sqrt{d^2-y^2}\right)^2}}\right)\left(\frac{c}{\sqrt{d^2-y^2}}-1\right)\\&=-C\dot{y}-B_{\mathrm{e}}l_{\mathrm{e}}I_{\mathrm{R}}\end{aligned} \tag{4-5}$$

其中，$\hat{\Pi}=T_{\mathrm{em}}-U_{\mathrm{em}}$，为拉格朗日函数；$C\dot{y}$ 为阻尼力；$B_{\mathrm{e}}l_{\mathrm{e}}I_{\mathrm{R}}$ 为电动势。

利用基尔霍夫定律，可以推导出俘能器的电路方程，即

$$L_{\mathrm{i}}\dot{I}_{\mathrm{R}}(t)+(R_{\mathrm{d}}+R_{\mathrm{c}})I_{\mathrm{R}}(t)-B_{\mathrm{e}}l_{\mathrm{c}}\dot{y}(t)=0 \tag{4-6}$$

其中，$B_{\mathrm{e}}l_{\mathrm{c}}\dot{y}(t)$ 为洛伦兹电动势。

由于相对位移 $y=Y-\hat{y}$，系统的动力学方程为

$$M\ddot{y}+C\dot{y}-4Ky\left(1-\frac{a}{\sqrt{b^2-\left(c-\sqrt{d^2-y^2}\right)^2}}\right)\left(\frac{c}{\sqrt{d^2-y^2}}-1\right)+B_{\mathrm{e}}l_{\mathrm{e}}I_{\mathrm{R}}=-M\ddot{\hat{y}} \tag{4-7}$$

引入无量纲参数：

$$\xi=\frac{C}{M\omega_0},\ t=\omega_0 t,\ \omega_0^2=\frac{4K}{M},\ \eta=\frac{B_{\mathrm{e}}l_{\mathrm{c}}}{M},\ \lambda=\frac{R_{\mathrm{d}}+R_{\mathrm{c}}}{L_{\mathrm{i}}},\ \beta=\frac{B_{\mathrm{e}}l_{\mathrm{c}}}{L_{\mathrm{i}}} \tag{4-8}$$

则俘能器的无量纲机电耦合动力学方程可以表示为

$$\begin{cases}\ddot{y}+\xi\dot{y}-\omega_0^2 y\left(1-\dfrac{a}{\sqrt{b^2-\left(c-\sqrt{d^2-y^2}\right)^2}}\right)\left(\dfrac{c}{\sqrt{d^2-y^2}}-1\right)+\eta I_{\mathrm{R}}=-\ddot{\hat{y}}\\ \dot{I}_{\mathrm{R}}+\lambda I_{\mathrm{R}}-\beta\dot{y}=0\end{cases} \tag{4-9}$$

其中，ξ 为阻尼系数；η 为机电耦合系数；λ 为电阻与电感常数之比；β 为电磁

耦合系数；$\ddot{y}$ 为基加速度。其他几何和物理参数及符号如表 4-1 所示。

表 4-1　非线性四稳态俘能器参数及符号

参数	符号
结构参数	a、b、c、d
固有频率	ω_0
位移振幅	A_m
简谐激励振幅	f
噪声强度	σ
位移的均方值	$E_{\mathrm{st}}\left[y^2\right]$
平均收获功率	$E_{\mathrm{st}}\left[P_R\right]$
概率密度	$q_{\mathrm{st}}(y, v)$
力传递率	T_{F_x}、T_{F_y}

俘能器的无扰动动力学系统(4-9)的哈密顿函数为

$$\begin{cases} H(y,\dot{y})=\dfrac{1}{2}\dot{y}^2+\omega_0^2\left(\dfrac{y^2}{2}+c\sqrt{d^2-y^2}-a\sqrt{b^2-\left(c-\sqrt{d^2-y^2}\right)^2}\right) \\ -\omega_0^2\left(cd-a\sqrt{b^2-(c-d)^2}\right)=E \end{cases} \tag{4-10}$$

在图 4-2 中，选取不同的几何参数 a、b、c、d，俘能器可以表现出多稳定的动态特征，并得到了无扰动机械系统的相图[10]。图 4-2(a)～(d)表现出了俘能器的多稳态特征，包括单稳态、双稳态、三稳态和四稳态特征。本章中虽然使用线性弹簧，但并未将其与集中质量块或俘能器相连，而是通过连杆结构的非线性几何分布实现非线性。大量的研究成果表明，多稳态俘能器在低频外激励下具有良好的性能[11-13]。然而，这些多稳态俘能器仍然存在较小的外激励振幅下无法实现阱间振动的问题，导致输出功率较低，而本节提出的非线性四稳态俘能器存在高阶 QZS 特征，有望解决这个问题。因此，在接下来的研究中，将寻找俘能器的高阶准零刚度[14]特征的条件，然后进行动力学响应和能量俘获性能的对比。

非线性四稳态俘能器的无量纲恢复力函数为

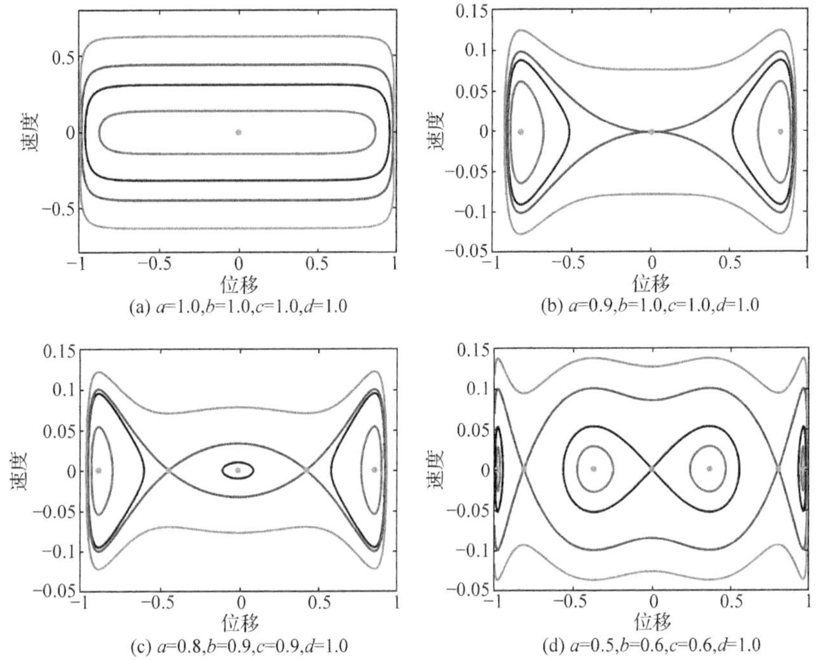

图 4-2　非线性四稳态俘能器的相图

$$F(y)=-\omega_0^2 y\left(1-\frac{a}{\sqrt{b^2-\left(c-\sqrt{d^2-y^2}\right)^2}}\right)\left(\frac{c}{\sqrt{d^2-y^2}}-1\right) \tag{4-11}$$

令 $F(y)=0$，俘能器的平衡点 $(y_i,\zeta_j)\big|_{i,j=1,2,\cdots,7}$ 可以表示为

$$\begin{aligned}&(y_1,\zeta_1)=(0,0),(y_{2,3},\zeta_{2,3})=\left(\pm\sqrt{d^2-c^2},0\right)\\&(y_{4,5},\zeta_{4,5})=\left(\pm\sqrt{-2c\sqrt{b^2-a^2}+a^2-b^2-c^2+d^2},0\right)\\&(y_{6,7},\zeta_{6,7})=\left(\pm\sqrt{2c\sqrt{b^2-a^2}+a^2-b^2-c^2+d^2},0\right)\end{aligned} \tag{4-12}$$

根据 HQZS 平衡点的定义对式(4-12)进行分析，当其中只存在一个平衡点，即 $y_0=0$，且 $a=b$ 和 $c=d$ 时，无量纲恢复力 $F(y)$ 泰勒级数展开形式为

$$F(y)=\frac{\omega_0^2}{16a^2c^4}y^7+\frac{5\omega_0^2}{64a^2c^6}y^9+\cdots \tag{4-13}$$

由此看出，无量纲恢复力 $F(y)$ 中 y 的最低阶数为 7，也就是说 1 阶、3 阶和 5 阶的系数均为 0，因此可以得出结论，非线性四稳态俘能器可以实现五阶 QZS 特征。

无量纲刚度函数为

$$F'(y)=\frac{\omega_0^2 ay^2\left(\frac{c}{\sqrt{d^2-y^2}}-1\right)\left(c-\sqrt{d^2-y^2}\right)}{\sqrt{d^2-y^2}\left(b^2-\left(c-\sqrt{d^2-y^2}\right)^2\right)^{3/2}}+\frac{\omega_0^2 cy^2\left(\frac{a}{\sqrt{b^2-\left(c-\sqrt{d^2-y^2}\right)^2}}-1\right)}{\left(d^2-y^2\right)^{3/2}}$$

$$+\omega_0^2\left(1-\frac{a}{\sqrt{b^2-\left(c-\sqrt{d^2-y^2}\right)^2}}\right)\left(\frac{c}{\sqrt{d^2-y^2}}-1\right) \tag{4-14}$$

设方程(4-9)的解为

$$\begin{cases}y(t)=A_m(t)\cos\phi(t),\dot{y}(t)=-A_m(t)\omega(A_m,\phi)\sin\phi(t)\\ \phi(t)=\psi(t)+\Theta(t),\omega(A_m,\phi)=\mathrm{d}\psi(t)/\mathrm{d}t\\ I_{\mathrm{R}}(t)=I_{\mathrm{R0}}\mathrm{e}^{-\lambda t}+\int_0^t \mathrm{e}^{-\lambda t}\dot{y}(t-t_s)\mathrm{d}t_s\end{cases} \tag{4-15}$$

其中由于指数衰减效应，瞬态响应 $I_{\mathrm{R0}}\mathrm{e}^{-\lambda t}$ 对稳态响应的影响可以忽略不计。$\dot{y}(t-t_s)$ 可以转换为三角函数形式：

$$\begin{aligned}\dot{y}(t-t_s)&=-A_m(t)\omega(A_m,\phi)\sin\left(\omega(A_m,\phi)(t-t_s)+\Theta(t)\right)\\&=y(t)\omega(A_m,\phi)\sin\left(\omega(A_m,\phi)t_s\right)+\dot{y}(t)\cos\left(\omega(A_m,\phi)t_s\right)\end{aligned} \tag{4-16}$$

输出电流 $I_{\mathrm{R}}(t)$ 可以表示为

$$\begin{aligned}I_{\mathrm{R}}(t)&=\frac{A_m(t)\beta\omega(A_m,\phi)}{\lambda^2+\omega^2(A_m,\phi)}\left(\omega(A_m,\phi)\cos\phi(t)-\lambda\sin\phi(t)\right)\\&=\frac{\beta\omega^2(A_m,\phi)}{\lambda^2+\omega^2(A_m,\phi)}y+\frac{\beta\lambda}{\lambda^2+\omega^2(A_m,\phi)}\dot{y}\end{aligned} \tag{4-17}$$

运用三角函数公式，式(4-17)中的 $\omega(A_m,\phi)\cos\phi(t)-\lambda\sin\phi(t)$ 这一项可以转化为以下的形式：

$$\omega(A_m,\phi)\cos\phi(t)-\lambda\sin\phi(t)=\sqrt{\lambda^2+\omega^2}\cos\left(\phi(t)+\tan^{-1}\frac{\lambda}{\omega(A_m,\phi)}\right) \tag{4-18}$$

因此，输出电流可写为

$$I_{\mathrm{R}}(t)=\frac{\beta\omega(A_m,\phi)}{\sqrt{\lambda^2+\omega^2(A_m,\phi)}}A_m(t) \tag{4-19}$$

将式(4-17)代入式(4-9)即可得到如下等效的解耦动力学系统：

$$\begin{aligned}&\ddot{y}+\left(\xi+\frac{\eta\beta\lambda}{\lambda^2+\omega^2(A_m,\phi)}\right)\dot{y}+\frac{\eta\beta\omega^2(A_m,\phi)}{\lambda^2+\omega^2(A_m,\phi)}y\\&-\omega_0^2 y\left(1-\frac{a}{\sqrt{b^2-\left(c-\sqrt{d^2-y^2}\right)^2}}\right)\left(\frac{c}{\sqrt{d^2-y^2}}-1\right)=-\ddot{\hat{y}}\end{aligned} \tag{4-20}$$

4.1.2 随机激励下四稳态动力学

在本节中，外激励选择为高斯白噪声，即系统(4-20)中的 $\ddot{\hat{y}}=-\varsigma(t)$，它满足以下统计性质：$\langle\varsigma(t)\rangle=0$，$\langle\varsigma(t)\varsigma(t')\rangle=2\sigma\delta(t-t')$。其中 $\langle\cdots\rangle$ 表示噪声 $\varsigma(t)$ 的均值，σ 为噪声强度，δ 为狄拉克-德尔塔函数。

解耦的动力学系统(4-20)可以用两个一阶方程进行变换，如下所示：

$$\begin{cases}\dfrac{\mathrm{d}y}{\mathrm{d}t}=v\\[2mm]\dfrac{\mathrm{d}v}{\mathrm{d}t}=-\left(\xi+\dfrac{\beta\lambda}{\lambda^2+\omega^2(A_m,\phi)}\right)v-F(y)+\varsigma(t)\end{cases} \tag{4-21}$$

其中，$F(y)$ 是解耦后的恢复力，即

$$F(y)=\frac{\beta\omega^2(A_m,\phi)}{\lambda^2+\omega^2(A_m,\phi)}y-\omega_0^2 y\left(1-\frac{a}{\sqrt{b^2-\left(c-\sqrt{d^2-y^2}\right)^2}}\right)\left(\frac{c}{\sqrt{d^2-y^2}}-1\right) \tag{4-22}$$

设关于稳态位移 y 和速度 v 的概率密度函数为 $q(y,v,t)$，对应的福克尔-普朗克-柯尔莫哥洛夫(Fokker-Planck-Kolmogorov)方程[15]可以表示为

$$\begin{aligned}\frac{\partial}{\partial t}q(y,v,t)=&-\frac{\partial}{\partial y}zq(y,v,t)-\frac{\partial}{\partial v}\left(-\left(\xi+\frac{\beta\lambda}{\lambda^2+\omega^2(A_m,\phi)}\right)v\right)q(y,v,t)\\&-\frac{\partial}{\partial v}(-F(y))q(y,v,t)+\frac{\partial^2}{\partial v^2}q(y,v,t)\end{aligned} \tag{4-23}$$

稳态位移 y 和速度 v 的分布函数 $q_{\mathrm{st}}(y,v)$ 可以写为

$$q_{st}(y,v)=C_0\exp\left[-U_{eff}(y,v)\right] \tag{4-24}$$

其中，C_0 为归一化常数，有效势能 $U_{eff}(y,v)$ 为

$$\begin{aligned}U_{eff}(y,v)=&\frac{1}{\sigma}\left(\xi+\frac{\beta\lambda}{\lambda^2+\omega^2}\right)\times\left(\frac{1}{2}v^2+\frac{1}{2}\left(\frac{\eta\beta\omega^2}{\lambda^2+\omega^2}+\omega_0^2\right)y^2\right.\\&\left.+\omega_0^2\left(c\sqrt{d^2-y^2}-a\sqrt{b^2-\left(c-\sqrt{d^2-y^2}\right)^2}\right)\right)\end{aligned} \tag{4-25}$$

位移 y 和速度 v 的均方值可以写为

$$E_{st}\left[y^2\right]=\int_{-\infty}^{+\infty}\int_{-\infty}^{+\infty}y^2q_{st}(y,v)\mathrm{d}y\mathrm{d}v \tag{4-26}$$

$$E_{st}\left[v^2\right]=\int_{-\infty}^{+\infty}\int_{-\infty}^{+\infty}v^2q_{st}(y,v)\mathrm{d}y\mathrm{d}v \tag{4-27}$$

能量俘获功率由式 $\hat{P}_R(t)=I_R^2(t)R$ 给出。通过引入变换 $P_R(t)=\frac{B_e l_c(R_d+R_c)}{ML_1R}\cdot\hat{P}_R(t)$，能量俘获功率可写为 $P_R(t)=\lambda\eta I_R^2(t)$。根据 $\hat{P}_R(t)=I_R^2(t)R$ 与式(4-19)，能量俘获功率平均的振幅为

$$E_{st}[P_R]=\lambda\eta E_{st}[I_R^2]=\lambda\eta\frac{\beta^2\omega^2(A_m,\omega)}{\lambda^2+\omega^2(A_m,\omega)}E_{st}[A_m^2] \tag{4-28}$$

设 $\omega^2=\omega_0^2=1$，$A_m=\sqrt{y^2+v^2}$，可以获得振幅 A_m 的均方值，即 $E_{st}\left[A_m^2\right]=E_{st}\left[y^2+v^2\right]$，则能量俘获平均功率为

$$E_{st}\left[P_R\right]=\lambda\eta\frac{\beta^2\omega^2(A_m,\omega)}{\lambda^2+\omega^2(A_m,\omega)}E_{st}\left[y^2+v^2\right] \tag{4-29}$$

因此均方电流表达式如下：

$$E_{st}\left[I_R^2\right]=\frac{\beta^2\omega^2(A_m,\omega)}{\lambda^2+\omega^2(A_m,\omega)}E_{st}\left[y^2+v^2\right] \tag{4-30}$$

图 4-3 比较了随机激励下非线性四稳态俘能器和 HQZS 俘能器的有效势能、位移概率密度、位移均方值和能量俘获功率。如图 4-3(a)所示，非线性四稳态俘能器比 HQZS 俘能器的势阱宽度更宽，相应的位移概率密度也分布在更宽的位移范围内，如图 4-3(b)所示。图 4-3(c)和(d) 描述了位移均方值和能量俘获功率随噪声强度 σ 的变化情况。随着噪声强度的增大，位移均方值和能量俘获功率增大。通过非线性四稳态俘能器和 HQZS 俘能器的对比可知，HQZS 俘能器在噪声

强度极低的外激励下具有更好的振动能量俘获性能。这是因为噪声强度极低的激励不能使非线性四稳态俘能器实现阱间振动，从而降低了能量俘获功率。

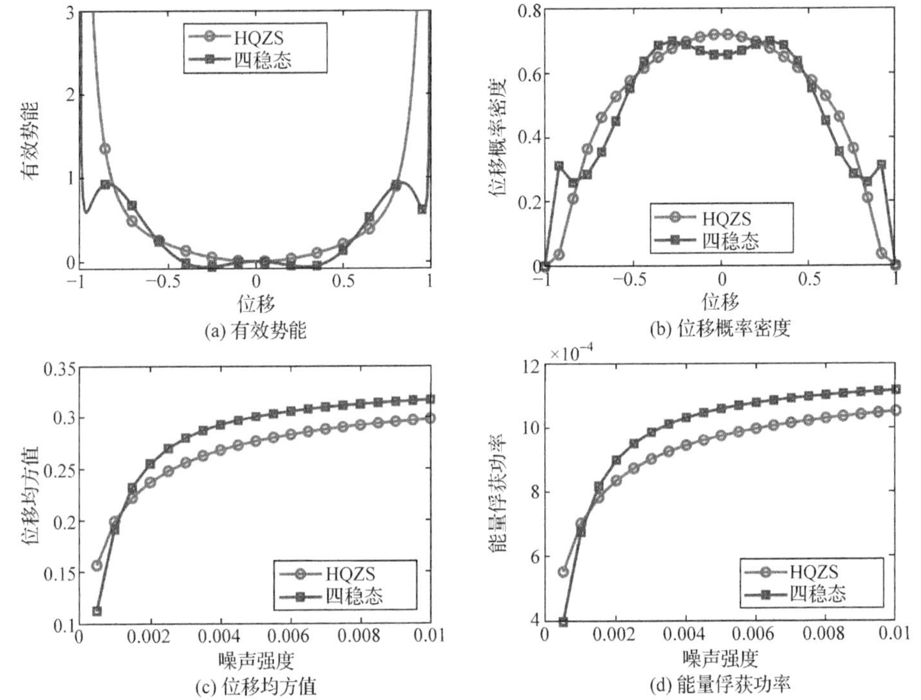

(a) 有效势能　(b) 位移概率密度　(c) 位移均方值　(d) 能量俘获功率

图 4-3　不同非线性特征下俘获功率的对比分析

参数是 $\sigma=0.001$， $\xi=0.1$， $\eta=0.05$， $\beta=0.4$， $\lambda=0.6$；非线性四稳态俘能器的参数为 $a=0.5$， $b=0.6$， $c=0.6$， $d=1.0$；HQZS 俘能器的参数为 $a=1.0$， $b=1.0$， $c=1.0$， $d=1.0$

4.1.3　简谐激励下四稳态动力学

在本小节中，将考虑外部环境激励为简谐激励，即 $\ddot{\hat{y}}=f\cos(\omega t)$，其中 f 和 ω 分别表示简谐激励的振幅和频率。

解耦后的动力学系统(4-20)可表示为

$$\ddot{y}+\left(\xi+\frac{\eta\beta\lambda}{\lambda^2+\omega^2(A_m,\phi)}\right)\dot{y}+\frac{\eta\beta\omega^2(A_m,\phi)}{\lambda^2+\omega^2(A_m,\phi)}y$$
$$-\omega_0^2 y\left(1-\frac{a}{\sqrt{b^2-\left(c-\sqrt{d^2-y^2}\right)^2}}\right)\left(\frac{c}{\sqrt{d^2-y^2}}-1\right)=f\cos(\omega t) \tag{4-31}$$

首先，当俘能器的动力学系统(4-31)具有四稳态特征时，其恢复力可表示为

$$
\begin{aligned}
F(y) &= \frac{\eta\beta\omega^2(A_m,\phi)}{\lambda^2+\omega^2(A_m,\phi)}y + \frac{\bar{\omega}_0^2}{|y_{2,3}|^2|y_{4,5}|^2|y_{6,7}|^2}y(y-y_2)(y-y_3) \\
&\quad \times(y-y_4)(y-y_5)(y-y_6)(y-y_7) \\
&= \left(\frac{\eta\beta\omega^2(A_m,\phi)}{\lambda^2+\omega^2(A_m,\phi)}-\bar{\omega}_0^2\right)y+\varphi_1 y^3+\varphi_2 y^5+\varphi_3 y^7
\end{aligned} \tag{4-32}
$$

其中，

$$
\begin{aligned}
\varphi_1 &= \frac{\bar{\omega}_0^2\left(|y_{2,3}|^2|y_{4,5}|^2+|y_{2,3}|^2|y_{6,7}|^2+|y_{4,5}|^2|y_{6,7}|^2\right)}{|y_{2,3}|^2|y_{4,5}|^2|y_{6,7}|^2} \\
\varphi_2 &= \frac{\bar{\omega}_0^2\left(|y_{2,3}|^2+|y_{4,5}|^2+|y_{6,7}|^2\right)}{|y_{2,3}|^2|y_{4,5}|^2|y_{6,7}|^2} \\
\varphi_3 &= \frac{\bar{\omega}_0^2}{|y_{2,3}|^2|y_{4,5}|^2|y_{6,7}|^2}
\end{aligned} \tag{4-33}
$$

因此，系统(4-31)可改写为

$$
\begin{aligned}
&\ddot{y}+\left(\xi+\frac{\eta\beta\lambda}{\lambda^2+\omega^2(A_m,\phi)}\right)\dot{y}+\left(\frac{\eta\beta\omega^2(A_m,\phi)}{\lambda^2+\omega^2(A_m,\phi)}-\bar{\omega}_0^2\right)y \\
&+\varphi_1 y^3+\varphi_2 y^5+\varphi_3 y^7 = f\cos(\omega t)
\end{aligned} \tag{4-34}
$$

为分析俘能器动力学特征，这里采用扩展平均法推导出式(4-34)的解。将式(4-15)代入式(4-34)可得

$$
\begin{cases}
\dfrac{\mathrm{d}A_m}{\mathrm{d}t} = -\dfrac{1}{\omega}\Xi(A_m,\Theta)\sin(\omega t+\Theta) \\
\dfrac{\mathrm{d}\Theta}{\mathrm{d}t} = -\dfrac{1}{A_m\omega}\Xi(A_m,\Theta)\cos(\omega t+\Theta)
\end{cases} \tag{4-35}
$$

其中，

$$
\begin{aligned}
\Xi(A_m,\Theta) &= A_m\omega^2\cos\phi+\left(\xi+\frac{\eta\beta\lambda}{\lambda^2+\omega^2(A_m,\phi)}\right)A_m\omega\sin\phi \\
&\quad +\left(\frac{\eta\beta\omega^2(A_m,\phi)}{\lambda^2+\omega^2(A_m,\phi)}-\bar{\omega}_0^2\right)A_m\cos\phi \\
&\quad -\varphi_1(A_m\cos\phi)^3-\varphi_2(A_m\cos\phi)^5 \\
&\quad -\varphi_3(A_m\cos\phi)^7+f\cos(\omega t)
\end{aligned} \tag{4-36}
$$

以及 $\phi=\omega t+\Theta$。在一个周期内取平均，则振幅 A_m 和相位 Θ 的平均方程为

$$\begin{cases}\dfrac{\mathrm{d}A_m}{\mathrm{d}t}=-\dfrac{1}{2}\left(\xi+\dfrac{\eta\beta\lambda}{\lambda^2+\omega^2\left(A_m,\phi\right)}\right)A_m-\dfrac{1}{2\omega}f\sin\Theta \\ \qquad=\dfrac{1}{2\omega}\left(\Pi_1\left(A_m,\omega\right)-f\sin\Theta\right) \\ \dfrac{\mathrm{d}\Theta}{\mathrm{d}t}=\dfrac{1}{128A_m\omega}\left(35A_m^7\varphi_3+40A_m^5\varphi_2+48A_m^3\varphi_1\right) \\ \qquad-\dfrac{1}{2A_m\omega}\left(\dfrac{\eta\beta\omega^2\left(A_m,\phi\right)}{\lambda^2+\omega^2\left(A_m,\phi\right)}-\bar{\omega}_0^2-\omega^2+f\cos\Theta\right) \\ \qquad=\dfrac{1}{2A_m\omega}\left(\Pi_2\left(A_m,\omega\right)-f\cos\Theta\right)\end{cases} \tag{4-37}$$

因为振幅 A_m 和相位 Θ 是慢变过程，所以 $\mathrm{d}A_m/\mathrm{d}t=0$ 和 $\mathrm{d}\Theta/\mathrm{d}t=0$。根据 $\sin^2\Theta+\cos^2\Theta=1$，平均幅–频响应关系可以推导为以下公式：

$$W\left(A_m,\omega\right)=\Pi_1^2\left(A_m,\omega\right)+\Pi_2^2\left(A_m,\omega\right)-f^2=0 \tag{4-38}$$

其中，$\Pi_1\left(A_m,\omega\right)$ 和 $\Pi_2\left(A_m,\omega\right)$ 由式(4-37)给出。

当系统(4-31)具有 HQZS 特征时，其恢复力的泰勒展开可表示为

$$F\left(y\right)=\frac{\eta\beta\omega^2\left(A_m,\phi\right)}{\lambda^2+\omega^2\left(A_m,\phi\right)}y+\frac{\omega_0^2}{16a^2c^4}y^7 \tag{4-39}$$

采用扩展平均法，可得到平均幅–频响应如下：

$$\begin{aligned}W\left(A_m,\omega\right)=&\left(\left(\xi+\frac{\eta\beta\lambda}{\lambda^2+\omega^2\left(A_m,\phi\right)}\right)\omega A_m\right)^2 \\ &+\left(\frac{35\omega_0^2A_m^7}{1024a^2c^4}+\left(\frac{\eta\beta\omega^2\left(A_m,\phi\right)}{\lambda^2+\omega^2\left(A_m,\phi\right)}-\omega^2\right)A_m\right)^2-f^2=0\end{aligned} \tag{4-40}$$

根据式(4-38)和式(4-40)，图 4-4 给出了系统(4-31)的幅–频响应曲线。

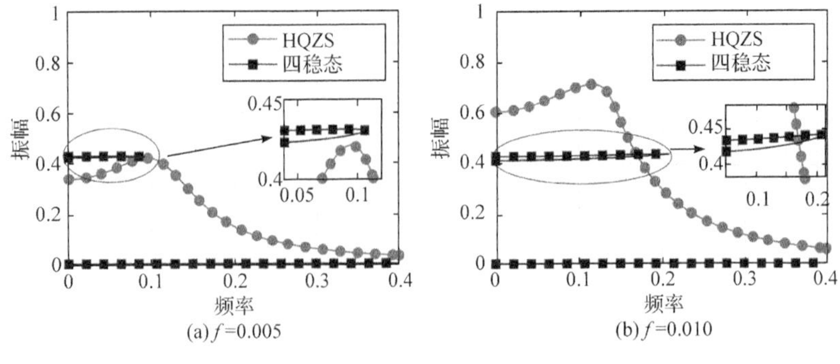

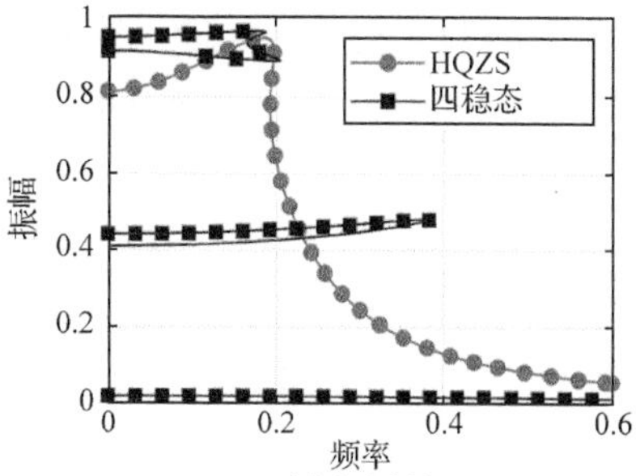

(c) f=0.020

图 4-4 不同俘能器的幅-频响应曲线对比分析

参数为 $\sigma=0.001$, $\xi=0.1$, $\eta=0.05$, $\beta=0.4$, $\lambda=0.6$ ；非线性四稳态俘能器的参数为 $a=0.5$, $b=0.6$, $c=0.6$, $d=1.0$ ；HQZS 俘能器的参数为 $a=1.0$, $b=1.0$, $c=1.0$, $d=1.0$

图 4-4 比较分析了非线性四稳态俘能器和 HQZS 俘能器的幅-频响应曲线。对于非线性四稳态俘能器，当激励振幅 $f=0.005$ 、 0.010 时，幅-频响应曲线由两部分组成。当激励振幅 $f=0.020$ 时，幅-频响应曲线由三部分组成。换句话说，当激励振幅较弱时，非线性四稳态俘能器无法在所有平衡位置实现大幅运动。然而对于 HQZS 俘能器，幅-频响应随相应外激励频率 ω 先单调增加，达到最大值后逐渐减小。这是发生了主共振现象，并且由于共振峰向频率增大的方向倾斜，体现出一种典型的非线性硬化特征。同时可以观察到，随着激励振幅的增加，俘能器位移振幅逐渐增大，共振峰向高频移动。特别需要注意的是，在图 4-4(b)中，当激励振幅 $f=0.010$ 时，HQZS 俘能器在超低频段的振幅明显大于非线性四稳态俘能器的响应振幅。

为对比非线性四稳态俘能器和 HQZS 俘能器在简谐条件下的能量俘获性能，这里将分析二者的能量俘获功率。基于式(4-19)和式(4-28)，简谐激励下非线性俘能器的俘获功率 $E_{\mathrm{st}}\left[P_{\mathrm{R}}\right]$ 可表示为

$$E_{\mathrm{st}}\left[P_{\mathrm{R}}\right]=\lambda\eta E_{\mathrm{st}}\left[I_{\mathrm{R}}^{2}\right]=\lambda\eta\frac{\beta^{2}\omega^{2}\left(A_{m},\omega\right)}{\lambda^{2}+\omega^{2}\left(A_{m},\omega\right)}\overline{A}_{m}^{2} \tag{4-41}$$

其中， $\overline{A}_{m}^{2}$ 为非线性俘能器的平均振幅，由式(4-40)得出。

图 4-5 比较了非线性四稳态俘能器和 HQZS 俘能器的能量俘获功率 $E_{\mathrm{st}}\left[P_{\mathrm{R}}\right]$。对于非线性四稳态俘能器，当激励振幅 $f=0.005$ 、 0.010 时，能量俘获功率曲线由两部分组成，当激励振幅 $f=0.020$ 时，能量俘获功率曲线由三部分组成。对于 HQZS 俘能器，能量俘获功率 $E_{\mathrm{st}}\left[P_{\mathrm{R}}\right]$ 随着频率 ω 逐渐增加并达到最大值，但随后随着 ω 的增加而减小。值得注意的是，非线性四稳态俘能器和 HQZS 俘能器在低频时的最大能量俘获功率几乎相同。如图 4-5(a)所示，在高频时，HQZS 俘能器的最大能量俘获功率明显高于非线性四稳态俘能器。特别值得注意的是，如

图 4-5(b)所示，HQZS 俘能器在低频处的最大能量俘获功率明显高于非线性四稳态俘能器，说明 HQZS 俘能器可以提高低频处的振动能量俘获性能。

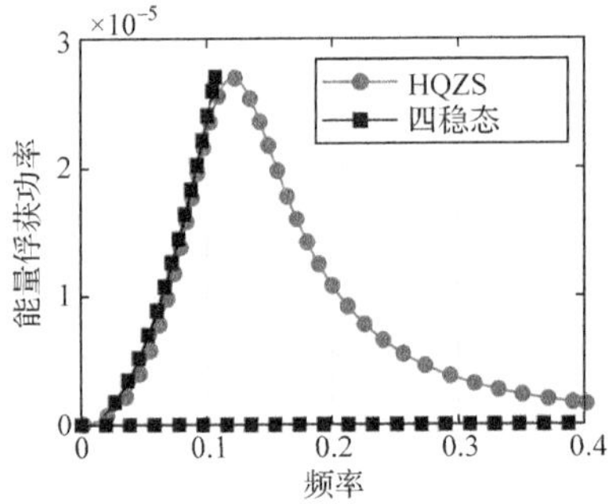

(a) f=0.005

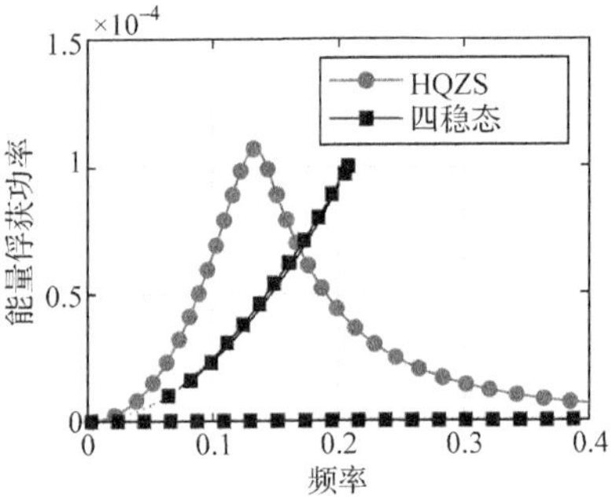

(b) f=0.010

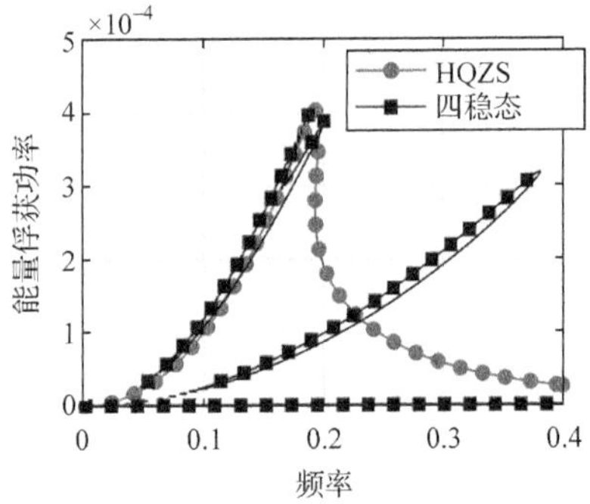

(c) f=0.020

图 4-5　不同俘能器的能量俘获功率曲线的对比分析

参数为 $\sigma=0.001$，$\xi=0.1$，$\eta=0.05$，$\beta=0.4$，$\lambda=0.6$；非线性四稳态俘能器的参数为 $a=0.5$，$b=0.6$，$c=0.6$，$d=1.0$；HQZS 俘能器的参数为 $a=1.0$，$b=1.0$，$c=1.0$，$d=1.0$

4.2　多方向多稳态能量俘获动力学

4.2.1　结构建模

多方向多稳态俘能器结构如图 4-6 所示。它由一个集中质量块 M、两条竖直导轨、一对对称分布的刚性连杆和一对对称分布的 SD 振子组成。刚性连杆一端与集中质量块 M 铰接，另一端与 SD 振子铰接。SD 振子由一对自由长度为 L、刚度为 K 的斜弹簧组成，斜弹簧铰接在质量为 m 的集中质量块上。a 为斜弹簧与基架连接点到竖直导轨的距离，b 为斜弹簧在 y 方向时两个集中质量块之间距离的一半，c 为刚性连杆的长度。

当外力作用于俘能器上时，图 4-7(a)显示了中心质量 M 和两个子质量 m 的位置变化。x_Δ 和 y_Δ 分别表示水平位移和竖直位移，F_k 是弹簧恢复力，θ_1 为弹簧

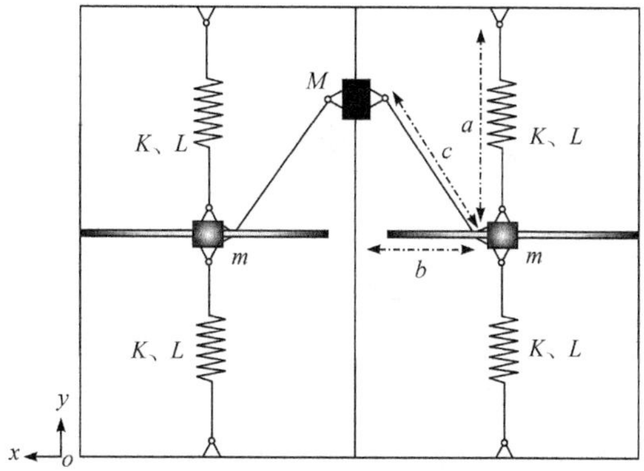

图 4-6　多方向多稳态俘能器结构示意图

与竖直方向夹角，θ_2 为刚性连杆与竖直方向夹角。根据图 4-7(b)中的几何关系，竖直恢复力 $F(y)$ 与弹簧恢复力 F_k 的关系如下：

$$F(y)=4F_k\sin\theta_1\cot\theta_2 \tag{4-42}$$

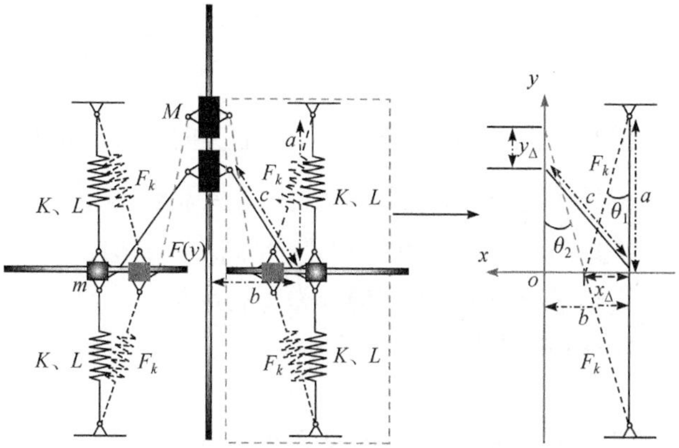

(a) 作用在弹簧上的力分析图　　(b) 形变引起的参数之间的几何关系

图 4-7　俘能器力学分析图

弹簧恢复力与水平位移的关系为 $F_k=-Kl_\Delta$，其中 l_Δ 是弹簧的形状变量，其表达式为 $l_\Delta=L-\sqrt{x_\Delta^2+a^2}$。因此，$F_k$ 可以写为

$$F_k=-K\left(L-\sqrt{x_\Delta^2+a^2}\right) \tag{4-43}$$

θ_1、θ_2 与 x_Δ、y_Δ 之间的关系可以表示为

$$\sin\theta_1=\frac{x_\Delta}{\sqrt{x_\Delta^2+a^2}},\ \cot\theta_2=\frac{\sqrt{c^2-b^2}+y_\Delta}{b-x_\Delta} \tag{4-44}$$

同时，水平位移x_Δ和竖直位移y_Δ的几何关系为$c^2=\left(b-x_\Delta\right)^2+\left(\sqrt{c^2-b^2}+y_\Delta\right)^2$。设$x=x_\Delta$和$y=\sqrt{c^2-b^2}+y_\Delta$，水平恢复力$F(x)$和竖直恢复力$F(y)$可以被表示为$x$和$y$的函数，即

$$F(x)=2Kx\left(1-\frac{L}{\sqrt{x^2+a^2}}\right) \tag{4-45}$$

$$F(y)=4Ky\left(1-\frac{L}{\sqrt{\left(b-\sqrt{c^2-y^2}\right)+a^2}}\right)\left(\frac{b}{\sqrt{c^2-y^2}}-1\right) \tag{4-46}$$

在实际工程应用中，须满足几何条件$c>y$。在水平方向和竖直方向上的有效势能$U(x)$和$U(y)$分别为

$$U(x)=Kx^2-2KL\sqrt{x_\Delta^2+a^2} \tag{4-47}$$

$$U(y)=4K\left(-\frac{y^2}{2}-b\sqrt{c^2-y^2}-L\sqrt{\left(b-\sqrt{c^2-y^2}\right)+a^2}\right) \tag{4-48}$$

需要注意的是，因为系统可以沿着水平方向和竖直方向运动，所以本节提出的俘能器为多方向俘能器。水平位移x和竖直位移y之间的关系是$y=\sqrt{c^2-(b-x)^2}$。因此，可以看到虽然水平运动和竖直运动在时间上是同步的，但是两个方向上的位移(x和y)和恢复力$F(x)$和$F(y)$是不同的。为了更清晰地分析系统在水平方向和竖直方向上的稳态特征和动态特征，接下来将分别建立俘能器水平运动和竖直运动的动力学模型。

假设连杆、弹簧等部件，集中质量m及其他的附加质量很小，可以忽略不计，则系统的动能可表示为

$$T_0=\frac{1}{2}M\dot{y}^2(t) \tag{4-49}$$

考虑式(4-44)中的关系，水平速度$\dot{x}$和竖直速度$\dot{y}$之间的关系是

$$\dot{x}=\dot{y}\frac{y}{b-x} \tag{4-50}$$

由于$y=\sqrt{c^2-(b-x)^2}$，俘能器的动能可以表示为

$$T_1=\frac{1}{2}M\dot{x}^2(t)\frac{b-x}{\sqrt{c^2-(b-x)^2}} \tag{4-51}$$

根据式(4-45)和式(4-47)，水平运动的欧拉-拉格朗日方程为

$$\frac{\mathrm{d}}{\mathrm{d}t}\left(\frac{\partial \underset{1}{L}}{\partial \dot{\hat{x}}}\right)-\frac{\partial \underset{1}{L}}{\partial \hat{x}}=M\ddot{\hat{x}}\frac{b-x}{\sqrt{c^2-(b-x)^2}}+2Kx\left(1-\frac{L}{\sqrt{x^2+a^2}}\right)=-E_{\mathrm{d}}\dot{x}(t) \quad (4\text{-}52)$$

其中，$\underset{1}{L}=T_1-U(x)$，是拉格朗日方程；$E_{\mathrm{d}}\dot{x}(t)$是阻尼力。

设水平相对位移为$x=\hat{x}-X$，其中$\hat{x}$和X分别为水平运动的绝对位移和地基的位移，则多方向多稳态俘能器水平运动的动力学方程为

$$\left(M\frac{b-x}{\sqrt{c^2-(b-x)^2}}\right)\ddot{x}+E_{\mathrm{d}}\dot{x}(t)+2Kx\left(1-\frac{L}{\sqrt{x^2+a^2}}\right)=-\left(M\frac{b-x}{\sqrt{c^2-(b-x)^2}}\right)\ddot{X} \quad (4\text{-}53)$$

引入变量和参数：

$$e_{\mathrm{d}}=\frac{E_{\mathrm{d}}}{M\omega_0},\ \omega_0^2=\frac{2K}{M},\ q=\frac{x}{L},\ \alpha=\frac{a}{L},\ \beta=\frac{b}{L},\ \gamma=\frac{c}{L},\ Q=-\frac{X}{L},\ t_q=\omega_0 t \quad (4\text{-}54)$$

俘能器水平运动的无量纲动力学方程为

$$\ddot{q}+e_{\mathrm{d}}\frac{\sqrt{\gamma^2-(\beta-q)^2}}{\beta-q}\dot{q}+\omega_0^2\frac{\sqrt{\gamma^2-(\beta-q)^2}}{\beta-q}q\left(1-\frac{1}{\sqrt{q^2+\alpha^2}}\right)=\ddot{Q} \quad (4\text{-}55)$$

为满足实际运动的条件，水平位移应满足：$\beta-\gamma\leqslant q<\beta$。

根据式(4-46)和式(4-48)，竖直运动的欧拉-拉格朗日方程为

$$\frac{\mathrm{d}}{\mathrm{d}t}\left(\frac{\partial \underset{2}{L}}{\partial \dot{\hat{y}}}\right)-\frac{\partial \underset{2}{L}}{\partial \hat{y}}=M\ddot{\hat{y}}+4Ky\left(1-\frac{L}{\sqrt{\left(b-\sqrt{c^2-y^2}\right)+a^2}}\right)\left(\frac{b}{\sqrt{c^2-y^2}}-1\right)=-C_{\mathrm{d}}\dot{y}(t)$$

(4-56)

其中，$\underset{2}{L}=T_2-U(y)$，是拉格朗日方程；$C_{\mathrm{d}}\dot{y}(t)$是阻尼力。

设竖直相对位移为$y=\hat{y}-Y$，其中$\hat{y}$和Y是竖直运动的绝对位移和地基的位移，则俘能器的竖直运动的动力学方程可写成

$$M\ddot{y}+C_{\mathrm{d}}\dot{y}(t)+4Ky\left(1-\frac{L}{\sqrt{\left(b-\sqrt{c^2-y^2}\right)+a^2}}\right)\left(\frac{b}{\sqrt{c^2-y^2}}-1\right)=-M\ddot{Y},\quad |y|<c$$

(4-57)

引入变量和参数：

$$c_{\mathrm{d}}=\frac{C_{\mathrm{d}}}{M\omega_0},\ \omega_0^2=\frac{4K}{M},\ z=\frac{y}{L},\ \alpha=\frac{a}{L},\ \beta=\frac{b}{L},\ \gamma=\frac{c}{L},\ Z=-\frac{Y}{L},\ t_z=\omega_0 t$$

则俘能器竖直运动的无量纲动力学方程为

$$\ddot{z}+c_{\mathrm{d}}\dot{z}+\omega_0^2 z\left(1-\frac{1}{\sqrt{\left(\beta-\sqrt{\gamma^2-z^2}\right)^2+\alpha^2}}\right)\left(\frac{\beta}{\sqrt{\gamma^2-z^2}}-1\right)=\ddot{Z},\quad |z|<\gamma \tag{4-58}$$

4.2.2　平衡分岔与运动稳定性分析

在本节中，主要讨论多方向多稳态俘能器的无扰动动力学模型。其中无扰动动力学是指外力质量块 M 偏离平衡位置后，可以在不需要外力推动的情况下，仅在系统内部恢复力的作用下发生振动。

设 $\dot{z}=\xi$ ，则俘能器的竖直方向无量纲动力学方程(4-58)可写成：

$$\begin{cases}\dot{z}=\zeta\\ \dot{\zeta}=\omega_0^2 z\left(1-\dfrac{1}{\sqrt{\left(\beta-\sqrt{\gamma^2-z^2}\right)^2+\alpha^2}}\right)\left(\dfrac{\beta}{\sqrt{\gamma^2-z^2}}-1\right),\quad |z|<\gamma\end{cases} \tag{4-59}$$

俘能器的无量纲恢复力函数为

$$F(z)=\omega_0^2 z\left(1-\frac{1}{\sqrt{\left(\beta-\sqrt{\gamma^2-z^2}\right)^2+\alpha^2}}\right)\left(\frac{\beta}{\sqrt{\gamma^2-z^2}}-1\right) \tag{4-60}$$

俘能器的无量纲有效势能函数为

$$\begin{aligned}U(z)=&\frac{1}{2}\omega_0^2\left(c^2-z^2-2\left(\beta\sqrt{\gamma^2-z^2}+\sqrt{\left(\beta-\sqrt{\gamma^2-z^2}\right)^2+\alpha^2}\right)\right)\\&-\frac{1}{2}\omega_0^2\left(c^2-2\left(\beta\gamma+\sqrt{(\beta-\gamma)^2+\alpha^2}\right)\right)\end{aligned} \tag{4-61}$$

设 $F(z)=0$ ，则竖直运动的平衡点 $\left(z_i,\ \zeta_j\right)\big|_{i,j=1,2,\cdots,7}$ 可表示为

$$\begin{cases}\left(z_1,\ \zeta_1\right)=(0,0),\ \left(z_{2,3},\ \zeta_{2,3}\right)=\left(\pm\sqrt{\gamma^2-\beta^2},0\right)\\ \left(z_{4,5},\ \zeta_{4,5}\right)=\left(\pm\sqrt{2\sqrt{\left(1-\alpha^2\right)\beta^2}+\alpha^2-\beta^2+\gamma^2-1},0\right)\\ \left(z_{6,7},\ \zeta_{6,7}\right)=\left(\pm\sqrt{-2\sqrt{\left(1-\alpha^2\right)\beta^2}+\alpha^2-\beta^2+\gamma^2-1},0\right)\end{cases} \tag{4-62}$$

无量纲动力学方程(4-58)在$\left(z_i,\ \zeta_j\right)\big|_{i,j=1,2,\cdots,7}$处的雅可比(Jacobian)矩阵可推导为

$$\boldsymbol{J}_{\left(z_i,\zeta_j\right)\big|_{i,j=1,2,\cdots,7}}=\begin{bmatrix}0 & 1\\ -F'(z) & 1\end{bmatrix} \tag{4-63}$$

其中，

$$F'(z)=\frac{\omega_0^2 z^2\left(\dfrac{\beta}{\sqrt{\gamma^2-z^2}}-1\right)\left(\beta-\sqrt{\gamma^2-z^2}\right)}{\sqrt{\gamma^2-z^2}\left(\sqrt{\left(\beta-\sqrt{\gamma^2-z^2}\right)^2+\alpha^2}\right)^{3/2}}+\frac{\omega_0^2\beta z^2\left(1-\dfrac{1}{\sqrt{\left(\beta-\sqrt{\gamma^2-z^2}\right)^2+\alpha^2}}\right)}{\left(\gamma^2-z^2\right)^{3/2}}$$
$$+\omega_0^2\left(1-\frac{1}{\sqrt{\left(\beta-\sqrt{\gamma^2-z^2}\right)^2+\alpha^2}}\right)\left(\frac{\beta}{\sqrt{\gamma^2-z^2}}-1\right) \tag{4-64}$$

特征值方程表示为

$$\bar{\lambda}^2+F'(z)=0 \tag{4-65}$$

则各平衡点对应的特征值方程为

$$\begin{gathered}\bar{\lambda}^2+F'\left(z_1\right)=0,\ \bar{\lambda}^2+F'\left(z_{2,\,3}\right)=0\\ \bar{\lambda}^2+F'\left(z_{4,\,5}\right)=0,\ \bar{\lambda}^2+F'\left(z_{6,\,7}\right)=0\end{gathered} \tag{4-66}$$

舍去速度变量ζ，且当参数$\omega_0^2=1$，$\beta=1$时，运用数值方法，可以得到平衡点位置解的集合S与$(z,\ \alpha,\ \gamma)$之间的关系。从图 4-8 中可以看出，在四种不同的情况下，随着参数$(\alpha,\ \gamma)$的值不同，会出现单个、三个、五个和七个平衡点的情况。

为了更清晰地理解平衡点位置的结构和平衡位置的分岔变化，本节引入以下两个曲面：

$$\begin{cases}S_1=\left\{(z,\ \alpha,\ \gamma)\,\middle|\,F(z,\ \alpha,\ \gamma)=0,\ |z|<\gamma,\ \alpha\in(0,\infty),\ \gamma\in(0,\infty),\ \gamma=\chi\beta,\ \chi\in(0,1]\right\}\\ S_2=\left\{(z,\ \alpha,\ \gamma)\,\middle|\,F(z,\ \alpha,\ \gamma)=0,\ |z|<\gamma,\ \alpha\in(0,\infty),\ \gamma\in(0,\infty),\ \gamma=\chi\beta,\ \chi\in(0,\infty)\right\}\end{cases} \tag{4-67}$$

为了研究$(z,\ \alpha,\ \gamma)$在竖直运动范围内的相图的拓扑结构变化情况，需要进

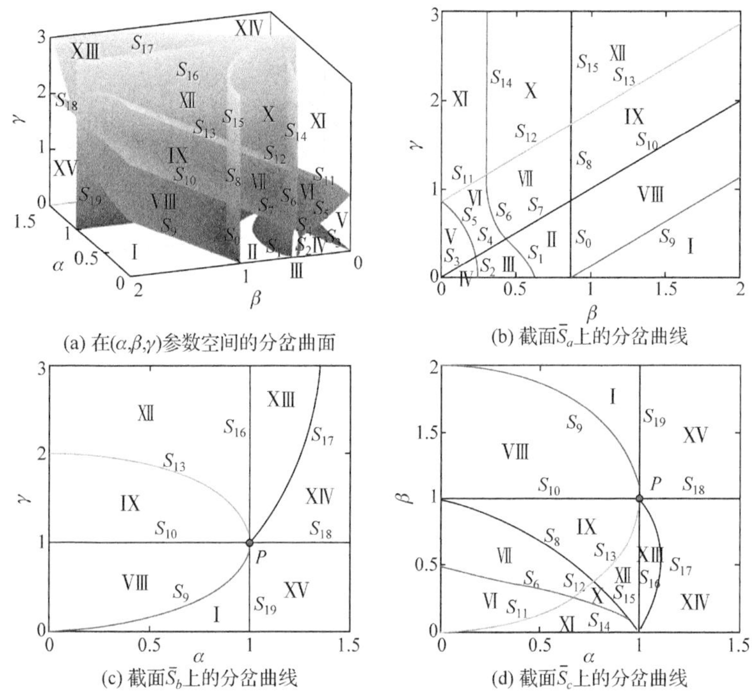

图 4-8　俘能器竖直运动时的分岔集图

行静态分岔分析。动力学系统的参数分岔集可以定义为

$$\bar{S}=\left\{(\alpha,\ \beta,\ \gamma)\middle|F(\alpha,\ \beta,\ \gamma)=F'(\alpha,\ \beta,\ \gamma)=0,\ |z|<\gamma,\ (\alpha,\ \beta,\ \gamma)>0\right\} \tag{4-68}$$

总分岔集图如图 4-8(a)所示。这里引入三个截面$\left(\bar{S}_a,\ \bar{S}_b,\ \bar{S}_c\right)$，即

$$\begin{cases}\bar{S}_a=\left\{(\alpha,\ \beta,\ \gamma)\middle|\alpha=0.5\right\}\\ \bar{S}_b=\left\{(\alpha,\ \beta,\ \gamma)\middle|\beta=1.0\right\}\\ \bar{S}_c=\left\{(\alpha,\ \beta,\ \gamma)\middle|\gamma=1.0\right\}\end{cases} \tag{4-69}$$

截面$\left(\bar{S}_a,\ \bar{S}_b,\ \bar{S}_c\right)$的分岔图如图 4-8(b)～(d)所示。

由竖直运动的表达式(4-59)可以得到：

$$\zeta\dot{\zeta}=-\omega_0^2 z\left(1-\frac{1}{\sqrt{\left(\beta-\sqrt{\gamma^2-z^2}\right)^2+\alpha^2}}\right)\left(\frac{\beta}{\sqrt{\gamma^2-z^2}}-1\right)\dot{z} \tag{4-70}$$

竖直运动的表达式(4-59)的哈密顿函数为

$$H(z,\zeta)=\frac{1}{2}\zeta^2+\frac{1}{2}\omega_0^2\left(c^2-z^2-2\left(\beta\sqrt{\gamma^2-z^2}+\sqrt{\left(\beta-\sqrt{\gamma^2-z^2}\right)^2+\alpha^2}\right)\right)$$
$$-\frac{1}{2}\omega_0^2\left(c^2-2\left(\beta\gamma+\sqrt{(\beta-\gamma)^2+\alpha^2}\right)\right)=E \tag{4-71}$$

设 $\dot{q}=p$，无扰动水平运动方程(4-55)可写成：

$$\begin{cases}\dot{q}=p\\ \dot{p}=-\omega_0^2\dfrac{\sqrt{\gamma^2-(\beta-q)^2}}{\beta-q}q\left(1-\dfrac{1}{\sqrt{q^2+\alpha^2}}\right),\quad \beta-\gamma\leqslant q<\beta\end{cases} \tag{4-72}$$

水平运动的无量纲恢复力函数为

$$F(q)=\omega_0^2\frac{\sqrt{\gamma^2-(\beta-q)^2}}{\beta-q}q\left(1-\frac{1}{\sqrt{q^2+\alpha^2}}\right) \tag{4-73}$$

设 $F(q)=0$，水平运动的平衡点 $\left(q_i,\ p_j\right)\big|_{i,j=1,2,3,4,5}$ 可表示为

$$\left(q_1,\ p_1\right)=(0,\ 0),\ \left(q_{2,3},\ p_{2,3}\right)=\left(\pm\sqrt{1-\alpha^2},\ 0\right),\ \left(q_{4,5},\ p_{4,5}\right)=(\beta\pm\gamma,\ 0) \tag{4-74}$$

为了避免两个子质量 m 的碰撞，需要舍去处于水平位移的定义域之外的平衡点 $\left(q_5,\ p_5\right)$。

水平运动的非线性阻尼力可以展开为

$$\varsigma(q)=-\frac{\bar{\omega}_0^2}{|q_4||q_5|}(q-q_4)(q-q_5)=\varLambda_1+\varLambda_2q+\varLambda_3q^2 \tag{4-75}$$

非线性恢复力展开为

$$F(q)=\varPi_1q+\varPi_2q^2+\varPi_3q^3+\varPi_4q^4+\varPi_5q^5 \tag{4-76}$$

其中的展开项系数为

$$\varPi_1=\frac{\bar{\omega}_0^2q_4q_5}{|q_4||q_5|},\ \varPi_2=-\frac{\bar{\omega}_0^2\left(q_4+q_5\right)}{|q_4||q_5|},\ \varPi_3=\frac{\bar{\omega}_0^2\left(q_{2,3}^2-q_4q_5\right)}{\left|q_{2,3}^2\right||q_4||q_5|},$$
$$\varPi_4=\frac{\bar{\omega}_0^2\left(q_4+q_5\right)}{\left|q_{2,3}^2\right||q_4||q_5|},\ \varPi_5=\frac{-\bar{\omega}_0^2}{\left|q_{2,3}^2\right||q_4||q_5|} \tag{4-77}$$

有效势能函数为

$$U(q)=\frac{\varPi_1}{2}q^2+\frac{\varPi_2}{3}q^3+\frac{\varPi_3}{4}q^4+\frac{\varPi_4}{5}q^5+\frac{\varPi_5}{6}q^6 \tag{4-78}$$

俘能器水平运动时，无扰动系统(4-72)的 Jacobian 矩阵为

$$\boldsymbol{J}_{(q_i, p_j)|_{i,j=1,2,3,4}} = \begin{bmatrix} 0 & 1 \\ -F'(q) & 1 \end{bmatrix} \tag{4-79}$$

其中，

$$\begin{aligned} F'(q) = & \frac{q^2\sqrt{\gamma^2-(\beta-q)^2}}{\left(\alpha^2+q^2\right)^{3/2}(\beta-q)} + \frac{q\left(1-\dfrac{1}{\sqrt{q^2+\alpha^2}}\right)\sqrt{\gamma^2-(\beta-q)^2}}{(\beta-q)^2} \\ & + \frac{q\left(1-\dfrac{1}{\sqrt{q^2+\alpha^2}}\right)}{\sqrt{\gamma^2-(\beta-q)^2}} + \frac{\left(1-\dfrac{1}{\sqrt{q^2+\alpha^2}}\right)\sqrt{\gamma^2-(\beta-q)^2}}{\beta-q} \end{aligned} \tag{4-80}$$

特征值方程写成：

$$\bar{\lambda}^2 + F'(q) = 0 \tag{4-81}$$

则各平衡点对应的特征值方程为

$$\bar{\lambda}^2 + F'(q_1) = 0,\ \bar{\lambda}^2 + F'(q_{2,3}) = 0,\ \bar{\lambda}^2 + F'(q_4) = 0 \tag{4-82}$$

4.2.3 多方向多稳态响应分析

考虑外激励为简谐激励，即 $\ddot{Z} = f\cos(\omega t)$， f 和 ω 分别表示简谐激励的振幅和频率。因此，式(4-58)可表示为

$$\ddot{z} + c_{\mathrm{d}}\dot{z} + \omega_0^2 z\left(1-\frac{1}{\sqrt{\left(\beta-\sqrt{\gamma^2-z^2}\right)^2+\alpha^2}}\right)\left(\frac{\beta}{\sqrt{\gamma^2-z^2}}-1\right) = f\cos(\omega t),\quad |z|<\gamma \tag{4-83}$$

首先，当竖直方向运动方程(4-59)具有四稳态特征(Ⅻ)时，其恢复力可表示为

$$\begin{aligned} F(z) &= \frac{\bar{\omega}_0^2}{|z_{2,3}|^2|z_{4,5}|^2|z_{6,7}|^2} z(z-z_2)(z-z_3)(z-z_4)(z-z_5)(z-z_6)(z-z_7) \\ &= -\bar{\omega}_0^2 z + \varphi_1 z^3 + \varphi_2 z^5 + \varphi_3 z^7 \end{aligned} \tag{4-84}$$

其中，

$$\begin{cases} \varphi_1 = \dfrac{\bar{\omega}_0^2\left(\left|z_{2,3}\right|^2\left|z_{4,5}\right|^2 + \left|z_{2,3}\right|^2\left|z_{6,7}\right|^2 + \left|z_{4,5}\right|^2\left|z_{6,7}\right|^2\right)}{\left|z_{2,3}\right|^2\left|z_{4,5}\right|^2\left|z_{6,7}\right|^2} \\ \varphi_2 = \dfrac{-\bar{\omega}_0^2\left(\left|z_{2,3}\right|^2 + \left|z_{4,5}\right|^2 + \left|z_{6,7}\right|^2\right)}{\left|z_{2,3}\right|^2\left|z_{4,5}\right|^2\left|z_{6,7}\right|^2} \\ \varphi_3 = \dfrac{\bar{\omega}_0^2}{\left|z_{2,3}\right|^2\left|z_{4,5}\right|^2\left|z_{6,7}\right|^2} \end{cases} \tag{4-85}$$

式(4-83)可改写为

$$\ddot{z} + c_{\mathrm{d}}\dot{z} - \bar{\omega}_0^2 z + \varphi_1 z^3 + \varphi_2 z^5 + \varphi_3 z^7 = f\cos(\omega t), \quad |z| < \gamma \tag{4-86}$$

为了分析俘能器竖直运动时的幅-频响应，采用扩展平均法求解出式(4-86)的解：

$$\begin{aligned} & z(t) = B(t)\cos\phi(t),\ \dot{z}(t) = -B(t)\omega(B,\ \phi)\sin\phi(t) \\ & \phi(t) = \psi(t) + \Theta(t),\ \omega(B,\ \phi) = \mathrm{d}\psi(t)/\mathrm{d}t \end{aligned} \tag{4-87}$$

将式(4-87)代入式(4-86)可得

$$\begin{cases} \dfrac{\mathrm{d}B}{\mathrm{d}t} = -\dfrac{1}{\omega}\Xi(B,\ \Theta)\sin(\omega t + \Theta) \\ \dfrac{\mathrm{d}\Theta}{\mathrm{d}t} = -\dfrac{1}{B\omega}\Xi(B,\ \Theta)\cos(\omega t + \Theta) \end{cases} \tag{4-88}$$

其中，

$$\begin{aligned} \Xi(B,\ \Theta) = {} & B\omega^2\cos\phi + c_{\mathrm{d}}B\omega\sin\phi + \bar{\omega}_0^2 B\cos\phi - \varphi_1(B\cos\phi)^3 \\ & - \varphi_2(B\cos\phi)^5 - \varphi_3(B\cos\phi)^7 + f\cos(\omega t) \end{aligned}$$

且

$$\phi(t) = \omega t + \Theta$$

在一个周期内取平均值，响应振幅 B 和相位 ϕ 的平均方程为

$$\begin{cases} \dfrac{\mathrm{d}B}{\mathrm{d}t} = -\dfrac{1}{2}c_{\mathrm{d}}B - \dfrac{1}{2\omega}\sin\Theta = \dfrac{1}{2\omega}(\Phi - f\sin\Theta) \\ \dfrac{\mathrm{d}\Theta}{\mathrm{d}t} = \dfrac{1}{128B\omega}\left(35B^7\varphi_3 + 40B^5\varphi_2 + 48B^3\varphi_1 - 64B\bar{\omega}_0^2 - 64B\omega^2\right) - \dfrac{1}{2B\omega}f\cos\Theta \\ \quad = \dfrac{1}{2B\omega}(\Psi - f\cos\Theta) \end{cases} \tag{4-89}$$

因为响应振幅 B 和初相位 Θ 是慢过程，所以 $\mathrm{d}B/\mathrm{d}t \approx 0$ ， $\mathrm{d}\Theta/\mathrm{d}t \approx 0$ 。由于

$\sin^2\Theta+\cos^2\Theta=1$，所以平均幅-频响应推导如下：

$$W(B,\ \omega)=\Phi^2(B,\ \omega)+\Psi^2(B,\ \omega)-f^2=0 \tag{4-90}$$

为获得式(4-90)中解的稳定性特征，这里假设扰动变量 $B=B_0+\Delta B$，$\Theta=\Theta_0+\Delta\Theta$。设 ΔB 和 $\Delta\Theta$ 在 $(B_0,\ \Theta_0)$ 处的一阶近似方程为

$$\begin{cases}\dfrac{\mathrm{d}\Delta B}{\mathrm{d}t}=-\dfrac{1}{2\Omega}\left(\left.\left(\dfrac{\partial\Phi}{\partial B}\right)\right|_{B_0}\Delta B-\Psi\big|_{B_0}\Delta\Theta\right)\\[2ex]\dfrac{\mathrm{d}\Delta\Theta}{\mathrm{d}t}=-\dfrac{1}{2B_0\Omega}\left(\left.\left(\dfrac{\partial\Phi}{\partial B}\right)\right|_{B_0}\Delta B-\Phi\big|_{B_0}\Delta\Theta\right)\end{cases} \tag{4-91}$$

当 ΔB 和 $\Delta\Theta$ 的零解渐近稳定时，$(B_0,\ \Theta_0)$ 是稳定的，否则是不稳定的。因此，稳定性可由系统的特征方程导出为

$$\begin{aligned}&\det\begin{bmatrix}\Lambda+\dfrac{1}{2\Omega}\left.\left(\dfrac{\partial\Phi}{\partial B}\right)\right|_{B_0}\Delta B & \dfrac{-1}{2\Omega}\Psi\big|_{B_0}\\[2ex] \dfrac{1}{2B_0\Omega}\left.\left(\dfrac{\partial\Psi}{\partial B}\right)\right|_{B_0} & \Lambda+\dfrac{1}{2B_0\Omega}\Phi\big|_{B_0}\end{bmatrix}\\ &=\Lambda^2+2\left(\dfrac{1}{4\Omega}\left.\left(\dfrac{\partial\Phi}{\partial B}\right)\right|_{B_0}+\dfrac{1}{4B_0\Omega}\Phi\big|_{B_0}\right)\Lambda\\ &\quad+\left(\dfrac{1}{4B_0\Omega^2}\left.\left(\dfrac{\partial\Phi}{\partial B}\right)\right|_{B_0}\Phi\big|_{B_0}+\dfrac{1}{4B_0\Omega^2}\left.\left(\dfrac{\partial\Psi}{\partial B}\right)\right|_{B_0}\Psi\big|_{B_0}\right)=0\end{aligned} \tag{4-92}$$

其中，Λ 是微分方程的特征值。

根据 Routh-Hurwitz 判据，当特征值的实部都为负时，零解是稳定的。因此，稳定性所需要满足的条件为

$$\frac{1}{4B_0\Omega^2}\left.\left(\frac{\partial\Phi}{\partial B}\right)\right|_{B_0}\Phi\big|_{B_0}+\frac{1}{4B_0\Omega^2}\left.\left(\frac{\partial\Psi}{\partial B}\right)\right|_{B_0}\Psi\big|_{B_0}>0 \tag{4-93}$$

因此，此时解 $(B_0,\ \Theta_0)$ 是稳定的。多稳态频带 $[\omega_i,\ \omega_j]$ 可由满足式(4-93)的自诱导跳跃现象条件确定。多个稳态区间的两个边界值频率称为 ω_i 和 ω_j，换句话说，$[\omega_i,\ \omega_j]$ 中任意的频率对应着多稳态特征。

当竖直运动方程(4-59)具有三稳态特征 (IX,S_{13}) 或双稳态特征 (S_{10}) 时，其恢复力可表示为

$$F(z)=\frac{\bar{\omega}_0^2}{\left|z_{2,3}\right|^2\left|z_{4,5}\right|^2}z(z-z_2)(z-z_3)(z-z_4)(z-z_5)=\bar{\omega}_0^2 z+\bar{\varphi}_1 z^3+\bar{\varphi}_2 z^5 \tag{4-94}$$

其中，

$$\bar{\varphi}_1=\frac{-\bar{\omega}_0^2\left(\left|z_{2,3}\right|^2+\left|z_{4,5}\right|^2\right)}{\left|z_{2,3}\right|^2\left|z_{4,5}\right|^2},\ \bar{\varphi}_2=\frac{\bar{\omega}_0^2}{\left|z_{2,3}\right|^2\left|z_{4,5}\right|^2} \tag{4-95}$$

采用扩展平均法，可得到平均幅-频响应如下：

$$W(B,\omega)=(c_{\mathrm{d}}\omega B)^2+\left(\frac{5}{8}B^5\bar{\varphi}_2+\frac{3}{4}B^3\bar{\varphi}_1+B\bar{\omega}_0^2-B\omega^2\right)^2-f^2=0 \tag{4-96}$$

同理，由式(4-91)～式(4-93)可以分析三稳态特征(IX, S_{13})或双稳态特征(S_{10})下俘能器竖直运动时解的稳定性特征。

俘能器水平运动时，考虑外部环境激励为简谐激励，即$\ddot{Q}=f\cos(\omega t)$，f和ω分别表示简谐激励的振幅和频率。无量纲动力学方程(4-55)可表示为

$$\ddot{q}+e_{\mathrm{d}}\varsigma(q)\dot{q}+F(q)+\eta I=f\cos(\omega t) \tag{4-97}$$

其中，$F(q)$和$\varsigma(q)$分别由式(4-73)和式(4-75)给出。

采用扩展平均法，可得到俘能器水平运动时多稳态运动的平均幅-频响应：

$$W(B,\omega)=\left(e_{\mathrm{d}}\omega B\Lambda_1+\frac{1}{4}e_{\mathrm{d}}\omega B^3\Lambda_3\right)^2+\left(\frac{5}{8}B^5\Pi_5+\frac{3}{4}B^3\Pi_3+B\Pi_1-B\omega^2\right)^2-f^2=0 \tag{4-98}$$

4.2.4 能量俘获领域的潜在优势

本节提出的使用电磁转换设备的多方向多稳态系统俘能器如图 4-9 所示。在电磁转换设备中，磁场B_{e}由固定在集中质量块M上的永磁体产生，I为输出电流，R_{d}为负载电阻，L_{i}为电感，L_{c}和R_{c}分别为线圈的有效长度和电阻。当受到外激励时，集中质量块M连接其上的永磁体在竖直方向上振动。这种振动将导致与外框架相连的闭合线圈内部的磁通量发生变化，从而产生连续的感应电动势，进而将振动能量转化为电能。

当式(4-83)中的竖直多稳态运动具有三稳态或双稳态特征时，无量纲机电耦合动力学系统可表示为

$$\ddot{z}+c_{\mathrm{d}}\dot{z}+\omega_1^2 z+\varphi_1 z^3+\varphi_2 z^5+\eta I=f\cos(\omega t),\quad |z|<\gamma \tag{4-99}$$

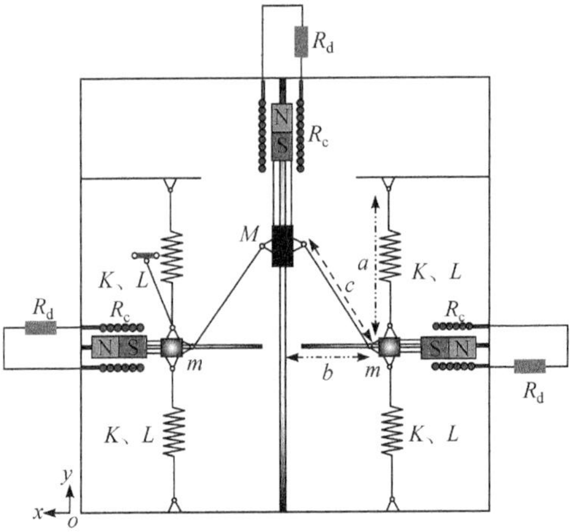

图 4-9　多方向多稳态系统俘能器示意图

$$\dot{I}+\lambda I-\mu\dot{z}=0 \tag{4-100}$$

考虑到水平方向的电磁转换设备与竖直方向完全相同。当受到外激励时，与集中质量块 m 相连的永磁体在水平方向上振动，则水平能量俘获系统的表达式为

$$\ddot{q}+e_{\mathrm{d}}\varsigma(q)\dot{q}+F(q)+\eta I=f\cos(\omega t),\quad \beta-\gamma\leqslant q\leqslant\beta \tag{4-101}$$

$$\dot{I}+\lambda I-\mu\dot{q}=0 \tag{4-102}$$

其中，$F(q)$ 和 $\varsigma(q)$ 由式(4-73)和式(4-75)给出。

式(4-100)的解为

$$I(t)=I_0\mathrm{e}^{-\lambda t}+\int_0^t\mathrm{e}^{-\lambda t}\dot{z}(t-s)\mathrm{d}s \tag{4-103}$$

其中，瞬态解 $I_0\mathrm{e}^{-\lambda t}$ 呈指数衰减，对系统稳态响应影响不大；$\dot{z}(t-s)$ 可以写为

$$\begin{aligned}\dot{z}(t-s)&=-B(t)\omega(B,\ \phi)\sin\big(\omega(B,\ \phi)(t-s)+\Theta(t)\big)\\&=z(t)\omega(B,\ \phi)\sin\big(\omega(B,\ \phi)s\big)+\dot{z}(t)\cos\big(\omega(B,\ \phi)s\big)\end{aligned} \tag{4-104}$$

因此

$$\begin{aligned}I(t)&=\frac{B(t)\mu\omega(B,\ \phi)}{\lambda^2+\omega^2(B,\ \phi)}\big(\omega(B,\ \phi)\cos\phi(t)-\lambda\sin\phi(t)\big)\\&=\frac{B(t)\mu\omega(B,\ \phi)}{\sqrt{\lambda^2+\omega^2(B,\ \phi)}}\cos\left(\phi(t)+\tan^{-1}\frac{\lambda}{\omega(B,\ \phi)}\right)\end{aligned} \tag{4-105}$$

电流振幅 $I(t)$ 与竖直运动的振幅 $B(t)$ 的关系为

$$I(t)=\frac{\mu\omega(B,\ \phi)}{\sqrt{\lambda^2+\omega^2(B,\ \phi)}}B(t) \tag{4-106}$$

竖直运动时的能量俘获功率 P_{ave} 可表示为

$$P_{\text{ave}}=\lambda\eta I_{\text{ave}}^2=\lambda\eta\frac{\mu^2\omega^2(B,\ \phi)}{\lambda^2+\omega^2(B,\ \phi)}B_{\text{ave}}^2 \tag{4-107}$$

本 章 小 结

传统的单稳态或双稳态俘能器在低频条件下的能量俘获性能不佳，为了提高低频能量俘获的效率，本章首先提出了非线性四稳态俘能器，其仅使用电磁转换设备进行振动能量俘获。通过无扰动的 Hamiltonian 函数，可以得到俘能器的相图。选取不同的几何参数，俘能器可以实现四稳态特征。通过几何参数设计，在 $a=b=c=d=1.0$ 时，俘能器也可以实现阶数为 5 阶的 HQZS 特征。运用福克尔−普朗克−柯尔莫哥洛夫方程，可以推导出非线性四稳态俘能器和 HQZS 俘能器在高斯白噪声激励下的振动响应和能量俘获性能。结果表明，相较于 HQZS 俘能器，非线性四稳态俘能器具有更宽的势阱，容易实现跨势阱间的运动，有效提高能量俘获性能。运用扩展平均法求解已经建立的动力学方程，得到了非线性四稳态俘能器和 HQZS 俘能器的幅−频响应关系，非线性四稳态俘能器具有更宽的工作带宽，并且在一定的外激励强度下具有更高的低频能量俘获功率。

环境中的振动往往是多方向的，想要尽可能多地俘获环境振动，再进一步提高能量俘获效率，就需要设计出多方向的俘能器。为了提高多方向振动能量俘获的性能，本章提出了一种多方向多稳态俘能器。通过动力学建模与势能分析不难发现，多方向多稳态俘能器在竖直运动方向具有最多四稳态的多稳态特征，在水平运动方向具有双稳态特征。通过电磁转换设备的引入，研究了多稳态俘能器的能量俘获性能。结果可以看出，低频条件下俘能器可在竖直方向上产生大振幅，振动能量俘获性能良好。然而在水平方向上，俘能器也可以将振动能量俘获，产生电能，这证实了该俘能器具有多方向能量俘获能力。

本章提出的两种俘能器可在低频甚至超低频外激励的条件下具有良好的能量俘获性能，因此在俘获海浪、人体运动等产生的低频振动能量方面具有广阔的应用前景。

参 考 文 献

[1] WANG X, WANG Q, WANG W, et al. Performance investigation of piezoelectric-mechanical electromagnetic compound vibration energy harvester for electric tractor[J]. Energy, 2023, 281:128285.

[2] FAN B, FANG J, LI Z, et al. Vibration hybrid energy harvester using magnetic levitation based on flapping-wing motion mechanism[J]. Journal of Magnetism and Magnetic Materials, 2024, 593:171834.

[3] MAROOFIAZAR R, FAHIMI F. A hybrid vibration energy harvester: Experimental investigation, numerical modeling, and statical analysis[J]. Journal of Vibration Engineering & Technologies, 2023, 11:1575-1593.

[4] LU Z, WU D, DING H, et al. Vibration isolation and energy harvesting integrated in a Stewart platform with high static and low dynamic stiffness[J]. Applied Mathematical Modelling, 2021, 89(1):249-267.

[5] 杨涛. 多稳态能量收集系统的非线性动力学行为及应用研究[D]. 哈尔滨：哈尔滨工业大学, 2021.

[6] DAQAQ M. On intentional introduction of stiffness nonlinearities for energy harvesting under white Gaussian excitations[J]. Nonlinear Dynamics, 2012, 69:1063-1079.

[7] ZHOU S, LALLART M, ERTURK A. Multistable vibration energy harvesters：Principle, progress, and perspectives[J]. Journal of Sound and Vibration, 2022, 528:116886.

[8] HUANG X, YANG B. Investigation on the energy trapping and conversion performances of a multi-stable vibration absorber[J]. Mechanical Systems and Signal Processing, 2021, 160:107938.

[9] YAN Y, ZHANG Q, HAN J, et al. Design and investigation of a quad-stable piezoelectric vibration energy harvester by using geometric nonlinearity of springs[J]. Journal of Sound and Vibration, 2023, 574: 117484.

[10] YANG T, CAO Q, LI Q, et al. A multi-directional multi-stable device：Modeling, experiment verification and applications[J]. Mechanical Systems and Signal Processing, 2021, 146:106986.

[11] WANG G, LIAO W, ZHAO Z, et al. Nonlinear magnetic force and dynamic characteristics of a tri-stable piezoelectric energy harvester[J]. Nonlinear Dynamic, 2019, 97:2371-2397.

[12] ZHOU Z, QIN W, DU W, et al. Improving energy harvesting from random excitation by nonlinear flexible bi-stable energy harvester with a variable potential energy function[J]. Mechanical Systems and Signal Processing, 2019, 115:162-172.

[13] QIAN F, ZHOU S, ZUO L. Approximate solutions and their stability of a broadband piezoelectric energy harvester with a tunable potential function[J]. Communications in Nonlinear Science and Numerical Simulation, 2020, 80:104984.

[14] YANG T, XU H, TANG J, et al. Exploring nonlinear degradation benefit of bio-inspired oscillator for engineering applications[J]. Applied Mathematical Modelling, 2023, 119:736-762.

[15] RISKEN H. The Fokker-Planck Equation：Methods of Solution and Applications[M]. Berlin: Springer, 1992.

第 5 章　摩擦发电能量俘获隔振器

前面几章分别介绍了非线性隔振与非线性能量俘获的相关研究，除此之外，如何将二者集成也是目前一大研究热点和难点。目前有学者对隔振与能量俘获一体化结构进行了研究[1-4]，证明了一体化结构的可行性，并且有很大的应用前景。然而，集成之后隔振与能量俘获性能还需要进一步提高，另外，如何将一体化结构应用在实际工程中也是需要解决的问题。在能量俘获领域，摩擦纳米发电在低频振动能量俘获[5]、振动衰减[6]、自供电传感器[7,8]等方面的研究得到了广泛关注，而关于摩擦纳米发电作为阻尼器提高隔振器性能的研究尚未见报道。因此，本章基于摩擦纳米发电与准零刚度隔振原理提出了一种带有摩擦纳米发电阻尼器的非线性振子，称为摩擦发电能量俘获隔振器。通过改变刚性连杆的长度，可以实现准零刚度和双稳态的不同非线性特性。通过改变摩擦纳米发电阻尼器的正压力，可以调节系统阻尼，从而优化系统的隔振性能。在本章中，将在 5.1 节先介绍摩擦发电能量俘获隔振器的原理及结构，并对其进行静力学分析。在 5.2 节建立机电耦合模型，对模型隔振俘能一体化性能进行分析。在 5.3 节对模型进行实验分析，实验验证理论分析的正确性。最后对本章进行总结。

5.1　摩擦发电能量俘获隔振器一体化模型

5.1.1　一体化系统组成

受到双翅目昆虫飞行机制启发，摩擦发电能量俘获隔振器的仿生原理以及得到的仿生非线性退化振子如图 5-1 所示。中间水平弹簧用来模拟角质层和胸骨肌运动，两侧的刚性连杆用来模拟骨头和进行力的传递。双翅目昆虫飞行机制已经

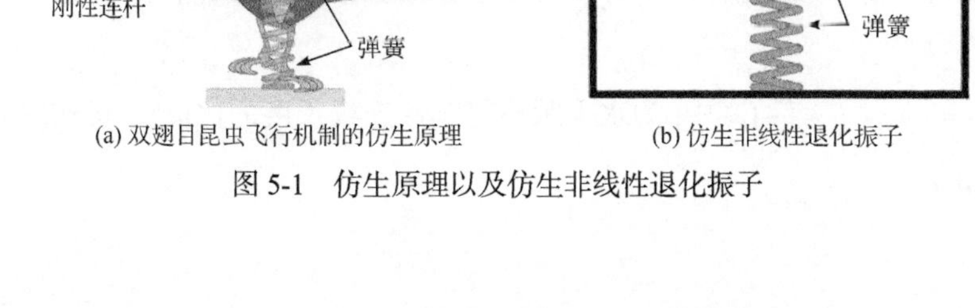

(a) 双翅目昆虫飞行机制的仿生原理　　(b) 仿生非线性退化振子

图 5-1　仿生原理以及仿生非线性退化振子

被用来开发出了许多典型工程应用机械结构，是一种天然的双稳态结构[9]。在本节中，弹簧连接机构提供负刚度，而类似于鸟类腿部肌肉的垂直弹簧用来支撑集中的质量和提供正刚度。因此，提出了一个由生物运动结构启发的仿生非线性退化振子，如图 5-1(b)所示。

摩擦发电能量俘获隔振器装置原理图如图 5-2 所示，主要由框架、垂直弹簧承载结构、水平弹簧连接机构、调压结构和 TENG 阻尼器组成。框架为 U 形，表面留有用于结构安装和固定的通孔。垂直弹簧承载结构由弹簧 2、平台 1 和承载平台组成。承载平台的上部留有通孔，用来固定集中质量块 M。平台 1 固定在承载平台侧方，用来粘贴 TENG 阻尼器。

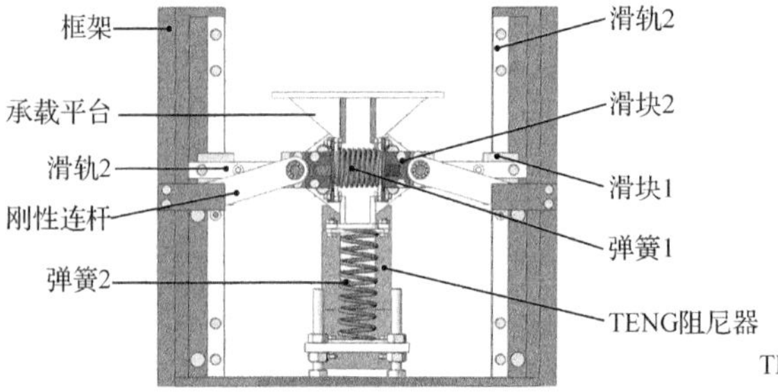

(a) 正视图

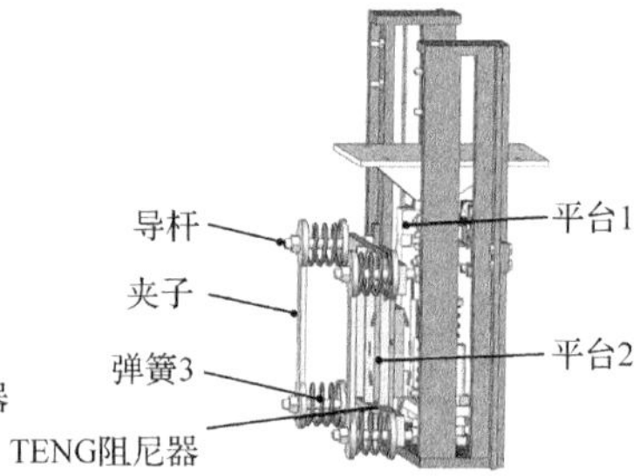

(b) 侧视图

图 5-2　摩擦发电能量俘获隔振器装置原理图

TENG 阻尼器由兔毛、聚四氟乙烯薄膜、铜电极和丙烯酸板组成。兔毛附着在丙烯酸板上，丙烯酸板固定在平台 1 上。铜电极覆盖在固定在平台 2 上的另一块丙烯酸板上，中间有一个 3mm 的间隙，分为左右电极，聚四氟乙烯薄膜覆盖在铜电极的表面。兔毛和聚四氟乙烯薄膜是摩擦材料，TENG 阻尼器根据兔毛和聚四氟乙烯薄膜之间的相对运动来发电。

5.1.2　非线性隔振原理

基于物理结构模型，摩擦发电能量俘获隔振器的等效恢复力可以表示为

$$F(X)=K_vX-4K_hX\left(1-\frac{D}{\sqrt{L^2-X^2}}\right),\quad |X|<L \tag{5-1}$$

其中，X 为相对于起始位置的位移；K_v 和 K_h 分别为垂直弹簧和水平弹簧的刚度；L 为刚性连杆的长度；D 为弹簧处于原始长度时刚性连杆两端之间水平径向的距离。

令 $x=\dfrac{X}{L}$，$b=\dfrac{D}{L}$ (其中b为水平距离与刚性连杆长度的比值)，将式(5-1)无量纲化，可得

$$F(x)=K_v x-4K_h\left(1-\frac{b}{\sqrt{1-x^2}}\right) \tag{5-2}$$

该振子的势能为

$$U(x)=\frac{1}{2}(4K_h-K_v)\left(1-x^2\right)-4bK_h\sqrt{1-x^2}-\frac{1}{2}(4K_h-K_v)+4bK_h \tag{5-3}$$

式(5-2)对位移 x 进行求导，得到振子的等效刚度 $K(x)$ 为

$$K(x)=K_v+\frac{4K_h bx^2}{\left(1-x^2\right)^{\frac{3}{2}}}-4K_h\left(1-\frac{b}{\sqrt{1-x^2}}\right) \tag{5-4}$$

令 $K_v=K_h$，并使等效刚度 $K(x)$ 在 $x=0$ 时为 0，则振子的 QZS 条件为 $b=0.75$。

由于摩擦发电能量俘获隔振器是一个正刚度和负刚度并联系统，改变正负刚度的比例关系，就可以使其分别表现出不同非线性特性，如单稳态、QZS 和双稳态。该振子在不同参数 b 下的等效恢复力、势能和等效刚度如图 5-3 所示。当 b=0.75 时，振子具有 QZS 特征，为单稳态结构；当 b<0.75 时，振子为双稳态结构，具有非线性负刚度特性；当 b>0.75 时，振子为单稳态结构，具有非线性正刚度特性。图 5-4 为不同刚度 K_h 条件下(b, K_v)参数空间上的 QZS 曲线。根据不同的弹簧刚度值，可以调整相应的参数 b 以形成 QZS。

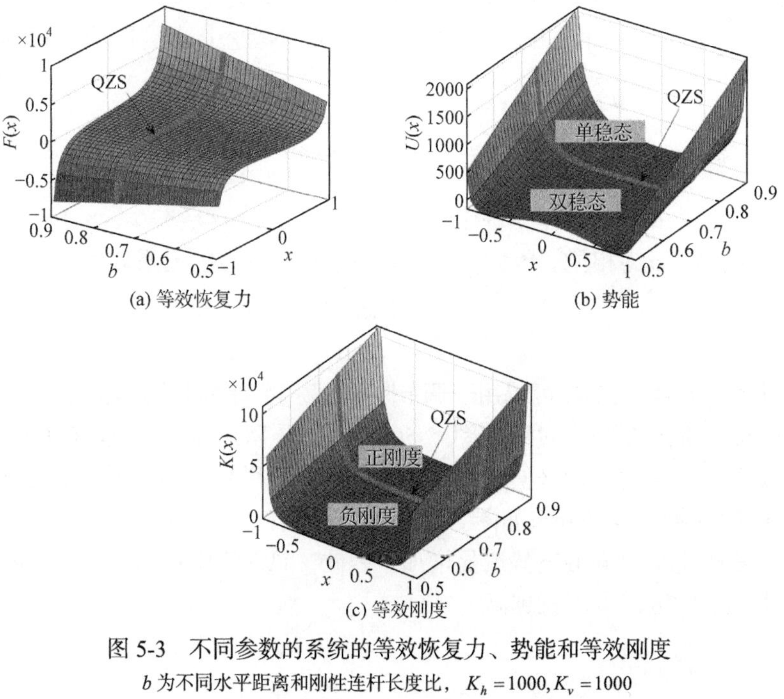

(a) 等效恢复力　(b) 势能　(c) 等效刚度

图 5-3　不同参数的系统的等效恢复力、势能和等效刚度

b 为不同水平距离和刚性连杆长度比，$K_h=1000, K_v=1000$

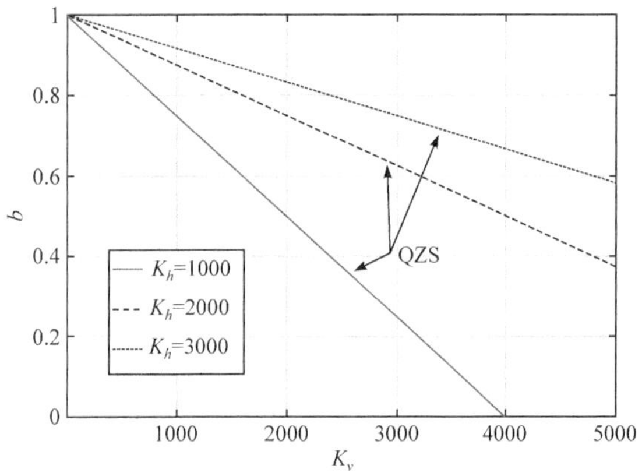

图 5-4　在不同刚度 K_h 条件下(b,K_v)参数空间上的 QZS 曲线

5.1.3　TENG 可调阻尼和能量俘获

压力调节机构可以通过调整弹簧 3 的长度来改变 TENG 阻尼器的两个平台之间的压力，从而改变摩擦力的大小。根据等效摩擦阻尼原理，滑动摩擦力为

$$f_k(x)=\mu F_N\,\mathrm{sgn}(\dot{x})=c_\mathrm{d}\dot{x} \tag{5-5}$$

其中，μ 为 PTFE 薄膜与 Cu 膜之间的摩擦系数；sgn(·)为信号函数；c_d 为等效阻尼系数；F_N 为弹簧施加的垂直压力，$F_N=K_sZ$，Z 为弹簧 3 的变形量。

将信号函数 $\mathrm{sgn}(x)$ 展开为傅里叶级数，并只考虑基本简谐项，式(5-5)可以写为

$$f_k(x)=-\frac{4\mu K_sZ}{\pi}\sin(\omega\tau+\phi) \tag{5-6}$$

由于激励为简谐激励，那么相对位移响应可以假设为 $x=A\cos(\omega\tau+\phi)$，A 为振幅，ω 为频率，ϕ 为相位。因此，库仑摩擦模型的等效阻尼系数为

$$c_\mathrm{d}=\frac{4\mu K_sZ}{\pi\omega A} \tag{5-7}$$

因此，本章提出的 TENG 可以用于调节阻尼，称为 TENG 阻尼器。

TENG 阻尼器的发电过程如图 5-5(a)所示。该阻尼器的交流电(AC)输出是通过上述兔毛的周期性运动来实现的。为了进一步解释其工作原理，不同分离距离下 TENG 阻尼器的电势分布如图 5-5(b)所示，随着兔毛与 PTFE 薄膜分离距离的增加，左右铜电极之间的电势明显增加。因此，TENG 阻尼器的分离距离越长，TENG 阻尼器的输出电压就越高。

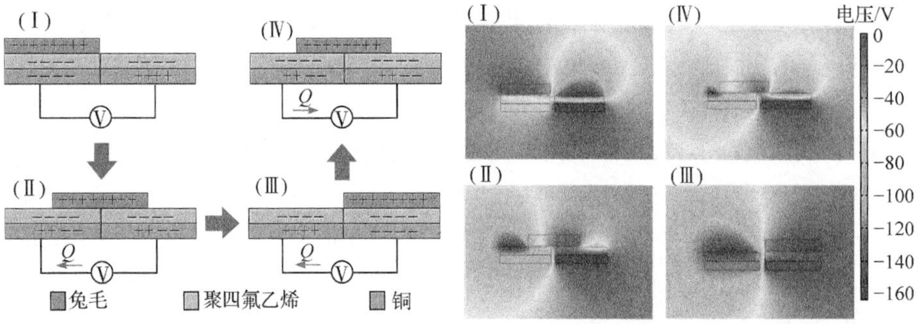

(a) TENG阻尼器的发电过程　　(b) 不同分离距离下TENG阻尼器的电势分布

图 5-5　TENG 阻尼器的发电原理

5.2　摩擦发电能量俘获隔振器动力学分析

5.2.1　自治系统的动力学分析

由扩展哈密顿原理可知，摩擦发电能量俘获隔振器的一般运动方程为

$$\sigma\int_{\tau_1}^{\tau_2}(T-U)\mathrm{d}\tau+\int_{\tau_1}^{\tau_2}\sigma W\mathrm{d}\tau=0 \tag{5-8}$$

其中，σ为无穷小变化量；T 和 U 分别为振子的动能和势能；W 为外力做功，如摩擦力和静电力；τ_1 为开始时间；τ_2 为结束时间。因此，该隔振器的运动微分方程为

$$M\ddot{x}+K_v x-4K_h x\left(1-\frac{b}{\sqrt{1-x^2}}\right)+\mu F_N\operatorname{sgn}(\dot{x})=0 \tag{5-9}$$

为计算简便，引入以下无量纲参数：

$$k_1=\frac{K_v}{M},k_2=\frac{K_h}{M},f_n=\frac{F_N}{M} \tag{5-10}$$

式(5-9)的无量纲化形式为

$$\ddot{x}+k_1x-4k_2x\left(1-\frac{b}{\sqrt{1-x^2}}\right)+\mu f_n\operatorname{sgn}(\dot{x})=0 \tag{5-11}$$

为了分析无激励情况下该隔振器的稳定性，系统的平衡点集由下式得出：

$$\Xi=\left\{(x,\dot{x})\middle|(\dot{x}=0)\cap\left(k_1x-4k_2x\left(1-\frac{b}{\sqrt{1-x^2}}\right)+\mu f_n\operatorname{sgn}(0)=0\right)\right\} \tag{5-12}$$

其中，取 sgn (0)作为整个区间，其范围为[−1,1]。

由于摩擦阻尼的变化会改变系统平衡点数目，从而对摩擦发电能量俘获隔振器的整个动力学性质产生影响，因此，为了分析参数 b 和摩擦系数 μ 对系统的影响，对该隔振器平衡点集的分岔进行研究，假设结构的参数常量为 $k_1=0.5$，$k_2=0.25$ 和 $f_n=1$。

图 5-6(a)显示了 (x,μ,b) 空间中摩擦发电能量俘获隔振器的平衡点集 ε，其中，整个空间由 $\mu=0.5$ 平面和 $b=0.5$ 平面分为 $\mathcal{A}$、$\mathcal{B}$、$\mathcal{C}$、$\mathcal{D}$ 四个域。无摩擦情况下，该隔振器的平衡点集的分岔如图 5-6(b)所示，在 b=0.5 处发生叉形分岔。如图 5-6(c)所示，在 $\mathcal{A}$-$\mathcal{B}$ 域中，摩擦系数为 0<μ<0.5，在 0<b<1.0 范围，三个平衡点集合并成一个大的平衡点集。如图 5-6(d)所示，在 $\mathcal{C}$-$\mathcal{D}$ 域中，当 $\mu\geqslant$ 0.5 时，在 0<b<1.0 范围，隔振器只有一个平衡点集。如图 5-6(e)所示，当 b=0 时，隔振器表现为一个有摩擦的线性系统，其中只有一个平衡点集存在，并随着参数 μ 的增加而增大，直到 $\mu=0.5$。如图 5-6(f)所示，在 $\mathcal{A}$-$\mathcal{D}$ 域中，当 0<b<0.5 时，在 0<μ<1.0 范围，三个平衡点集合并为一个平衡点集。图 5-6(g)显示当 $b\geqslant0.5$ 时，在 $\mathcal{B}$-$\mathcal{C}$ 域中，在 0<μ<1.0 范围内，隔振器只有一个平衡点集。

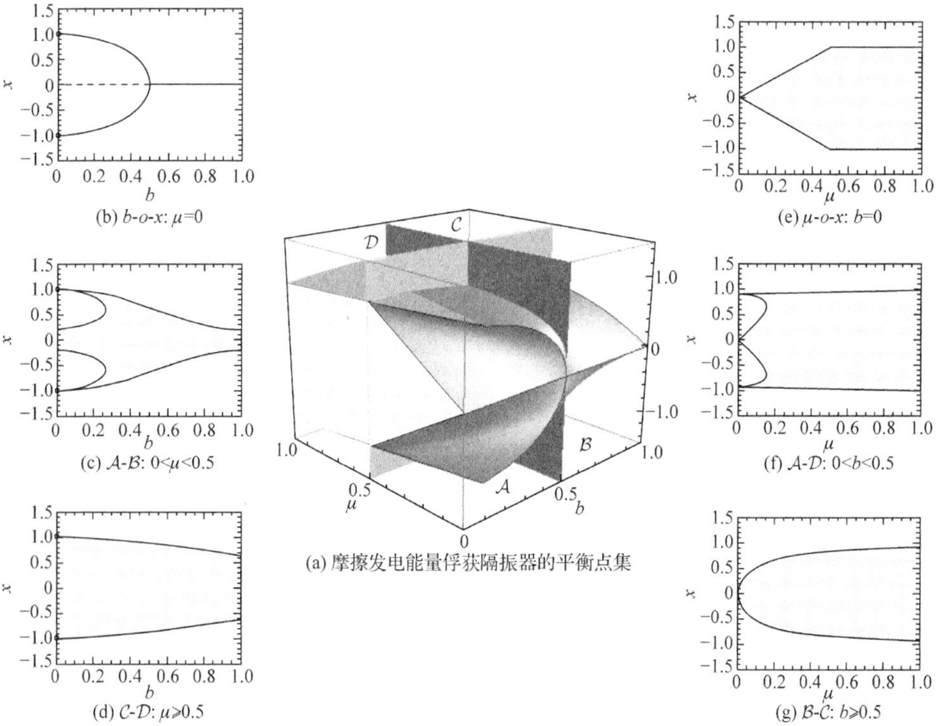

图 5-6　摩擦发电能量俘获隔振器的平衡点集的分岔

为了验证摩擦发电能量俘获隔振器的复杂动力学特性，可以通过将表面投影到参数(b, μ)平面上来显示平衡点集的脊曲线和谷曲线。得到了标记为$\mathcal{H}$的平衡点分岔曲线为

$$\mathcal{H}=\left\{(b,\mu)\middle|\, b=\frac{1}{4k_2}\left[\left(4k_2-k_1\right)^{\frac{3}{2}}-f_n^{\frac{3}{2}}\mu^{\frac{3}{2}}\right]^{\frac{3}{2}}, f_n>0, k_1>0, k_2>0\right\} \tag{5-13}$$

将(b, μ)平面划分为两个由Ⅰ和Ⅱ标记的不同区域。

5.2.2　非自治系统的动力学分析

本小节主要通过理论分析，讨论摩擦发电能量俘获隔振器在简谐激励作用下的动态特性。其主要目的是揭示该振子在隔振与能量俘获一体化领域的可行性和优势。特别讨论了可调节阻尼对系统隔振与能量俘获性能的影响。

1. 阻尼对振频响应的影响

为了将振子的力-位移关系代入运动微分方程中进行近似分析，摩擦发电能量俘获隔振器的无量纲等效恢复力近似为

$$f(x)=\left(k_1+4bk_2-4k_2\right)x+2bk_2x^3+\frac{3}{2}bk_2x^5+\frac{5}{4}bk_2x^7 \tag{5-14}$$

因此，简谐激励下的运动微分方程的无量纲形式表示为

$$\ddot{\hat{x}}(\tau)+c_{\mathrm{d}}\dot{\hat{x}}(\tau)+\omega_0^2\hat{x}(\tau)+\hat{\gamma}_1\hat{x}^3(\tau)+\hat{\gamma}_2\hat{x}^5(\tau)+\hat{\gamma}_3\hat{x}^7(\tau)=f\cos(\omega\tau) \tag{5-15}$$

其中，

$$\tau=\omega_0 t, c_{\mathrm{d}}=\frac{c}{M\omega_0}, \omega_0^2=k_1+4bk_2-4k_2, \hat{\gamma}_1=2bk_2, \hat{\gamma}_2=\frac{3}{2}bk_2, \hat{\gamma}_3=\frac{5}{4}bk_2$$

该激励可以看作是一个大小为$f\cos(\omega\tau)$的简谐振动信号，f为激励振幅，ω为激励频率。

为了求出式(5-15)的解，以及幅-频响应方程，采用多尺度法[10,11]，代入$c_{\mathrm{d}}=\varepsilon\overline{c}, {\omega_0}^2=\varepsilon{\overline{\omega}_0}^2, \hat{\gamma}_1=\varepsilon\overline{\gamma}_1, \hat{\gamma}_2=\varepsilon\overline{\gamma}_2, \hat{\gamma}_3=\varepsilon\overline{\gamma}_3, f=\varepsilon\overline{f}$，将式(5-15)改写为

$$\omega^2\frac{\mathrm{d}^2\hat{x}}{\mathrm{d}\tau^2}+\varepsilon\overline{c}\,\omega\frac{\mathrm{d}\hat{x}}{\mathrm{d}\tau}+\varepsilon{\overline{\omega}_0}^2\hat{x}(\tau)+\varepsilon\overline{\gamma}_1\hat{x}^3(\tau)+\varepsilon\overline{\gamma}_2\hat{x}^5(\tau)+\varepsilon\overline{\gamma}_3\hat{x}^7(\tau)=\varepsilon\overline{f}\cos(\omega\tau) \tag{5-16}$$

变量$\varepsilon>0$是一个小参数，用来衡量系统参数的大小。假设慢变化量和快变化量的时间尺度分别为$\tau=\tau_0$和$\varepsilon\tau=\tau_1$，式(5-16)的一阶近似解为

$$\hat{x}(\tau,\varepsilon)=x_0(\tau_0,\tau_1)+\varepsilon x_1(\tau_0,\tau_1)+\cdots \tag{5-17}$$

通过引入 $d_0=\dfrac{\partial}{\partial \tau_0},d_1=\dfrac{\partial}{\partial \tau_1},d_2=\dfrac{\partial}{\partial \tau_2}$，得

$$\frac{\mathrm{d}}{\mathrm{d}\tau}=\frac{\partial}{\partial \tau_0}\frac{\partial \tau_0}{\partial \tau}+\frac{\partial}{\partial \tau_1}\frac{\partial \tau_1}{\partial \tau}=d_0+\varepsilon d_1+\cdots \tag{5-18}$$

$$\frac{\mathrm{d}^2}{\mathrm{d}\tau^2}=d_0^2+2\varepsilon d_0 d_1+\varepsilon^2\left(d_1^2+2d_0 d_2\right)+\cdots \tag{5-19}$$

用小参数 $\varepsilon\sigma=\omega_0{}^2+\omega^2$ 来描述共振频带的带宽，则动力学方程(5-16)可以写为

$$\omega^2\frac{\mathrm{d}^2\hat{x}}{\mathrm{d}\tau^2}+\omega^2\hat{x}=-\varepsilon\bar{c}\,\omega\frac{\mathrm{d}\hat{x}}{\mathrm{d}\tau}+\varepsilon\sigma\hat{x}-\varepsilon\bar{\varphi}_1\hat{x}^3(\tau)-\varepsilon\bar{\varphi}_2\hat{x}^5(\tau)-\varepsilon\bar{\varphi}_3\hat{x}^7(\tau)+\varepsilon\bar{f}\cos(\omega\tau) \tag{5-20}$$

令不同次幂 ε 等号两端的系数相等，可以得到：

$$\varepsilon^0: d_0^2 x_0(t_0,t_1)+x_0(t_0,t_1)=0 \tag{5-21}$$

$$\begin{aligned}\varepsilon^1: d_0^2 x_1(t_0,t_1)+x_1(t_0,t_1)=&-2d_0 d_1 x_0(t_0,t_1)-\frac{\bar{c}}{\omega}d_0 x_0(t_0,t_1)+\frac{\varepsilon\sigma}{\varepsilon\omega^2}x_0(t_0,t_1)\\&-\frac{\bar{\gamma}_1}{\omega^2}x_0^3(t_0,t_1)-\frac{\bar{\gamma}_2}{\omega^2}x_0^5(t_0,t_1)-\frac{\bar{\gamma}_3}{\omega^2}x_0^7(t_0,t_1)+\frac{1}{\omega^2}\bar{f}\cos t_0\end{aligned} \tag{5-22}$$

假设式(5-21)和式(5-22)的解为

$$x_0(t_0,t_1)=A(t_1)\cos\left(t_0+\theta(t_1)\right) \tag{5-23}$$

其中，$A(t_1)$ 是响应位移的振幅；$\theta(t_1)$ 是相位。可以得到：

$$\begin{aligned}d_0^2 x_1(t_0,t_1)+x_1(t_0,t_1)=&\,2A'(t_1)\sin(t_0+\theta)+2\Theta'(t_1)A(t_1)\cos(t_0+\theta)\\&+\frac{\bar{c}}{\omega}A(t_1)\sin(t_0+\theta)+\frac{\sigma}{\omega^2}A(T_1)\cos(t_0+\theta)-\frac{\bar{\gamma}_1}{\omega^2}A^3(t_1)\cos^3(t_0+\theta)\\&-\frac{\bar{\gamma}_2}{\omega^2}A^5(t_1)\cos^5(t_0+\theta)-\frac{\bar{\gamma}_3}{\omega^2}A^7(t_1)\cos^7(t_0+\theta)\\&+\frac{\bar{f}}{\omega^2}\cos(t_0+\theta)\cos\theta+\frac{\bar{f}}{\omega^2}\sin(t_0+\theta)\sin\theta\end{aligned} \tag{5-24}$$

当 $A'(t_1)=0$ 和 $\Theta'(t_1)=0$ 时，可以得到系统的稳态解。然后可得平均幅-频响应如下：

$$(c_{\mathrm{d}}\omega A)^2+\left(\left(\omega^2+\omega_0{}^2\right)A-\frac{3\bar{\lambda}_1}{4}A^3-\frac{5\bar{\lambda}_2}{8}A^5-\frac{35\bar{\lambda}_3}{64}A^7\right)^2=f^2 \tag{5-25}$$

引入摄动项 $A=A_0+\Delta A$ 和 $\theta=\theta_0+\Delta\theta$，将在(A_0 , θ_0)处的一阶接近方程写为

$$
\begin{cases}
\dfrac{\mathrm{d}\Delta A}{\mathrm{d}t}=-\dfrac{1}{2\omega}\left(\left.\dfrac{\partial\zeta}{\partial A}\right|_{A_0}\Delta A-\eta|_{A_0}\Delta\theta\right)\\
\dfrac{\mathrm{d}\Delta\theta}{\mathrm{d}t}=-\dfrac{1}{2A_0\omega}\left(\left.\left(\dfrac{\partial\eta}{\partial A}\right)\right|_{A_0}\Delta A-\zeta|_{A_0}\Delta\theta\right)
\end{cases}
\tag{5-26}
$$

其中，

$$
\begin{cases}
\zeta=c_{\mathrm{d}}\omega A\\
\eta=\left(\omega^2+\omega_0{}^2\right)A-\dfrac{3\hat{\lambda}_1}{4}A^3-\dfrac{5\hat{\lambda}_2}{8}A^5-\dfrac{35\hat{\lambda}_3}{64}A^7
\end{cases}
\tag{5-27}
$$

该隔振器的稳定性由系统的特征方程给出：

$$
\det\begin{bmatrix}
\lambda+\dfrac{1}{2\omega}\left.\left(\dfrac{\partial\zeta}{\partial A}\right)\right|_{A_0} & -\left.\dfrac{1}{2\omega}\eta\right|_{A_0}\\
\dfrac{1}{2A_0\omega}\left.\left(\dfrac{\partial\eta}{\partial A}\right)\right|_{A_0} & \lambda+\left.\dfrac{1}{2A_0\omega}\zeta\right|_{A_0}
\end{bmatrix}=\lambda^2+2\psi_1\lambda+\psi_2=0
\tag{5-28}
$$

其中，λ 是微分方程的特征值，且

$$
\begin{cases}
\psi_1=\dfrac{1}{4\omega}\left.\left(\dfrac{\partial\zeta}{\partial A}\right)\right|_{A_0}+\left.\dfrac{1}{4A_0\omega}\zeta\right|_{A_0}\\
\psi_2=\dfrac{1}{4A_0\omega^2}\left.\left(\dfrac{\partial\zeta}{\partial A}\right)\right|_{A_0}\zeta|_{A_0}+\dfrac{1}{4A_0\omega^2}\left.\left(\dfrac{\partial\eta}{\partial A}\right)\right|_{A_0}\eta|_{A_0}
\end{cases}
\tag{5-29}
$$

根据 Routh-Hurwitz 判据，如果满足 $\varphi_1>0$ 和

$$
\psi_2=\dfrac{1}{4A_0\omega^2}\left.\left(\dfrac{\partial\zeta}{\partial A}\right)\right|_{A_0}\zeta|_{A_0}+\dfrac{1}{4A_0\omega^2}\left.\left(\dfrac{\partial\eta}{\partial A}\right)\right|_{A_0}\eta|_{A_0}>0
\tag{5-30}
$$

那么说明(A_0 , θ_0)是稳定解，反之为不稳定解。

图 5-7 比较并分析了在相同阻尼和外激励参数下，摩擦发电能量俘获隔振器在 QZS(b=0.75)和双稳态(b=0.7)条件下的幅-频响应。在低频范围内，双稳态振子的响应幅度大于 QZS 振子的响应幅度，且共振峰峰值更高。在高频范围内，两者的响应幅度几乎相同。结果表明，双稳态振子在低频条件下更容易实现大振幅运动，适用于振动能量俘获。与此相反的是，QZS 振子更适用于抑振。

2. 阻尼对力传递率的影响

接下来对 QZS 振子的力传递率进行分析。传递到基础的力为

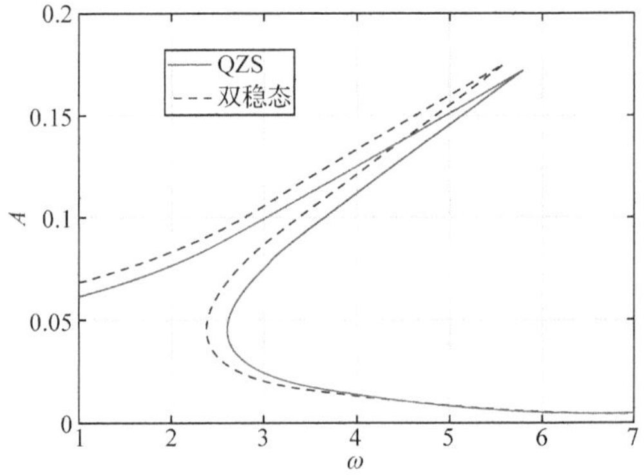

图 5-7　摩擦发电能量俘获隔振器在 QZS(b= 0.75)和双稳态(b= 0.7)条件下的幅-频响应曲线

其他参数为 $k_1=1000$、$k_2=1000$、$f=0.2$、$c_d=0.2$

$$F_r(x)=c_d\dot{x}+f(x) \tag{5-31}$$

力的大小为

$$F_r(A)=\sqrt{(c_d\omega A)^2+\left(\omega_0{}^2 A-\frac{3\hat{\gamma}_1}{4}A^3-\frac{5\hat{\gamma}_2}{8}A^5-\frac{35\hat{\gamma}_3}{64}A^7\right)^2} \tag{5-32}$$

QZS 振子的力传递率为

$$T_f=\sqrt{\frac{(c_d\omega A)^2+\left(\omega_0{}^2 A-\frac{3\hat{\gamma}_1}{4}A^3-\frac{5\hat{\gamma}_2}{8}A^5-\frac{35\hat{\gamma}_3}{64}A^7\right)^2}{f^2}} \tag{5-33}$$

图 5-8 给出了阻尼对摩擦发电能量俘获隔振器力传递率的影响。在低频范围内，阻尼对力传递率影响不大。随着阻尼的增加，共振率的峰值可以被抑制并且

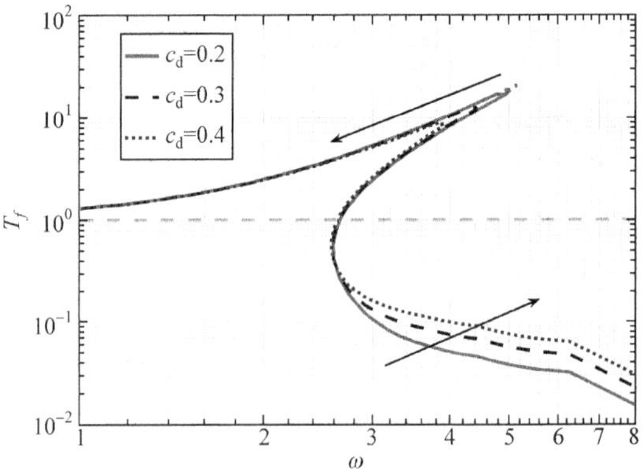

图 5-8　不同阻尼 c_d 条件下摩擦发电能量俘获隔振器在 QZS 条件下的力传递率

其他参数为 $k_1=1000$、$k_2=1000$、$f=0.2$、$b=0.75$

可以略微减小初始隔离频率，但在有效隔振区，响应振幅也会增加。也就是说，本章提出的TENG阻尼器可用于降低减振过程中的响应共振峰和初始隔振频率，提高该振子的隔振性能。

5.3　摩擦发电能量俘获隔振器实验研究

为了验证理论分析的正确性，对摩擦发电能量俘获隔振器进行了实验分析。摩擦发电能量俘获隔振器的实验设备与实验模型如图 5-9 所示，该隔振器的框架固定在激励激发平台上，通过调节激励激发平台的驱动器提供不同的激励。激光位移传感器固定在外框上，用于测量集中质量块M相对于框底的位移。TENG阻尼器上的激光位移传感器和外部信号采集器连接，用于采集实验数据。另外，TENG 阻尼器连接到电阻箱，信号采集器连接到计算机，数据通过计算机显示和保存。摩擦发电能量俘获隔振器的结构参数如表 5-1 所示。

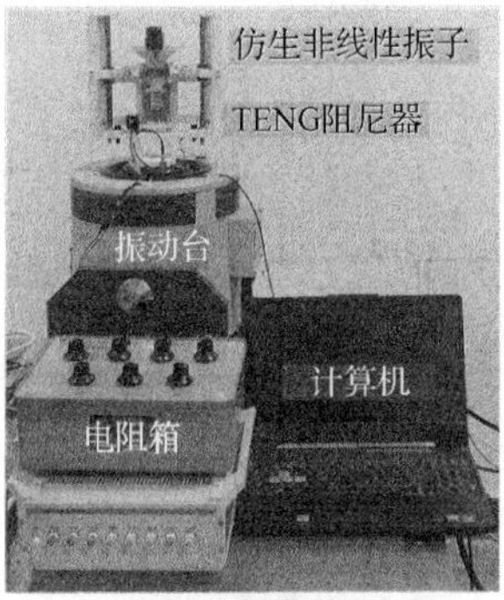

(a) 实验设备

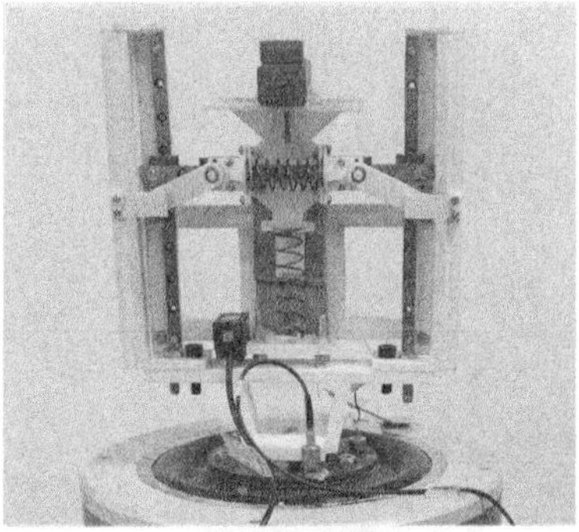

(b) 实验模型

图 5-9　摩擦发电能量俘获隔振器的实验设备与实验模型

表 5-1　摩擦发电能量俘获隔振器的结构参数

参数	符号	数值
附加质量	M	1.5kg
垂直弹簧 1 的刚度	K_v	1000N/m
水平弹簧 2 的刚度	K_h	1000N/m
弹簧 3 的刚度	K_s	150N/m
杆长	L	40.57mm/45mm

从图 5-10(a)可以看出，在双稳态和 QZS 条件下，集中质量块相对于框架的位移响应均随激发频率的增加而减小。同时，在较低的频率下，双稳态条件下集中质量块的位移明显大于 QZS 条件下的集中质量块的位移。这是因为当频率较

低时，集中质量块在具有双稳态特性的两个稳定态之间振动，即阱间振动，产生了振幅放大现象。然而在 QZS 条件下，集中质量块在平衡位置附近振动，表现出隔振性能。随着频率的增加，双稳态条件下的集中质量块的位移响应逐渐接近于 QZS 条件下的集中质量块。当频率增加到一定程度时，双稳态条件下的集中质量块不能从一个稳态达到另一个稳态，只在一个稳态附近振动，即阱内振动，而 QZS 条件下集中质量块的振动状态保持不变。在图 5-10(b)中，z 为控制压力的弹簧 3 的压缩长度，z =0mm、z=5mm 和 z=10mm 分别对应于无摩擦、小摩擦和大摩擦的条件。从实验结果中可以看出，当激励频率较小时，无摩擦条件下摩擦发电能量俘获隔振器的位移响应较大，同时，该振子在大摩擦条件下的位移响应小于或等于小摩擦条件下的振幅响应。当激励频率较大时，无摩擦力的摩擦发电能量俘获隔振器的位移响应更小，大摩擦条件下摩擦发电能量俘获隔振器的位

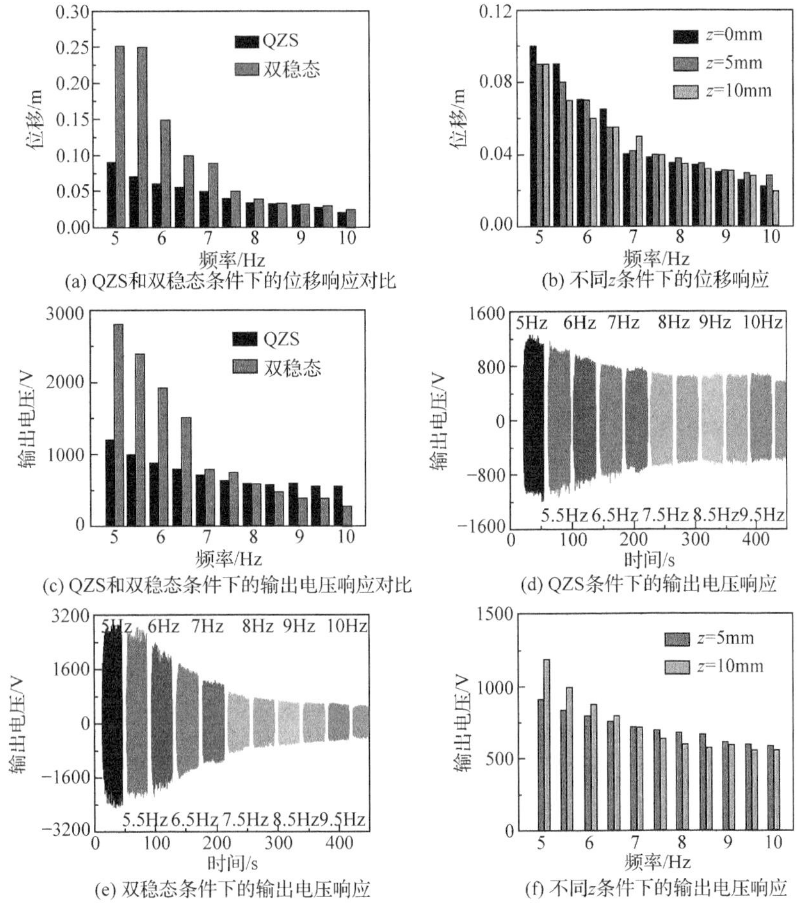

图 5-10　不同条件下的输出位移响应和输出电压响应

移响应小于小摩擦条件下的位移响应。实验结果表明，引入 TENG 阻尼器的摩擦力有利于提高隔振性能。

图 5-10(c)为不同频率下双稳态和 QZS 条件下摩擦发电能量俘获隔振器的输出电压。当频率较小时，集中质量块 M 在具有双稳态特性的阱间振动，振幅越大，单位时间内交换的电荷数越多，因此输出电压越高。当频率较高时，双稳态的输出电压略低于 QZS 条件下的输出电压。这是因为在双稳态条件下，频率较高时，集中质量块只在双稳态的一个阱附近振动。当集中质量块振动时，兔毛仅在一侧的铜电极上滑动，导致整体电荷交换效率下降[12]。在 QZS 条件下，兔毛总是横跨两侧的铜电极，因此在 QZS 条件下的输出电压较高。从图 5-10(c)可以看出，双稳态和 QZS 条件下的输出电压均随激励频率的增大而减小。这是因为在恒定激励加速度的情况下，激励频率的增大会导致激励振幅的减小，因此总体上呈下降趋势。图 5-10(d)和(e)分别显示了 QZS 振子和双稳态振子在不同激励频率下的输出电压的时域分析。

从图 5-10(f)可以看出，当频率较小时，大摩擦条件下的输出电压大于小摩擦条件下的输出电压。随着频率增加，大摩擦条件下的输出电压逐渐小于小摩擦条件下的输出电压。结合图 5-10(b)和图 5-5 所示的 TENG 阻尼器的发电原理，可以得出结论：在大摩擦条件下，兔毛与 PTFE 薄膜之间的压力较大。增加表面压力可以增加兔毛与 PTFE 材料之间的接触面积，能够提高电荷转移效率。因此，当频率较小，摩擦力较大时，集中质量块的振幅较小，输出电压较大。随着振动频率的增加，小摩擦条件下的位移响应更加剧烈，单位时间内，两种摩擦条件下 TENG 阻尼器的相对位移的绝对值逐渐增大。因此，小摩擦条件下的输出电压逐渐超过大摩擦条件下的输出电压。

恒定加速度激励下的输出电压如图 5-11(a)～(c)所示。激励加速度越大，输出电压越高。输出电压随频率的变化趋势与位移响应的变化趋势基本一致，证明了输出电压与位移响应之间的相关关系，因此，可通过观察输出电压来监测振动位移。如图 5-11(c)所示，在 0.8g 的加速度激励强度以及 5Hz 的激励频率下，输出电压可达到 1000V。图 5-11(d)展示了摩擦发电能量俘获隔振器点亮的 50 个串联的 LED 灯，形成单词 NPU。摩擦发电能量俘获隔振器经整流后连接到 LED 灯上，点亮 LED 灯的实验证明，摩擦发电能量俘获隔振器的输出功率能满足二极管的工作要求，具有实用价值。

如图 5-12(a)～(c)所示，在恒定振幅激励下，输出电压随着激励振幅增加而增强。当激励振幅确定时，随着频率增加，单位时间内 TENG 阻尼器的能量捕获周期增加。因此，每单位时间内电荷转移次数增加，输出电压增加。通过该现象，TENG 阻尼器可以用来监测振动频率。从图 5-12(c)可以看出，阻尼器的输出电压在 9Hz 时可达到 2000V。图 5-12(d)显示了阻尼器与照明电子仪表的连接电路和供电效果，再次证明了摩擦发电能量俘获隔振器的实用价值。

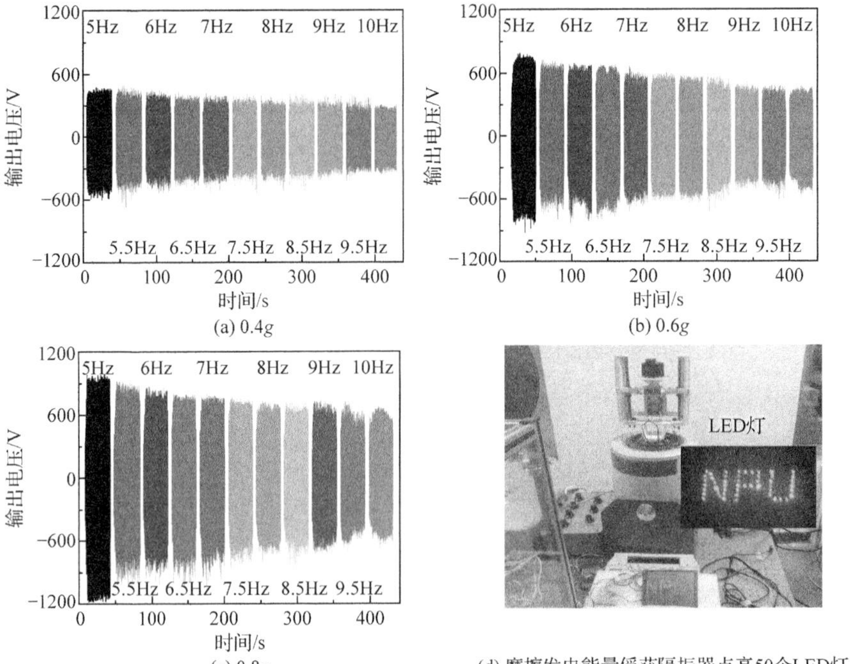

(a) 0.4g　(b) 0.6g

(c) 0.8g　(d) 摩擦发电能量俘获隔振器点亮50个LED灯

图 5-11　摩擦发电能量俘获隔振器在恒定加速度激励下的输出电压

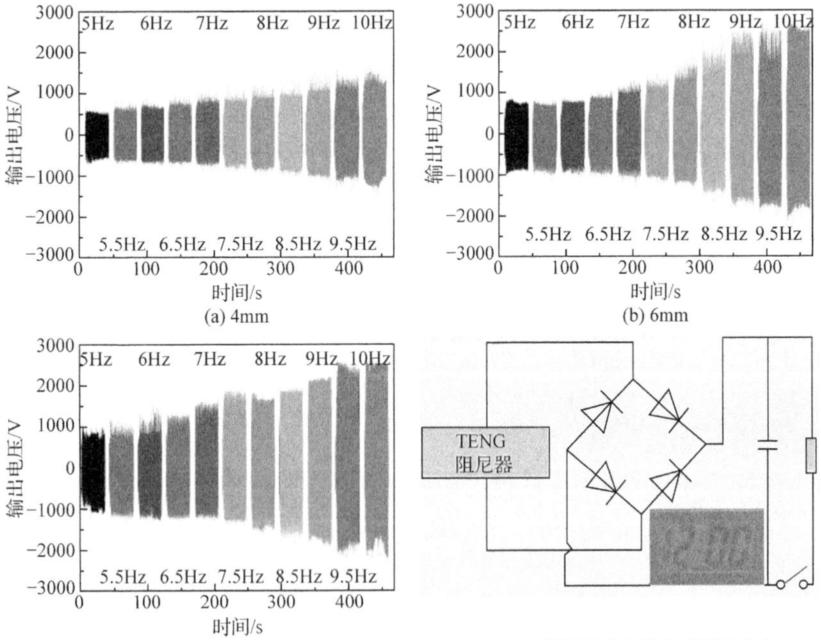

(a) 4mm　(b) 6mm

(c) 8mm　(d) TENG阻尼器为电子仪表提供动力

图 5-12　摩擦发电能量俘获隔振器在恒定振幅激励下的输出电压

如图 5-13(a)所示，在 0.8g 的恒定加速度激励下，电流随频率的增大而减小，导致在 5Hz 时产生的最大短路电流为 2.5μA。如图 5-13(b)所示，在激励振幅为 8mm 的情况下，短路电流随频率的增加而增大，在 10Hz 时达到 7.8μA。激励振幅为 8mm 时的交换电荷如图 5-13(c)所示，峰值为 110nC。图 5-13(d)显示在 100MΩ 负载下，不同频率和激励条件下的输出功率。在恒定加速度 0.8g 激励下，输出功率在 5Hz 时可达到 0.18mW。在 8mm 振幅激励下，输出功率在 10Hz 时可达到 1.15mW。

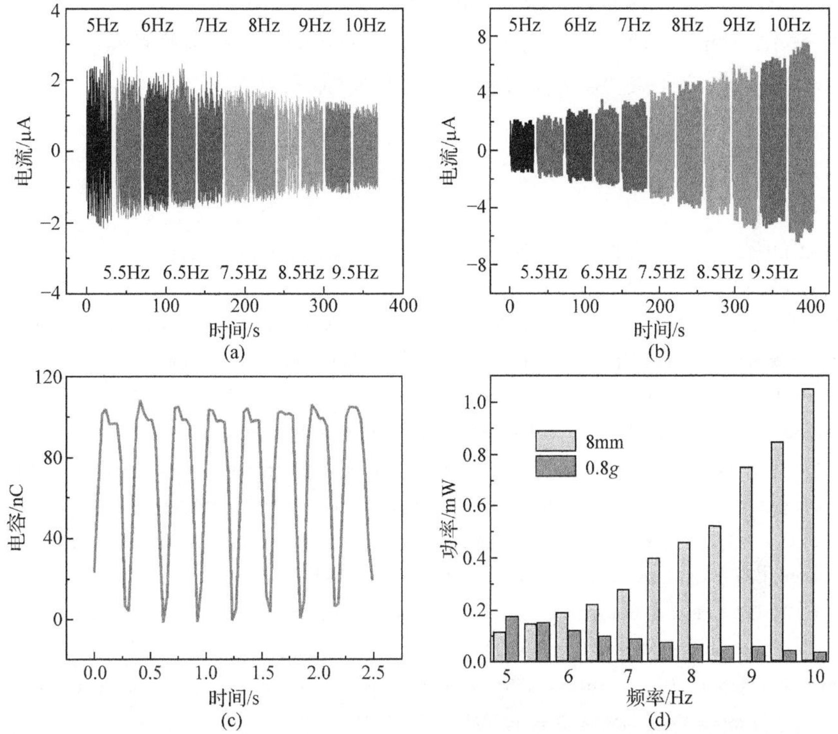

图 5-13　摩擦发电能量俘获隔振器在恒定加速度和振幅激励下的输出电流与功率

(a) 在 0.8g 加速度激励下，不同频率下 TENG 阻尼器的短路电流；(b) 在 8mm 振幅激励下，不同频率下 TENG 阻尼器的短路电流；(c) 在 8mm 振幅激励下，TENG 阻尼器的交换电荷；(d) 在不同频率和激励条件下，TENG 阻尼器的输出功率

本 章 小 结

在以往的工作中，非线性隔振器和 TENG 经常被单独研究，而少有考虑利用 TENG 来提高隔振性能。本章基于双翅目飞行机制，提出了一种摩擦发电能量俘获隔振器，通过改变刚性连杆的长度，可以实现 QZS 和双稳态的不同非线性特性。非

线性隔振器与压力可调的 TENG 阻尼器相结合，可以同时实现低频隔振和能量俘获。理论分析表明，QZS 非线性振子可以实现低频隔振效果。通过阻尼器的压力可以增加阻尼，有效抑制响应振幅的共振峰峰值和力传递率，提高隔振性能。实验结果表明，当激励频率较大时，无摩擦条件下该隔振器的位移响应较小，大摩擦条件下的位移响应小于小摩擦条件下的，因此，该隔振器具有良好的隔振效果。同时，TENG 阻尼器的输出功率可点亮 50 个 LED 灯或电子仪表。通过分析 QZS 条件下 TENG 阻尼器的输出电压与位移响应之间的关系，讨论了利用该阻尼器进行隔振器振动检测的可行性。因此，摩擦发电能量俘获隔振器可以实现低频隔振和振动能量俘获一体化。同时，通过输出电压、位移和频率之间的关系来监测隔振器的振动，进一步探索隔振器在振动监测、预警和智能传感领域的应用。

参考文献

[1] LUO H, LIU J, YANG T, et al. Dipteran flight-inspired bistable triboelectric nanogenerator for harvesting low frequency vibration[J]. Nano Energy, 2022, 103:107755.

[2] FENG X, JING X, XU Z, et al. Human body inspired vibration isolation: Beneficial nonlinear stiffness, nonlinear damping & nonlinear inertia[J]. Mechanical Systems and Signal Processing, 2019,117:786-812.

[3] YAN G, WANG S, ZOU H, et al. Bio-inspired polygonal skeleton structure for vibration isolation: Design, modelling, and experiment[J]. Science China-Technological Sciences, 2020, 63:2617-2630.

[4] CHEN L, LIAO X, XIA G, et al. Variable-potential bistable nonlinear energy sink for enhanced vibration suppression and energy harvesting[J]. International Journal of Mechanical Sciences, 2023, 242:107997.

[5] GUAN D, XU G, XIA X, et al. Boosting the output performance of the triboelectric nanogenerator through the nonlinear oscillator[J]. ACS Applied Materials & Interfaces, 2021,13:6331-6338.

[6] DU Y, DENG J, LI P, et al. Energy transfer and redistribution: An approach for unifying vibrational energy harvesting and vibration attenuation[J]. Nano Energy, 2020, 78:105245.

[7] WANG Z, CHEN J, LIN L. Progress in triboelectric nanogenerators as a new energy technology and self-powered sensors[J]. Energy & Environmental Science, 2015, 8:2250-2282.

[8] ZHAO F, JI J, YE K, et al. An innovative quasi-zero stiffness isolator with three pairs of oblique springs[J]. International Journal of Mechanical Sciences, 2021, 192:106093.

[9] THOMSON A J, THOMPSON W A. Dynamics of a bistable system: The click mechanism in dipteran flight[J]. Acta Biotheoretica, 1977, 26:19-29.

[10] JOKAR H, VATANKHAH R, AHZOON M. Nonlinear super-harmonic and sub-harmonic resonance analysis of the horizontal-axis wind turbine blades using multiple scale method including the pre-twist effects[J]. Ocean Engineering, 2022, 265:112610.

[11] ORUÇ Ö. A meshless multiple-scale polynomial method for numerical solution of 3D convection-diffusion problems with variable coefficients[J]. Engineering with Computers, 2020, 36:1215-1228.

[12] WANG S, XIE Y, NIU S, et al. Freestanding triboelectric-layer-based nanogenerators for harvesting energy from a moving object or human motion in contact and non-contact modes[J]. Advanced Materials, 2014,26:2818-2824.

第 6 章　电磁能量俘获隔振器

第 5 章介绍了准零刚度与摩擦纳米发电机一体化模型，通过理论和实验证明了其在振动隔离与能量俘获一体化方面的优越性。基于此，本章将准零刚度与电磁能量俘获耦合，探讨电磁能量俘获系统对准零刚度隔振性能的影响以及一体化俘能机理。首先，提出了一种基于弹簧-连杆结构的电磁能量俘获隔振器。该机构通过安装在其上的线圈与磁铁进行振动能量俘获。通过调节结构几何参数与弹簧刚度，电磁能量俘获隔振器在平衡点处可实现准零刚度特征，从而实现能量俘获与隔振一体化。其次，为了提高准零刚度调节能力和隔振性能，本章提出了一种带有齿轮传动式电磁能量俘获隔振器的双非线性刚度电磁能量俘获隔振器。最后，用非线性结构替换线性弹簧结构的设计思想，得到了双非线性刚度的准零刚度结构。利用双非线性刚度结构可以增加准零刚度的可调性，实现低频振动隔离并拓宽隔振频带。齿轮传动式电磁能量俘获隔振器则是利用齿条将低频振动响应转化为齿轮旋转响应，再利用齿轮传动带动发电机旋转产生电能。传动机构可以输出直流电，而且不同尺寸齿轮的配合可以扩大旋转响应以提升能量俘获效率[1-3]。双非线性准零刚度结构结合带有齿轮传动式电磁能量俘获隔振器，可以实现直流电输出，同时所附加的阻尼力将提升低频隔振性能。

6.1　基于弹簧-连杆结构的电磁能量俘获隔振器模型

图 6-1(a)为本章所述的电磁能量俘获隔振器模型的三维结构，首先，垂直弹簧Ⅰ与垂直导轨将质量为 m 的承重台支撑在主框架上，磁铁固定在垂直导轨上，使得承重台与导轨只能沿着竖直方向运动。垂直弹簧Ⅱ安装在主框架的底部，垂直弹簧Ⅰ与垂直弹簧Ⅱ的水平距离可调节。水平导轨安装在主框架的侧壁，并且可沿着竖直方向运动。水平线性弹簧与滑块安装在水平导轨上，滑块随水平线性弹簧的运动而运动。刚性连杆Ⅰ一端铰接在垂直弹簧Ⅱ上，另一端铰接于滑块上。刚性连杆Ⅱ一端铰接在滑块上，另一端铰接于承重台上。线圈和磁铁一同组成了电磁转换机构。

由于基于弹簧-连杆结构的电磁能量俘获隔振器为对称结构，故可将空间问题简化为平面问题，如图 6-1(b)所示。其中，k_1、k_2、k_3 分别为垂直弹簧Ⅱ、水平线性弹簧、垂直弹簧Ⅰ的刚度，a 和 b 分别为刚性连杆Ⅰ和刚性连杆Ⅱ的长

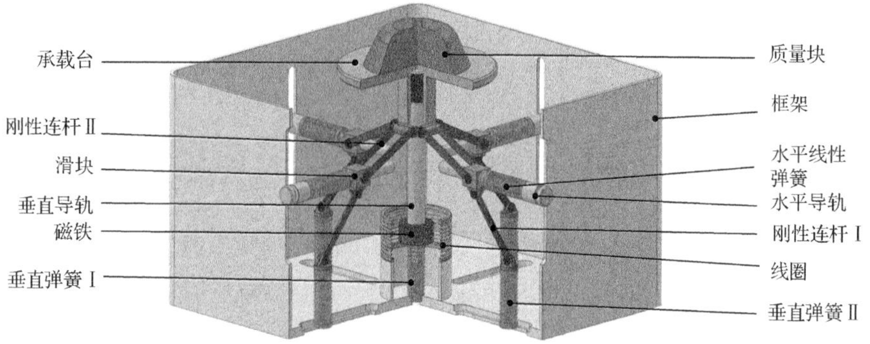

(a) 三维结构

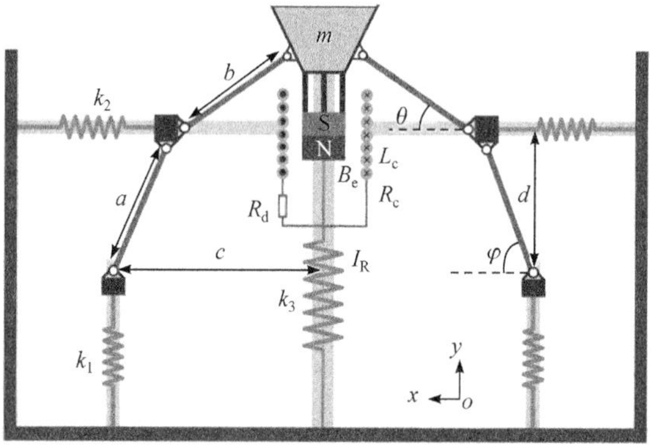

(b) 简化结构

图 6-1　基于弹簧-连杆结构的电磁能量俘获隔振器的模型设计

度，c 为垂直弹簧Ⅰ与垂直弹簧Ⅱ的水平距离，d 为水平导轨到垂直弹簧Ⅱ顶端的距离。φ 和 θ 分别为刚性连杆Ⅰ和刚性连杆Ⅱ与水平方向的夹角。B_e 为磁感应强度，L_c 为线圈长度，I_R 为电流强度。当承重台在 y 方向运动时，会带动磁铁一起运动，此时线圈中的磁通量发生变化，产生电能。

6.1.1　基于弹簧-连杆结构的电磁能量俘获隔振器静力学分析

1. 静力学建模

当基于弹簧-连杆结构的电磁能量俘获隔振器的承重台在 y 方向上产生位移 Δy 时，滑块会对应地在 x 方向上产生位移 Δx，Δx 与 Δy 之间的几何关系为

$$F(y) = -2k_1\Delta l\tan\varphi\tan\theta - 2k_2\Delta x\tan\theta + k_3\Delta y \tag{6-1}$$

与此同时，垂直弹簧Ⅱ也会在 y 方向产生形变 Δl。根据几何关系可得

$$\Delta l = \sqrt{a^2 - \Delta x^2} - d \tag{6-2}$$

x 和 y 的几何关系为

$$\left(c-x\right)^2+y^2=b^2 \tag{6-3}$$

令 $x=\Delta x$ ，$y=\sqrt{b^2-c^2}+\Delta y$ ，根据几何关系，φ 和 θ 可表示为

$$\begin{cases} \tan\varphi=\dfrac{x}{\sqrt{a^2-x^w}} \\ \tan\theta=\dfrac{y}{c-x} \end{cases} \tag{6-4}$$

则弹簧产生的等效恢复力为

$$\begin{aligned} F\left(y\right)=&-2k_1y\left(-1+\frac{c}{\sqrt{b^2-y^2}}\right)\left(1-\frac{d}{\sqrt{a^2-\left(c-\sqrt{b^2-y^2}\right)^2}}\right) \\ &-2k_2y\left(1-\frac{c}{\sqrt{b^2-y^2}}\right)+k_3\left(y-\sqrt{b^2-c^2}\right) \end{aligned} \tag{6-5}$$

考虑电磁能量俘获结构的影响时，基于弹簧-连杆结构的电磁能量俘获隔振器的动力学方程为

$$m\ddot{Y}+F\left(y\right)+mg+C_{\mathrm{e}}\dot{y}+B_{\mathrm{e}}L_{\mathrm{c}}I_{\mathrm{R}}=0 \tag{6-6}$$

式中，Y 为电磁能量俘获隔振器的绝对位移，$Y=y+\hat{y}$ 。设 $mg=k_3\sqrt{b^2-c^2}$ ，式(6-6)可改写为

$$\begin{aligned} &m\ddot{Y}-2k_1y\left(-1+\frac{c}{\sqrt{b^2-y^2}}\right)\left(1-\frac{d}{\sqrt{a^2-\left(c-\sqrt{b^2-y^2}\right)^2}}\right) \\ &-2k_2y\left(1-\frac{c}{\sqrt{b^2-y^2}}\right)+k_3y+C\dot{y}+B_{\mathrm{e}}L_{\mathrm{c}}I_{\mathrm{R}}=0 \end{aligned} \tag{6-7}$$

根据基尔霍夫定律：

$$\dot{I}_{\mathrm{R}}\left(t\right)L_{\mathrm{i}}+(R_{\mathrm{d}}+R_{\mathrm{c}})I_{\mathrm{R}}-B_{\mathrm{e}}L_{\mathrm{c}}\dot{y}\left(t\right)=0 \tag{6-8}$$

其中，L_{i} 是线圈的电感；R_{c} 是线圈的电阻；R_{d} 是电路中负载电阻。

忽略其他部件的质量，基于弹簧-连杆结构的电磁能量俘获隔振器的动能 $T(Y)$ 和势能 $U(y)$ 为

$$T\left(Y\right)=\frac{1}{2}m\dot{Y}^2 \tag{6-9}$$

$$U(y)=2k_1\left(\frac{1}{2}y^2+c\sqrt{b^2-y^2}-d\sqrt{a^2-\left(c-\sqrt{b^2-y^2}\right)^2}\right)+k_2\left(c-\sqrt{b^2-y^2}\right)^2+\frac{k_3y^2}{2}-k_3\sqrt{b^2-c^2}\,y+mgy \tag{6-10}$$

方程(6-7)和方程(6-8)可以推导为

$$\begin{cases}\ddot{y}+\xi\dot{y}+P(y)+\eta I_{\mathrm{R}}=-\hat{\ddot{y}}\\ \dot{I}_{\mathrm{R}}(t)+\lambda I_{\mathrm{R}}-\gamma\dot{y}(t)=0\end{cases} \tag{6-11}$$

其中，$P(y)$是无量纲恢复力，公式为

$$P(y)=-y\left(-1+\frac{c}{\sqrt{b^2-y^2}}\right)\left(1-\frac{d}{\sqrt{a^2-\left(c-\sqrt{b^2-y^2}\right)^2}}\right)-\alpha y\left(1-\frac{c}{\sqrt{b^2-y^2}}\right)+\beta y \tag{6-12}$$

并且

$$\begin{gathered}y(t)=y(\omega_1,T),\ \dot{y}(t)=\omega_1 y(t),\ddot{y}(t)=\omega_1^2 y(t)\\ \xi=\frac{C_{\mathrm{e}}}{m\omega_1},\ \omega_1^2=\frac{2k_1}{m},\ \omega_2^2=\frac{2k_2}{m},\ \omega_3^2=\frac{k_3}{m},\alpha=\frac{\omega_2^2}{\omega_1^2},\ \beta=\frac{\omega_3^2}{\omega_1^2}\\ \eta=\frac{B_{\mathrm{e}}L_{\mathrm{c}}}{m{\omega_1}^2},\quad \gamma=\frac{B_{\mathrm{e}}L_{\mathrm{c}}}{L_{\mathrm{i}}},\quad \lambda=\frac{R_{\mathrm{d}}+R_{\mathrm{c}}}{L_{\mathrm{i}}}\end{gathered} \tag{6-13}$$

基于弹簧-连杆结构的电磁能量俘获隔振器的哈密顿函数可以推导为

$$\frac{1}{2}\dot{y}^2+\left(\frac{1}{2}y^2+c\sqrt{b^2-y^2}-d\sqrt{a^2-\left(c-\sqrt{b^2-y^2}\right)^2}\right)+\frac{\alpha}{2}\left(c-\sqrt{b^2-y^2}\right)^2+\frac{\beta}{2}y^2-cb+d\sqrt{a^2-(c-b)^2}-\frac{\alpha}{2}(c-b)^2=H_0 \tag{6-14}$$

基于弹簧-连杆结构的电磁能量俘获隔振器的参数符号及其对应含义如表 6-1 所示。

表 6-1　基于弹簧-连杆结构的电磁能量俘获隔振器的参数符号及其对应含义

参数符号	对应含义
a、b、c、d	几何参数
$\hat{y}$	外激励

续表

参数符号	对应含义
ξ	线性阻尼常数
η	机电耦合系数
γ	电磁耦合系数
α、β	固有频率比
λ	电阻与电感常数之比

通过调整不同的参数 a、b、c、d、α、β，可以得到基于弹簧-连杆结构的电磁能量俘获隔振器的位移和速度的关系，并绘制出相图。图 6-2(a)～(d)逐一体现出了基于弹簧-连杆结构的电磁能量俘获隔振器具有单稳态、双稳态、三稳态和四稳态特征。在图 6-2(b)和(d)中可以明显看出，当 H_0 较低时，相平面曲线对应于图中的最内圈线，此时基于弹簧-连杆结构的电磁能量俘获隔振器无法实现阱间振动。

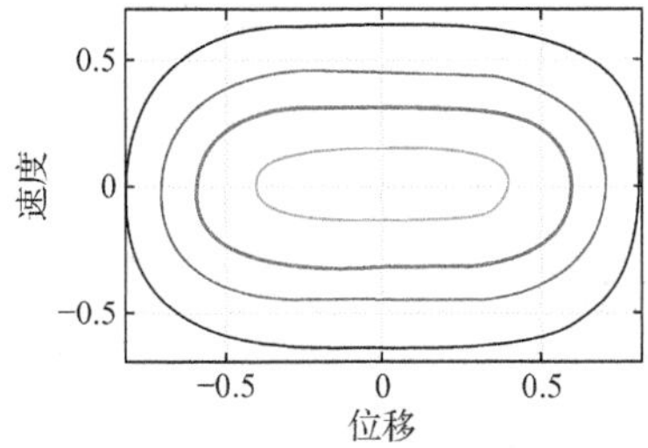

(a) $a=\sqrt{2}, b=1, c=1/2, d=1/2, \alpha=4, \beta=2$

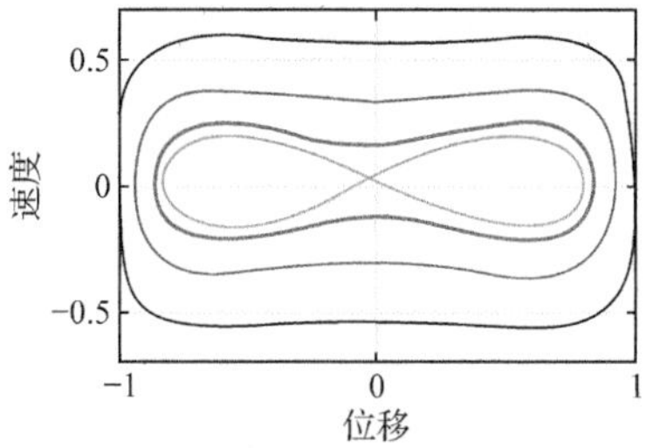

(b) $a=1, b=1, c=1/2, d=1, \alpha=1, \beta=2/5$

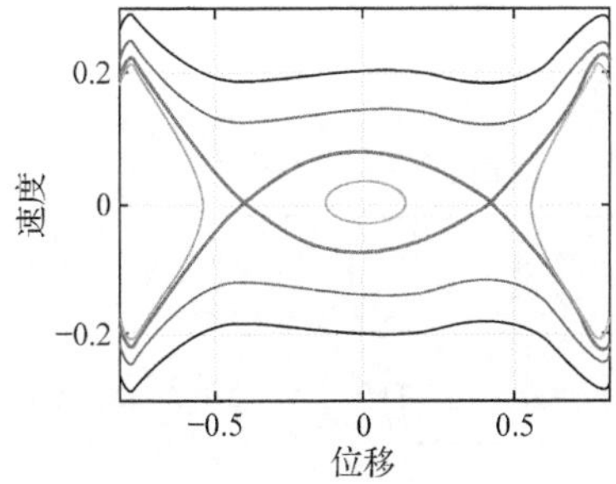

(c) $a=1/2, b=1, c=1, d=1/5, \alpha=1/50, \beta=3/50$

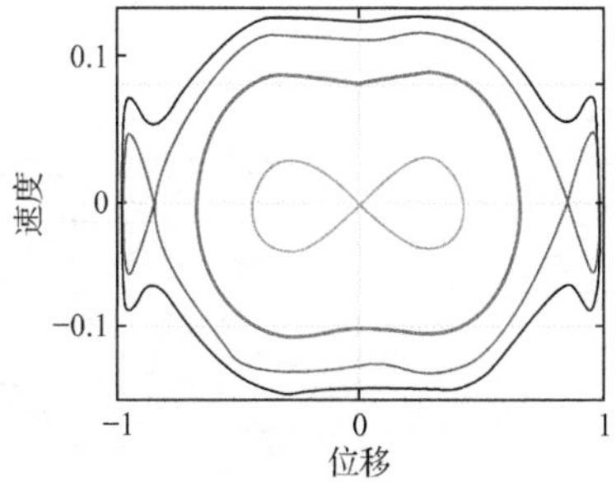

(d) $a=3/5, b=1, c=3/5, d=1/2, \alpha=1/50, \beta=1/50$

图 6-2　不同几何参数和固有频率比的基于弹簧-连杆结构的电磁能量俘获隔振器相图

2. 准零刚度特征

利用泰勒展开，将基于弹簧-连杆结构的电磁能量俘获隔振器的无量纲恢复

力 $P(y)$ 展开为

$$P(y)=\Omega_1 y+\Omega_2 y^3+\Omega_3 y^5+\Omega_4 y^7+O[y]^8 \tag{6-15}$$

其中，

$$\Omega_1=\left(\frac{c}{b}-1\right)J_1+\alpha\left(\frac{c}{b}-1\right)+\beta$$

$$\Omega_2=\frac{cJ_1+\dfrac{b(c-b)}{c}J_2+c\alpha}{2b^3}$$

$$\Omega_3=\frac{\dfrac{3cJ_1}{b}+2J_2+(c-b)J_3+\dfrac{3c\alpha}{b}}{8b^4}$$

$$\Omega_4=\frac{9J_2+3cJ_3+3(b-c)(J_4+J_5)+\dfrac{15cJ_1}{b}+\dfrac{15c\alpha}{b}}{48b^6}$$

以及

$$J_1=\frac{d}{\sqrt{a^2-(b-c)^2}}-1$$

$$J_2=-\frac{(b-c)cd}{\left(a^2-(b-c)^2\right)^{3/2}}$$

$$J_3=\frac{\left(3b^3+a^2c-7b^2c+5bc^2-c^3\right)d}{\left(a^2-\left(b-c^2\right)\right)^{5/2}}$$

$$J_4=\frac{\left(5b^5-19b^4c+28b^3c^2+5b^2c\left(a^2-4c^2\right)\right)d}{\left(a^2-(b-c)^2\right)^{7/2}}$$

$$J_5=\frac{\left(c^2-a^2\right)\left(7bc^2+c\left(a^2-c^2\right)\right)d}{\left(a^2-(b-c)^2\right)^{7/2}}$$

考虑到平衡位置附近位移较小，该隔振器的无量纲刚度 $P'(y)$ 可以表示为 $P(y)$ 对位移 y 的导数：

$$P'(y)=\frac{dy^2\left(c-\sqrt{b^2-y^2}\right)^2}{\left(b^2-y^2\right)\left(a^2-\left(c-\sqrt{b^2-y^2}\right)^2\right)^{3/2}}-\frac{cy^2\left(1-\dfrac{d}{\sqrt{a^2-\left(c-\sqrt{b^2-y^2}\right)^2}}\right)}{\left(b^2-y^2\right)^{3/2}}$$
$$+\left(\frac{c}{\sqrt{b^2-y^2}}-1\right)\left(\frac{d}{\sqrt{a^2-\left(c-\sqrt{b^2-y^2}\right)^2}}-1\right)+\frac{\alpha cy^2}{\left(b^2-y^2\right)^{3/2}}+\alpha\left(\frac{c}{\sqrt{b^2-y^2}}-1\right)+\beta \tag{6-16}$$

当机构处于平衡位置(y=0)时，通过调整几何参数和固有频率比可以实现QZS 特征，则 QZS 特征的条件为

$$(B-1)\left(\frac{C}{\sqrt{A^2-(1-B)^2}}-1+\alpha\right)+\beta=0 \tag{6-17}$$

其中，$A=a/b$; $B=c/b$; $C=d/b$。

设 $a=\sqrt{2}/2$，$b=1$，$c=1/2$，$d=1/2$，$\alpha=4$，$\beta=2$，则根据式(6-15)，泰勒展开后的无量纲恢复力 $P(y)$ 为

$$P(y)=\frac{3y^3}{2}-\frac{3y^5}{8}+\frac{39y^7}{16}\cdots \tag{6-18}$$

因此，该系统具有 QZS 特征。

图 6-3 描述了不同几何参数和固有频率比对无量纲恢复力-位移和无量纲刚度-位移曲线的影响。基于弹簧-连杆结构的电磁能量俘获隔振器的几何参数和固有频率比为图 6-3(a)和(e)是 $a=\sqrt{2}/2$，$b=1$，$c=1/2$，$d=1/2$，$\alpha=4$，$\beta=2$；图 6-3(b)和(f)是 $a=1$，$b=1$，$c=1/2$，$d=1$，$\alpha=1$，$\beta=2/5$；图 6-3(c)和(g)是 $a=1/2$，$b=1$，$c=1$，$d=1/5$，$\alpha=1/50$，$\beta=3/50$；图 6-3(d)和(h)是 $a=3/5$，$b=1$，$c=3/5$，$d=1/2$，$\alpha=1/50$，$\beta=1/50$。如图 6-3(a)～(d)所示，无量纲恢复力分别存在 1 个、3 个、5 个、7 个平衡点。这意味着该隔振器可以分别实现单稳态、双稳态、三稳态和四稳态，分别对应于图 6-2(a)～(d)。在图 6-3(a)和(e)中，当 $y=0$ 时，无量纲恢复力 $P(y)=0$，无量纲刚度 $P'(y)=0$，表明基于弹簧-连杆结构的电磁能量俘获隔振器具有 QZS 特征。如图 6-3(f)～(h)所示，机构的无量纲刚度具有负刚度特征，这一特征应在工程应用中避免。

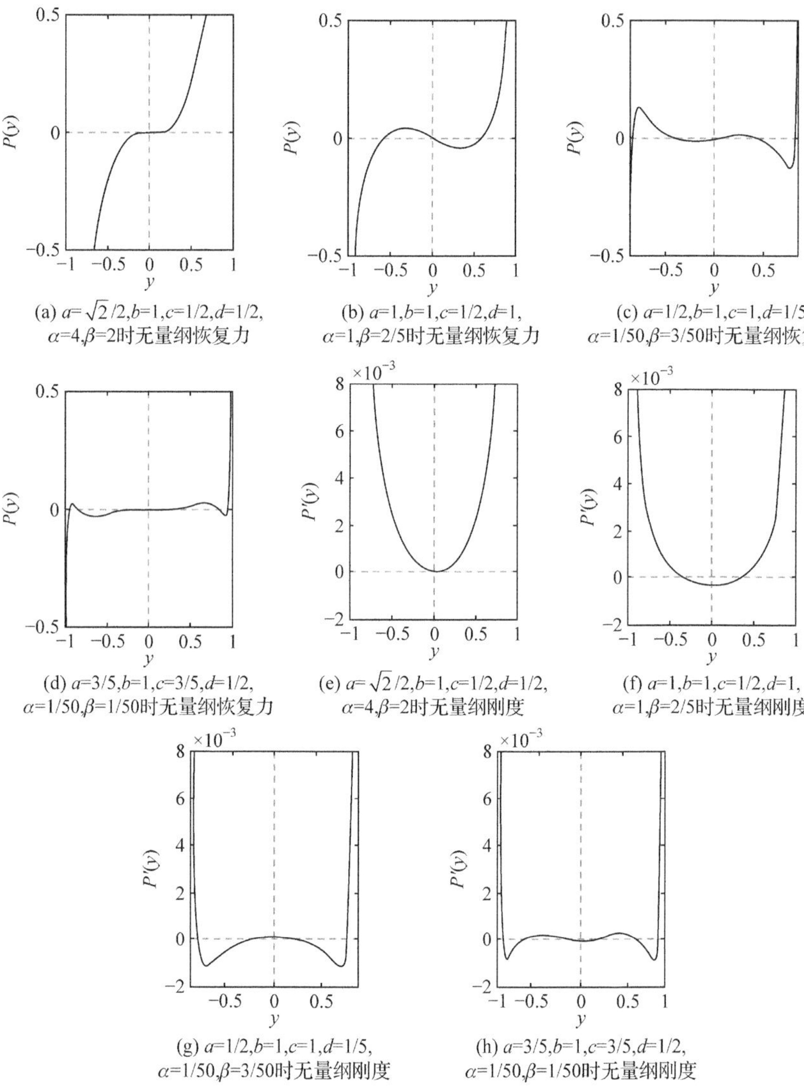

(a) $a=\sqrt{2}/2, b=1, c=1/2, d=1/2, \alpha=4, \beta=2$时无量纲恢复力

(b) $a=1, b=1, c=1/2, d=1, \alpha=1, \beta=2/5$时无量纲恢复力

(c) $a=1/2, b=1, c=1, d=1/5, \alpha=1/50, \beta=3/50$时无量纲恢复力

(d) $a=3/5, b=1, c=3/5, d=1/2, \alpha=1/50, \beta=1/50$时无量纲恢复力

(e) $a=\sqrt{2}/2, b=1, c=1/2, d=1/2, \alpha=4, \beta=2$时无量纲刚度

(f) $a=1, b=1, c=1/2, d=1, \alpha=1, \beta=2/5$时无量纲刚度

(g) $a=1/2, b=1, c=1, d=1/5, \alpha=1/50, \beta=3/50$时无量纲刚度

(h) $a=3/5, b=1, c=3/5, d=1/2, \alpha=1/50, \beta=1/50$时无量纲刚度

图 6-3　不同几何参数和固有频率比的基于弹簧-连杆结构的电磁能量俘获隔振器的无量纲恢复力与无量纲刚度

3. 模型解耦

式(6-11)的解可以表示为

$$
\begin{aligned}
y(t) &= A_{\mathrm{em}}(t)\cos\phi(t) \\
\dot{y}(t) &= -\omega(A_{\mathrm{em}}, \phi) A_{\mathrm{em}}(t)\sin\phi(t) \\
\phi(t) &= \Phi(t) + \Psi(t)
\end{aligned}
$$

$$
\begin{aligned}
&\omega\left(A_{\mathrm{em}},\phi\right)=\frac{\mathrm{d}\Phi(t)}{\mathrm{d}t}\\
&I_{\mathrm{R}}(t)=I_{\mathrm{R0}}\mathrm{e}^{-\lambda t}+\int_0^t \mathrm{e}^{-\lambda t}\dot{y}\left(t-t_s\right)\mathrm{d}t_s
\end{aligned}
\tag{6-19}
$$

因为 $I_{\mathrm{R0}}\mathrm{e}^{-\lambda t}$ 在产生外激励后迅速衰减，所以对稳态响应的影响可以忽略不计，故而该项可以略去。$\dot{y}\left(t-t_s\right)$ 可以写成：

$$
\begin{aligned}
\dot{y}\left(t-t_s\right)&=-\omega\left(A_{\mathrm{em}},\phi\right)A_{\mathrm{em}}(t)\sin\left(\omega\left(A_{\mathrm{em}},\phi\right)\left(t-t_s\right)+\Psi(t)\right)\\
&=y(t)\omega\left(A_{\mathrm{em}},\phi\right)\sin\left(\omega\left(A_{\mathrm{em}},\phi\right)t_s\right)\\
&\quad+\dot{y}(t)\cos\left(\omega\left(A_{\mathrm{em}},\phi\right)t_s\right)
\end{aligned}
\tag{6-20}
$$

因此在忽略指数衰减项后，输出电流 $I_{\mathrm{R}}(t)$ 为

$$
\begin{aligned}
I_{\mathrm{R}}(t)&=\frac{A_{\mathrm{em}}(t)\gamma\omega\left(A_{\mathrm{em}},\phi\right)}{\lambda^2+\omega^2\left(A_{\mathrm{em}},\phi\right)}\left(\omega\left(A_{\mathrm{em}},\phi\right)\cos\phi(t)-\lambda\sin\phi(t)\right)\\
&=\frac{\gamma}{\lambda^2+\omega^2\left(A_{\mathrm{em}},\phi\right)}\left(\omega^2\left(A_{\mathrm{em}},\phi\right)y+\lambda\dot{y}\right)
\end{aligned}
\tag{6-21}
$$

在模型解耦后，式(6-11)可以被推导为

$$
\ddot{y}+\left(\xi+V_{\mathrm{em}}\right)\dot{y}+W_{\mathrm{em}}y+P(y)=-\hat{\ddot{y}}
\tag{6-22}
$$

其中，$V_{\mathrm{em}}=\eta\gamma\lambda\big/\left(\lambda^2+\omega^2\left(A_{\mathrm{em}},\phi\right)\right)$；$W_{\mathrm{em}}=\eta\gamma\omega^2\left(A_{\mathrm{em}},\phi\right)\big/\left(\lambda^2+\omega^2\left(A_{\mathrm{em}},\phi\right)\right)$。因此式(6-11)可以被推导为

$$
\begin{cases}
\dfrac{\mathrm{d}y}{\mathrm{d}t}=v\\
\dfrac{\mathrm{d}v}{\mathrm{d}t}=-\left(\xi+V_{\mathrm{em}}\right)v-P_{\mathrm{E}}(y)-\hat{\ddot{y}}
\end{cases}
\tag{6-23}
$$

其中，$P_{\mathrm{E}}(y)$ 是电磁能量俘获结构受影响时的恢复力，可以表示为

$$
P_{\mathrm{E}}(y)=W_{\mathrm{em}}y+P(y)
\tag{6-24}
$$

6.1.2　简谐激励下动力学分析

为了分析简谐激励对基于弹簧-连杆结构的电磁能量俘获隔振器的影响，本小节分析了简谐激励下该隔振器的幅-频响应、隔振性能和能量俘获性能。

1. 幅-频响应分析

在本小节中，外激励是简谐激励 $\hat{\ddot{y}}=f\cos(\omega t)$，其中 f 和 ω 分别对应于外激

励的振幅和频率。式(6-23)可以写成

$$\ddot{y}+\left(\xi+V_{\mathrm{em}}\right)\dot{y}+P\left(y\right)=f\cos\left(\omega t\right),\quad \left|y\right|<b \tag{6-25}$$

这里采用平均法分析了基于弹簧-连杆结构的电磁能量俘获隔振器的幅-频响应。对无量纲恢复力 $P\left(y\right)$ 泰勒展开可得

$$P\left(y\right)=\left(W_{\mathrm{em}}+\varOmega_1\right)y+\varOmega_2 y^3+\varOmega_3 y^5+\varOmega_4 y^7 \tag{6-26}$$

因此，式(6-25)可以表示为

$$\begin{aligned}&\ddot{y}+\left(\xi+V_{\mathrm{em}}\right)\dot{y}+\left(W_{\mathrm{em}}+\varOmega_1\right)y+\varOmega_2 y^3+\varOmega_3 y^5\\&+\varOmega_4 y^7=f\cos\left(\omega t\right),\quad \left|y\right|<b\end{aligned} \tag{6-27}$$

根据平均法，方程(6-27)的解可以推导为

$$\begin{cases}\dfrac{\mathrm{d}A_{\mathrm{em}}}{\mathrm{d}t}=-\dfrac{1}{\omega}\varGamma\left(A_{\mathrm{em}},\varPsi\right)\sin\left(\omega t+\varPsi\right)\\ \dfrac{\mathrm{d}\varPsi}{\mathrm{d}t}=-\dfrac{1}{A_{\mathrm{em}}\omega}\varGamma\left(A_{\mathrm{em}},\varPsi\right)\cos\left(\omega t+\varPsi\right)\end{cases} \tag{6-28}$$

其中，

$$\begin{aligned}\varGamma\left(A_{\mathrm{em}},\varPsi\right)=&A_{\mathrm{em}}\omega^2\cos\phi+\left(\xi+V_{\mathrm{em}}\right)\left(\omega A_{\mathrm{em}}\sin\phi\right)\\&-\left(W_{\mathrm{em}}+\varOmega_1\right)\left(A_{\mathrm{em}}\cos\phi\right)-\varOmega_2\left(A_{\mathrm{em}}\cos\phi\right)^3\\&-\varOmega_3\left(A_{\mathrm{em}}\cos\phi\right)^5-\varOmega_4\left(A_{\mathrm{em}}\cos\phi\right)^7+f\cos\left(\omega t\right)\end{aligned} \tag{6-29}$$

以及

$$\phi=\omega t+\varPsi$$

将 ϕ 在 $\left[0,2\pi\right]$ 范围进行积分，并取平均值，可以得到：

$$\begin{cases}\dfrac{\mathrm{d}A_{\mathrm{em}}}{\mathrm{d}t}=\dfrac{1}{2\pi}\displaystyle\int_0^{2\pi}-\dfrac{1}{\omega}\varGamma\left(A_{\mathrm{em}},\varPsi\right)\sin\phi\mathrm{d}\phi\\ \dfrac{\mathrm{d}\varPsi}{\mathrm{d}t}=\dfrac{1}{2\pi}\displaystyle\int_0^{2\pi}-\dfrac{1}{A_{\mathrm{em}}\omega}\varGamma\left(A_{\mathrm{em}},\varPsi\right)\cos\phi\mathrm{d}\phi\end{cases} \tag{6-30}$$

因此，方程(6-28)可以写为

$$\begin{cases}\dfrac{\mathrm{d}A_{\mathrm{em}}}{\mathrm{d}t}=-\dfrac{1}{2}\left(\xi+V_{\mathrm{em}}\right)A_{\mathrm{em}}-\dfrac{1}{2\omega}f\sin\varPsi=\dfrac{1}{2\omega}\left(\varXi_{\mathrm{em1}}\left(A_{\mathrm{em}},\omega\right)-f\sin\varPsi\right)\\ \dfrac{\mathrm{d}\varPsi}{\mathrm{d}t}=\dfrac{1}{128A_{\mathrm{em}}\omega}\left(35\varOmega_4 A_{\mathrm{em}}^7+40\varOmega_3 A_{\mathrm{em}}^5+48\varOmega_2 A_{\mathrm{em}}^3+64\left(W_{\mathrm{em}}+\varOmega_1-\omega^2\right)A_{\mathrm{em}}\right)\\ \qquad-\dfrac{1}{2A_{\mathrm{em}}\omega}f\cos\varPsi=\dfrac{1}{2A_{\mathrm{em}}\omega}\left(\varXi_{\mathrm{em2}}\left(A_{\mathrm{em}},\omega\right)-f\cos\varPsi\right)\end{cases}$$

(6-31)

因为振幅 A_{em} 和相位 Ψ 是一个慢变过程，$\dfrac{\mathrm{d}A_{\mathrm{em}}}{\mathrm{d}t}$ 和 $\dfrac{\mathrm{d}\Psi}{\mathrm{d}t}$ 趋于 0，则方程(6-31)写为

$$
\begin{cases}
\dfrac{\mathrm{d}A_{\mathrm{em}}}{\mathrm{d}t}=-\dfrac{1}{2}\left(\xi+V_{\mathrm{em}}\right)A_{\mathrm{em}}-\dfrac{1}{2\omega}f\sin\Psi=\dfrac{1}{2\omega}\left(\Xi_{\mathrm{em1}}\left(A_{\mathrm{em}},\omega\right)-f\sin\Psi\right)\\
\dfrac{\mathrm{d}\Psi}{\mathrm{d}t}=\dfrac{1}{128A_{\mathrm{em}}\omega}\left(35\Omega_4A_{\mathrm{em}}^7+40\Omega_3A_{\mathrm{em}}^5+48\Omega_2A_{\mathrm{em}}^3+64\left(W_{\mathrm{em}}+\Omega_1-\omega^2\right)A_{\mathrm{em}}\right)\\
\qquad-\dfrac{1}{2A_{\mathrm{em}}\omega}f\cos\Psi=\dfrac{1}{2A_{\mathrm{em}}\omega}\left(\Xi_{\mathrm{em2}}\left(A_{\mathrm{em}},\omega\right)-f\cos\Psi\right)
\end{cases}
\tag{6-32}
$$

由于 $\sin^2\Psi+\cos^2\Psi=1$，可以得到基于弹簧-连杆结构的电磁能量俘获隔振器的幅-频响应关系为

$$
W\left(A_{\mathrm{em}},\omega\right)=\Xi_{\mathrm{em1}}\left(A_{\mathrm{em}},\omega\right)^2+\Xi_{\mathrm{em2}}\left(A_{\mathrm{em}},\omega\right)^2-f^2=0 \tag{6-33}
$$

当该隔振器具有 QZS 特征时，其几何参数与固有频率比为 $a=\sqrt{2}/2$，$b=1$，$c=1/2$，$d=1/2$，$\alpha=4$，$\beta=2$，方程(6-26)可以表示为

$$
P(y)=W_{\mathrm{em}}y+\frac{3y^3}{2}-\frac{3y^5}{8}+\frac{39y^7}{16} \tag{6-34}
$$

QZS 特征下，隔振器的幅-频响应关系可以表示为

$$
W\left(A_{\mathrm{em}},\omega\right)=\Xi_{\mathrm{em1QZS}}\left(A_{\mathrm{em}},\omega\right)^2+\Xi_{\mathrm{em2QZS}}\left(A_{\mathrm{em}},\omega\right)^2-f^2=0 \tag{6-35}
$$

其中，

$$
\begin{cases}
\Xi_{\mathrm{em1QZS}}\left(A_{\mathrm{em}},\omega\right)=\Xi_{\mathrm{em1}}\left(A_{\mathrm{em}},\omega\right)=-\left(\xi+V_{\mathrm{em}}\right)\omega A_{\mathrm{em}}\\
\Xi_{\mathrm{em2QZS}}\left(A_{\mathrm{em}},\omega\right)=\left(W_{\mathrm{em}}-\omega^2\right)A_{\mathrm{em}}+\dfrac{9}{8}A_{\mathrm{em}}^3-\dfrac{15}{64}A_{\mathrm{em}}^5+\dfrac{1365}{1024}A_{\mathrm{em}}^7
\end{cases}
$$

2. 隔振性能分析

为了分析基于弹簧-连杆结构的电磁能量俘获隔振器的隔振性能，本小节分析了不同参数对基于弹簧-连杆结构的电磁能量俘获隔振器力传递率的影响。力传递率 T_y 定义为

$$
T_y-\frac{F_y(y)}{f} \tag{6-36}
$$

其中，$F_y(y)$ 是传递到地基的力，即

$$
F_y(y)=\left(\xi+V_{\mathrm{em}}\right)\dot{y}+P_{\mathrm{E}}(y) \tag{6-37}
$$

当基于弹簧-连杆结构的电磁能量俘获隔振器具有 QZS 特征时，$F_y(y)$ 的振幅可以表示为

$$F_{y1}(A_{\text{em}}) = \sqrt{\Xi_{\text{em1QZS}}(A_{\text{em}},\omega)^2 + \Xi_{\text{em2QZS}}(A_{\text{em}},\omega)^2} \tag{6-38}$$

因此具有 QZS 特征的基于弹簧-连杆结构的电磁能量俘获隔振器的力传递率由下式给出：

$$T_{y1} = \frac{\sqrt{\Xi_{\text{em1QZS}}(A_{\text{em}},\omega)^2 + \Xi_{\text{em2QZS}}(A_{\text{em}},\omega)^2}}{f} \tag{6-39}$$

图 6-4 体现了不同激励振幅 f 、机电耦合系数 η 、电磁耦合系数 γ 、电阻与电感常数之比 λ 条件下基于弹簧-连杆结构的电磁能量俘获隔振器的力传递率-频率曲线。参数如下：图 6-4(a)为 $\eta = 0.05$ ，$\gamma = 0.4$ ，$\lambda = 0.6$ ；图 6-4(b)为 $f = 0.010$ ，$\gamma = 0.4$ ，$\lambda = 0.6$ ；图 6-4(c)为 $f = 0.010$ ，$\eta = 0.05$ ，$\lambda = 0.6$ ；图 6-4(d)为 $f = 0.010$ ，$\eta = 0.05$ ，$\gamma = 0.4$ 。由图 6-4 所示，随着外激励频率 ω 的增加，力传递率 T_{y1} 先增后减，但当外激励频率足够大时，力传递率几乎不变。如图 6-4(a)所示，当 f 增大时，力传递率最大值以及与最大值相对应的频率 ω 逐渐增加。当频率 ω 较低时，力传递率随 f 的增加而降低。当频率 ω 足够高时，力传递率随

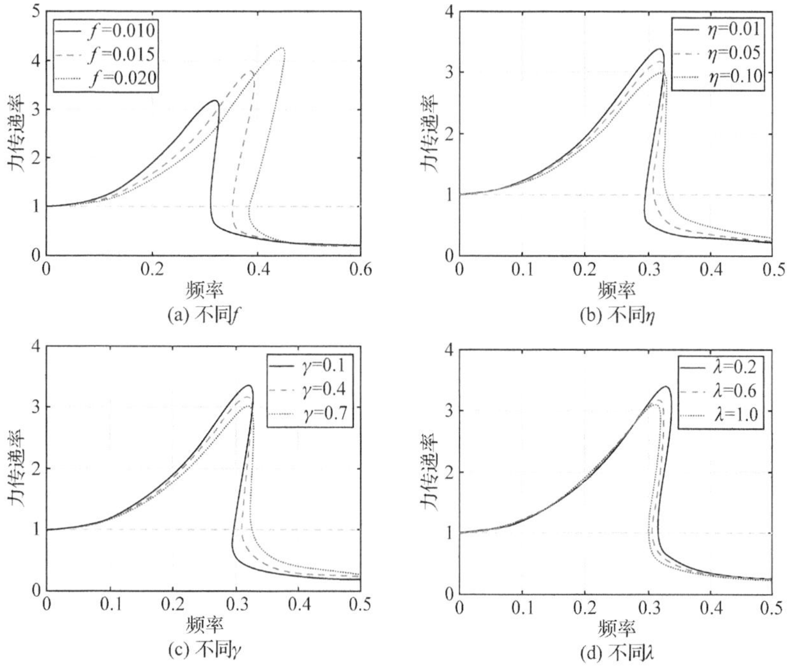

图 6-4　不同系数对基于弹簧-连杆结构的电磁能量俘获隔振器力传递率-频率曲线的影响

着 f 的增加几乎不变。在图 6-4(b)和(c)中，当η 和γ 增加时，力传递率最大值逐渐降低，但是与最大值对应的频率却逐渐增加。在频率较低时，力传递率的曲线随η 和γ 的增加而逐渐减小，在高频阶段逐渐增加。从图 6-4(d)可以看出，当λ 增大时，力传递率最大值逐渐减少。同时，最大值对应的频率 ω 不断减小。力传递率曲线在低频阶段几乎不变，当频率较高时逐渐减小。

3. 能量俘获性能分析

为了研究基于弹簧-连杆结构的电磁能量俘获隔振器的能量俘获性能，本小节分析了系统的俘能功率。能量俘获的功率可以根据 $P(t)=I_{\mathrm{R}}^2(t)R$ 得出。通过引入公式 $P_{\mathrm{R}}(t)=(R_{\mathrm{d}}+R_{\mathrm{c}})B_{\mathrm{e}}L_{\mathrm{c}}P(t)/(mL_{\mathrm{i}}R)$，能量俘获的功率为

$$P_{\mathrm{R}}(t)=\lambda\eta I_{\mathrm{R}}^2(t) \tag{6-40}$$

式(6-21)中的 $\omega(A_{\mathrm{em}},\phi)\cos\phi(t)-\lambda\sin\phi(t)$ 可以写成：

$$\begin{aligned}&\omega(A_{\mathrm{em}},\phi)\cos\phi(t)-\lambda\sin\phi(t)\\&=\sqrt{\lambda^2+\omega^2(A_{\mathrm{em}},\phi)}\cos\left(\phi(t)+\arctan\frac{\lambda}{\omega(A_{\mathrm{em}},\phi)}\right)\end{aligned} \tag{6-41}$$

则输出电流的幅值 $I_{\mathrm{R}}(t)$ 为

$$I_{\mathrm{R}}(t)=\frac{\gamma\omega(A_{\mathrm{em}},\phi)}{\sqrt{\lambda^2+\omega^2(A_{\mathrm{em}},\phi)}}A_{\mathrm{em}}(t)\cos\left(\phi(t)+\arctan\frac{\lambda}{\omega(A_{\mathrm{em}},\phi)}\right) \tag{6-42}$$

因此，基于弹簧-连杆结构的电磁能量俘获隔振器的能量俘获功率 $E_{\mathrm{st}}[P_{\mathrm{R}}]$ 可以表示为

$$E_{\mathrm{st}}[P_{\mathrm{R}}]=\lambda\eta E_{\mathrm{st}}\left[I_{\mathrm{R}}^2\right]=\lambda\eta\frac{\gamma^2\omega^2(A_{\mathrm{em}},\phi)}{\lambda^2+\omega^2(A_{\mathrm{em}},\phi)}E_{\mathrm{st}}\left[A_{\mathrm{em}}^2\right] \tag{6-43}$$

为了分析 QZS 机构的能量俘获功率，能量俘获功率 $E_{\mathrm{stQZS}}[P_{\mathrm{R}}]$ 可以表示为

$$E_{\mathrm{stQZS}}[P_{\mathrm{R}}]=\lambda\eta\frac{\gamma^2\omega^2(A_{\mathrm{em}},\phi)}{\lambda^2+\omega^2(A_{\mathrm{em}},\phi)}\overline{A}_{\mathrm{emQZS}}^2 \tag{6-44}$$

其中，$\overline{A}_{\mathrm{emQZS}}$ 是具有电磁能量俘获结构的 QZS 机构的平均振幅，可以由方程(6-35)给出。

图 6-5 描述了不同激励振幅 f 、机电耦合系数η 、电磁耦合系数γ 、电阻与电感常数之比λ 的基于弹簧-连杆结构的电磁能量俘获隔振器的能量俘获功率-频率曲线。参数为 $a=\sqrt{2}/2$ ，$b=1$ ，$c=1/2$ ，$d=1/2$ ，$\alpha=4$ ，$\beta=2$ ，$\omega=1$ ，

$\xi=0.1$。图 6-5(a)为 $\eta=0.05$，$\gamma=0.4$，$\lambda=0.6$；图 6-5(b)为 $f=0.010$，$\gamma=0.4$，$\lambda=0.6$；图 6-5(c)为 $f=0.010$，$\eta=0.05$，$\lambda=0.6$；图 6-5(d)为 $f=0.010$，$\eta=0.05$，$\gamma=0.4$。在图 6-5(a)～(c)中，当 f、η 和 γ 增加时，能量俘获功率 $E_{\mathrm{stQZS}}\left[P_{\mathrm{R}}\right]$ 逐渐增大，与能量俘获功率最大值相对应的频率 ω 同时增大。这种现象表明 f、η 和 γ 对能量俘获性能有积极影响。如图 6-5(d)所示，当 λ 增大时，能量俘获功率 $E_{\mathrm{stQZS}}\left[P_{\mathrm{R}}\right]$ 的最大值逐渐减小。

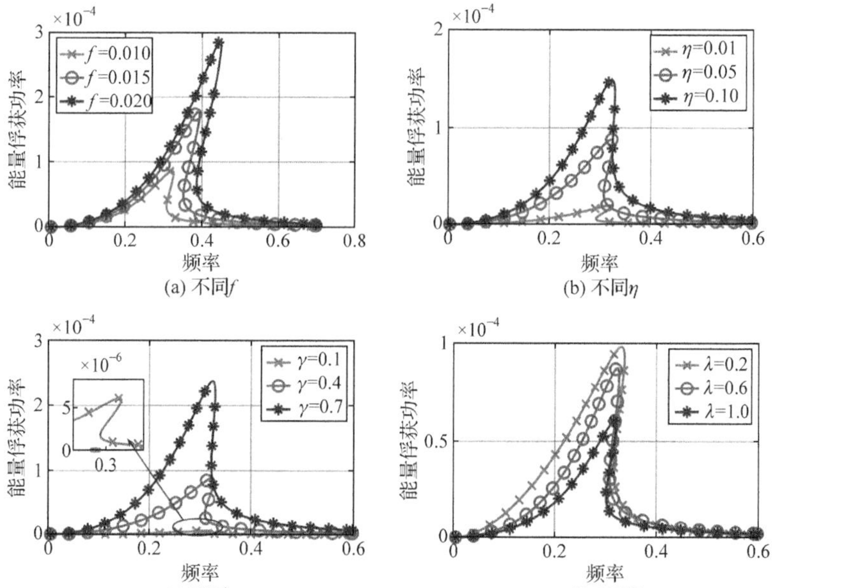

(a) 不同f　(b) 不同η　(c) 不同γ　(d) 不同λ

图 6-5　不同系数对基于弹簧-连杆结构的电磁能量俘获隔振器能量俘获功率-频率曲线的影响

6.1.3　随机激励下动力学分析

为了研究 QZS 系统结合电磁能量俘获结构在随机激励下的能量俘获性能，选择高斯白噪声作为系统的外激励。高斯白噪声可以写成 $\hat{y}=-\varsigma(t)$，$\varsigma(t)$ 的均值为 0，同时，$\varsigma(t)$ 满足 $\varsigma(t)\varsigma(t')=2\sigma\delta(t-t')$，其中，$\varsigma(t')$ 表示 $\varsigma(t)$ 的均值，σ 是噪声强度，δ 是狄拉克 δ (Dirac-delta)方程。

1. QZS 与四稳态系统的比较分析

式(6-23)可以变换为

$$\begin{cases}\dfrac{\mathrm{d}y}{\mathrm{d}t}=v\\[2mm]\dfrac{\mathrm{d}v}{\mathrm{d}t}=-\left(\xi+V_{\mathrm{em}}\right)v-P(y)+\varsigma(t)\end{cases}\tag{6-45}$$

其中，

$$P(y)=(W_{\rm em}+\beta)y-\alpha y\left(1-\frac{c}{\sqrt{b^2-y^2}}\right)$$
$$-y\left(-1+\frac{c}{\sqrt{b^2-y^2}}\right)\left(1-\frac{d}{\sqrt{a^2-\left(c-\sqrt{b^2-y^2}\right)^2}}\right) \tag{6-46}$$

方程(6-45)中关于位移 y 和速度 v 对应的概率密度函数的 Fokker-Planck-Kolmogorov 方程由下式给出：

$$\frac{\partial}{\partial t}p=-\frac{\partial}{\partial y}zp-\frac{\partial}{\partial v}\left(-(\xi+V_{\rm em})v\right)p-\frac{\partial}{\partial v}\left(-P(y)\right)p+\frac{\partial^2}{\partial v^2}p \tag{6-47}$$

其中，$p=p(y,v,t)$，是位移 y 和速度 v 的转移概率密度函数。

$p_{\rm st}(y,v)$是位移 y 和速度 v 的分布函数，它可以表示为

$$p_{\rm st}(y,v)=N_1{\rm e}^{\left[-U_{\rm eff}(y,v)\right]} \tag{6-48}$$

其中，N_1是一个归一化常数；有效势能$U_{\rm eff}(y,v)$可以表示为

$$U_{\rm eff}(y,v)=\frac{1}{\sigma}(\xi+V_{\rm em})U_1 \tag{6-49}$$

以及

$$U_1=\frac{1}{2}v^2+\frac{1}{2}W_{\rm em}y^2+\left(\frac{1}{2}y^2+c\sqrt{b^2-y^2}-d\sqrt{a^2-\left(c-\sqrt{b^2-y^2}\right)^2}\right)$$
$$+\frac{\alpha}{2}\left(c-\sqrt{b^2-y^2}\right)^2+\frac{\beta}{2}y^2 \tag{6-50}$$

位移 y 和速度 v 的均方分别为 $E_{\rm st}\left[y^2\right]$ 和 $E_{\rm st}\left[v^2\right]$，可以写成：

$$\begin{cases} E_{\rm st}\left[y^2\right]=\int_{-\infty}^{+\infty}\int_{-\infty}^{+\infty}y^2p_{\rm st}(y,v){\rm d}y{\rm d}v \\ E_{\rm st}\left[v^2\right]=\int_{-\infty}^{+\infty}\int_{-\infty}^{+\infty}v^2p_{\rm st}(y,v){\rm d}y{\rm d}v \end{cases} \tag{6-51}$$

设 $A_{\rm em}=\sqrt{y^2+v^2}$，则可以推导出能量俘获功率的平均值 $E_{\rm st}[P_{\rm R}]$为

$$E_{\rm st}[P_{\rm R}]=\lambda\eta\frac{\gamma^2\omega^2(A_{\rm em},\phi)}{\lambda^2+\omega^2(A_{\rm em},\phi)}E_{\rm st}\left[y^2+v^2\right] \tag{6-52}$$

QZS 和四稳态特征条件下基于弹簧-连杆结构的电磁能量俘获隔振器的有效势能、位移概率密度、位移均方值和能量俘获功率如图 6-6 所示。外界结构参数为 $\omega=1$，$\sigma=0.001$，$\xi=0.1$，$\gamma=0.4$，$\lambda=0.6$，$\eta=0.01$。QZS 特征的几何参数和固有频率比为 $a=\sqrt{2}/2$，$b=1$，$c=1/2$，$d=1/2$，$\alpha=4$，$\beta=2$。四稳态特征的几何参数和固有频率比为 $a=3/5$，$b=1$，$c=3/5$，$d=1/2$，$\alpha=1/50$，$\beta=1/50$。如图 6-6(a)所示，四稳态系统比 QZS 系统具有更宽的势阱。从图 6-6(b)可以看出，四稳态系统的位移概率密度分布在较大的位移范围内。在图 6-6(c)和(d)中，随着噪声强度 σ 的增加，位移均方值和能量俘获功率增加。此外，与 QZS 系统相比，四稳态系统的能量俘获性能更为显著。这是因为四稳态系统比 QZS 系统具有更宽的势阱。

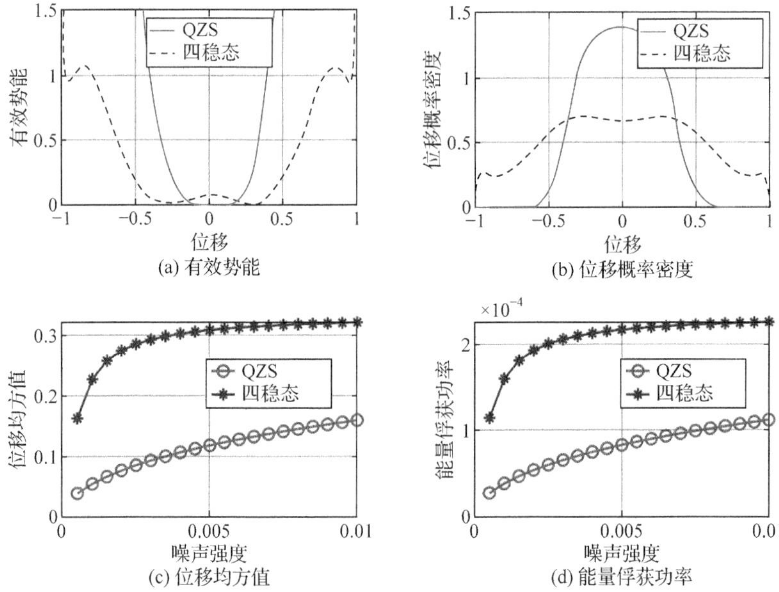

图 6-6　QZS 和四稳态特征条件下基于弹簧-连杆结构的电磁能量俘获隔振器在随机激励下的俘能比较分析

2. QZS 系统的能量俘获性能

图 6-7 和图 6-8 分别描述了不同机电耦合系数 η、电磁耦合系数 γ 和电阻与电感常数之比 λ 的位移均方值-噪声强度曲线和能量俘获功率-噪声强度曲线。参数为 $a=\sqrt{2}/2$，$b=1$，$c=1/2$，$d=1/2$，$\alpha=4$，$\beta=2$，$\xi=0.1$。图 6-7 和图 6-8 中，(a)为 $\gamma=0.4$，$\lambda=0.6$；(b)为 $\lambda=0.6$，$\eta=0.05$；(c)为 $\gamma=0.4$，$\eta=0.05$。如图 6-7(a)和(b)所示，随着 η 和 γ 的逐渐增加，位移均方值逐渐减小。然而 λ 对位移均方值的影响并不明显，从图6-7(c)中可以看出。在图6-8(a)～(c)

中，当参数η、γ和λ增加时，能量俘获功率逐渐增加。因此，参数η、γ和λ对 QZS 系统在随机激励下的能量俘获性能具有积极影响。

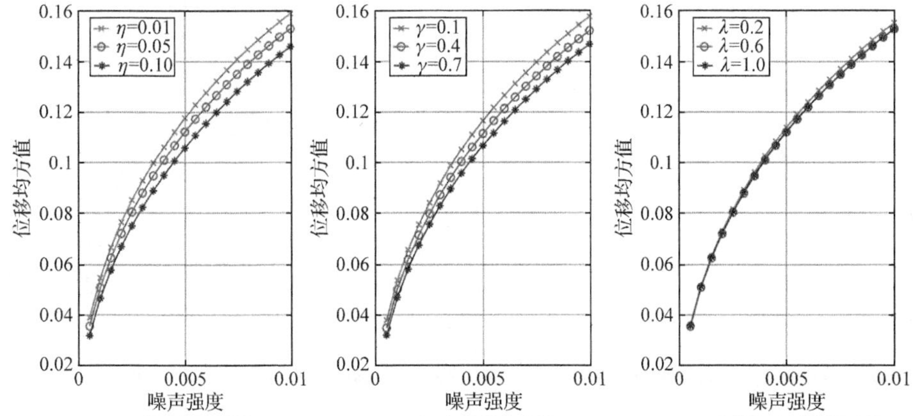

(a) 机电耦合系数　(b) 电磁耦合系数　(c) 电阻与电感常数之比

图 6-7　不同系数对位移均方值的影响

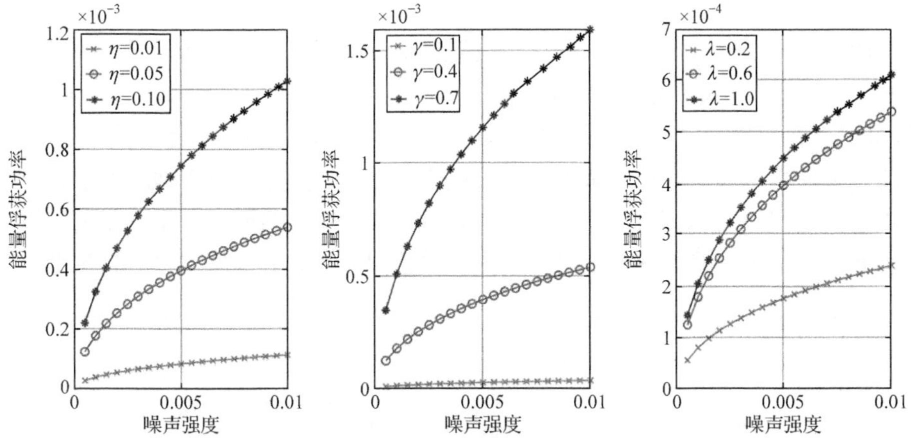

(a) 机电耦合系数　(b) 电磁耦合系数　(c) 电阻与电感常数之比

图 6-8　不同系数对能量俘获功率的影响

6.1.4　不同情况电磁能量俘获隔振器性能比较

本小节将两种不同的情况(情况Ⅰ和情况Ⅱ)与基于弹簧-连杆结构的电磁能量俘获隔振器进行比较，以探讨该隔振器在隔振和能量俘获性能上的优势。情况Ⅰ对应于没有垂直弹簧Ⅱ和刚性连杆Ⅰ的基于弹簧-连杆结构的电磁能量俘获隔振器($a=0$和$k_1=0$)，情况Ⅱ对应于没有水平线性弹簧的基于弹簧-连杆结构的电磁能量俘获隔振器($k_2=0$)，如图 6-9 所示。为方便比较，这里列出了模型的结构参数：$a=\frac{\sqrt{5}}{4}$，$b=1$，$c=\frac{3}{4}$，$d=\frac{1}{2}$，$\alpha=1$，$\beta=\frac{1}{4}$；情况Ⅰ：$b=1$，$c=\frac{3}{4}$，$\rho=\frac{1}{4}$；情况Ⅱ：$a=\frac{\sqrt{5}}{4}$，$b=1$，$c=\frac{3}{4}$，$d=\frac{1}{2}$，$\beta=\frac{1}{4}$。

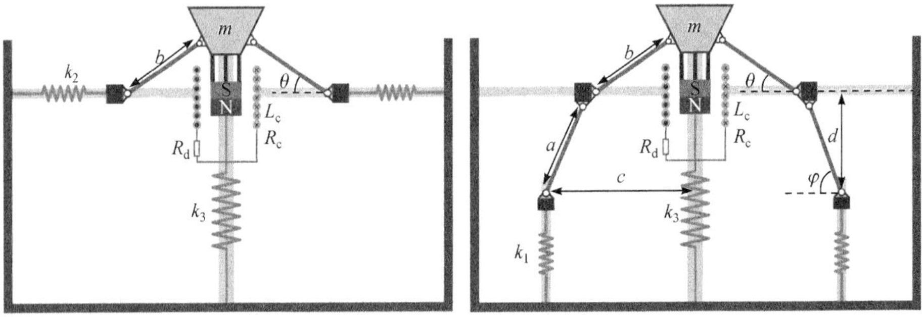

(a) 情况Ⅰ (b) 情况Ⅱ

图 6-9 QZS 振荡器的两种不同情况

1. QZS 隔振性能对比分析

图 6-10 比较了具有或不具有电磁转换机构的弹簧-连杆结构、情况Ⅰ和情况Ⅱ的力传递率-频率响应曲线。参数如下：$f=0.01$，$\xi=0.1$，$\gamma=0.4$，$\lambda=0.6$，$\eta=0.05$。结果表明，当考虑电磁转换机构时，3 个隔振俘能一体化装置的力传递率最大值减小，最大值向高频方向移动。这是因为电磁转换机构增加了隔离器的阻尼比和固有频率。总之，参数η、γ和λ对隔振效果有正向影响。情况Ⅱ的力传递率峰值在三者之中最大，而情况Ⅰ的力传递率最小。情况Ⅱ中力

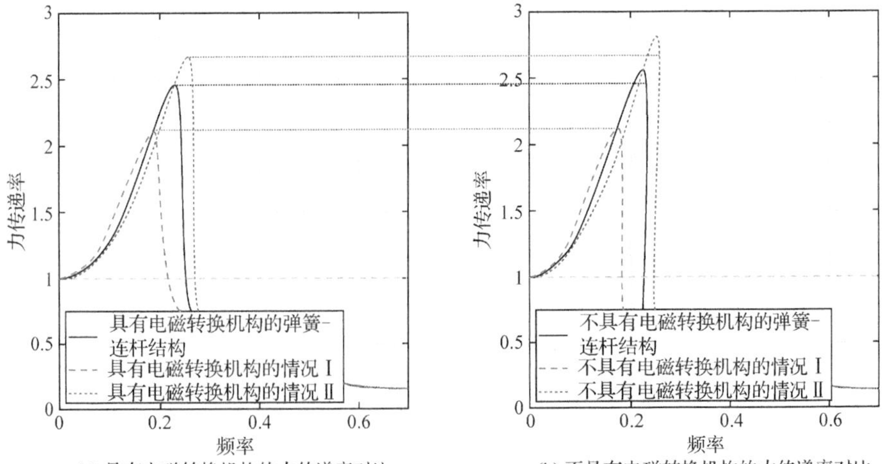

(a) 具有电磁转换机构的力传递率对比 (b) 不具有电磁转换机构的力传递率对比

图 6-10 具有或不具有电磁转换机构的弹簧-连杆结构、情况Ⅰ和情况Ⅱ的力传递率-频率响应曲线

传递率峰值所对应的频率 ω 最大，而情况 I 最小。当频率 ω 较低时，三个隔振俘能一体化装置的力传递率基本相同。当频率 ω 较高时，情况 II、基于弹簧-连杆结构的电磁能量俘获隔振器和情况 I 的力传递率依次降低。因此，在三种隔离器中，情况 I 的隔振效果最好，其次是基于弹簧-连杆结构的电磁能量俘获隔振器，情况 II 是最差的。

2. 多稳态系统俘能性能对比分析

图 6-11 对比分析了具有电磁转换机构的弹簧-连杆结构、情况 I 和情况 II 在随机激励下的有效势能、位移概率密度、位移均方值和能量俘获功率均值。其参数为 $f=0.01$，$\xi=0.1$，$\gamma=0.4$，$\lambda=0.6$，$\eta=0.05$；基于弹簧-连杆结构的电磁能量俘获隔振器结构参数为 $a=3/5$，$b=1$，$c=3/5$，$d=1/2$，$\alpha=1/20$，$\beta=1/20$；情况 I 的结构参数为 $b=1$，$c=1/4$，$\rho=1/5$；情况 II 的结构参数为 $a=3/5$，$b=1$，$c=7/10$，$d=7/10$，$\beta=1/100$。由图 6-11(a)所示，相较于情况 I 和情况 II，基于弹簧-连杆结构的电磁能量俘获隔振器具有更宽的势阱。由图 6-11(b)所示，基于弹簧-连杆结构的电磁能量俘获隔振器的位移概率密度分布于更大的位移范围之内。由图 6-11(c)和(d)所示，随着噪声强度 σ 增大，三种模型的位移均方值和能量俘获功率均值增大。并且，相较于另两种模型，基于弹

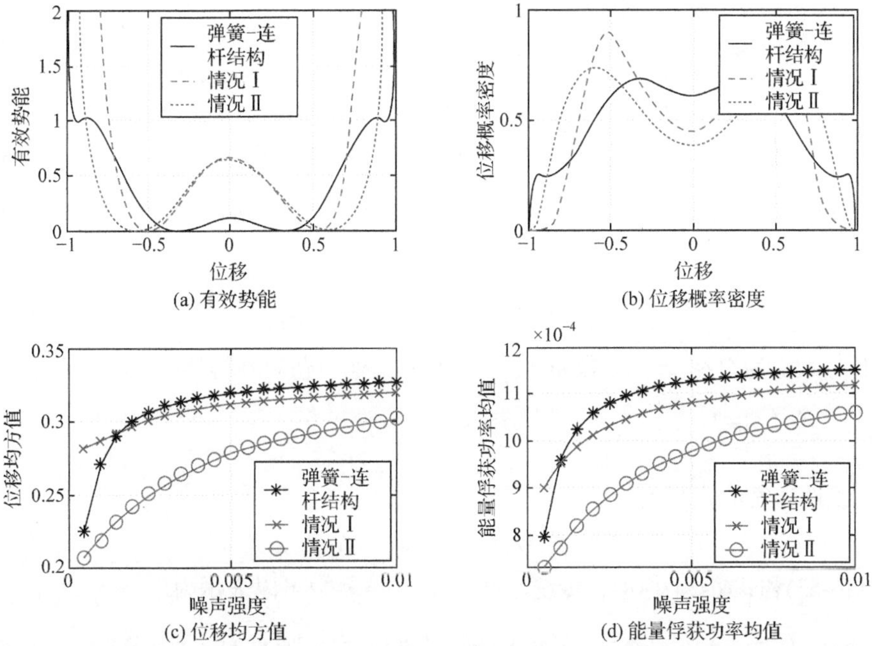

(a) 有效势能　(b) 位移概率密度　(c) 位移均方值　(d) 能量俘获功率均值

图 6-11　具有电磁转换机构的弹簧-连杆结构、情况 I 和情况 II 在随机激励下的有效势能、位移概率密度、位移均方值和能量俘获功率均值比较分析

簧-连杆结构的电磁能量俘获隔振器的低频俘能效果更明显。在频率较低时，该结构的位移均方值和能量俘获功率均值低于情况 I，这是由于外界激励过小，基于弹簧-连杆结构的电磁能量俘获隔振器无法实现跨势阱间振动。

6.2 双非线性刚度电磁能量俘获隔振器模型

6.2.1 双非线性刚度电磁能量俘获隔振器原理

传统 QZS 隔振器通常由线性弹簧结构和非线性结构组成，其中，非线性结构提供非线性负刚度以补偿线性刚度。图 6-12(a)列出了一些常见的 QZS 结构以及组成：欧拉梁结构、滚轮结构、斜弹簧结构、直杆结构。这些结构都能提供非线性负刚度。

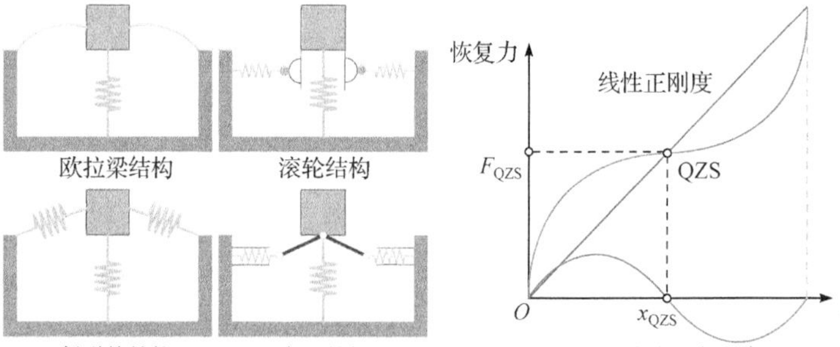

(a) 常见的QZS结构以及组成 (b) QZS结构组成原理

图 6-12 常见 QZS 结构以及组成原理

常见 QZS 结构组成原理如图 6-12(b)所示，非线性负刚度结构的恢复力可表示为

$$f_n = m_0 + m_1(x - x_{QZS}) + m_2\left(x - x_{QZS}\right)^2 + \cdots \tag{6-53}$$

其中，x_{QZS} 为 QZS 点；系数 m_i 是 f_n 在点 x_{QZS} 处泰勒展开得到的多项式系数，值为 $m_i = \dfrac{f_n^{(i)}(x_{QZS})}{i!}$。

线性弹簧的恢复力为

$$f_1 = k_1 x_{QZS} + k_1(x - x_{QZS}) \tag{6-54}$$

将式(6-53)和式(6-54)相加，传统 QZS 结构的恢复力可以表示为

$$f_L = f_1 + f_n = k_1 x_{QZS} + m_0 + (m_1 + k_1)(x - x_{QZS}) + m_2(x - x_{QZS})^2 + \cdots \tag{6-55}$$

刚度 k_L 为 f_L 对 x 的一阶导数，为

$$k_L = f_L' = k_1 + (m_1 + k_1)x + 2m_2(x - x_{QZS}) + \cdots \tag{6-56}$$

可以看出，如果需要调整结构参数实现 QZS，那么就只能改变非线性负刚度结构的结构参数。但这有时会因为调整方式单一而不能满足使用的要求。因此，可以用非线性刚度结构代替线性弹簧，增加了 QZS 调控手段[4-9]。

图 6-13 为双非线性刚度结构及原理，其中图 6-13(a)为斜弹簧结构，用来提供非线性正刚度，图 6-13 (b)为菱形结构，用来提供非线性负刚度。它们的恢复力和刚度可以表示为

$$f_a = \nu_0 + \nu_1\left(x - x_{QZS}\right) + \nu_2\left(x - x_{QZS}\right)^2 + \cdots \tag{6-57}$$

$$k_a = f_p' = \nu_1 x + 2\nu_2\left(x - x_{QZS}\right) + \cdots \tag{6-58}$$

$$f_b = n_0 + n_1\left(x - x_{QZS}\right) + n_2\left(x - x_{QZS}\right)^2 + \cdots \tag{6-59}$$

$$k_b = f_n' = n_1 x + 2n_2\left(x - x_{QZS}\right) + \cdots \tag{6-60}$$

其中，系数 ν_i 和 n_i 的值为 $\nu_i = \dfrac{f_p^{(i)}(x_{QZS})}{i!}$ 和 $n_i = \dfrac{f_n^{(i)}(x_{QZS})}{i!}$ $(i = 1, 2, \cdots)$。

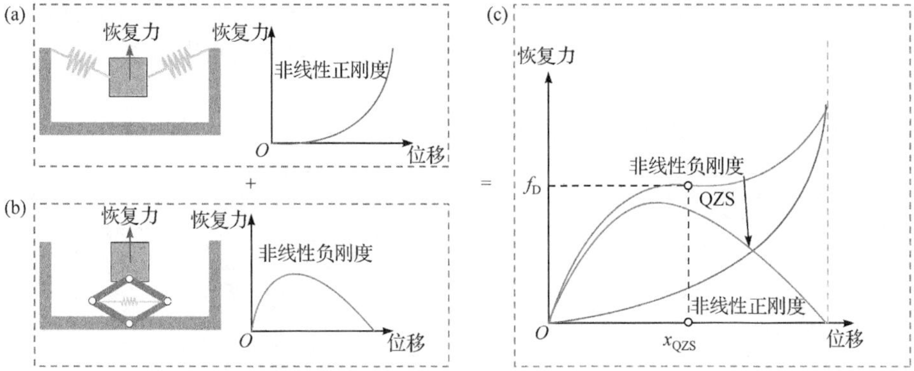

图 6-13　双非线性刚度结构及原理

(a)为斜弹簧结构示例；(b)为菱形结构示例；(c)为双非线性刚度合成原理

将两种结构耦合，根据式(6-57)～式(6-60)可以得到，双非线性刚度结构的恢复力与刚度：

$$f_D = f_b + f_a = n_0 + \nu_0 + \left(n_1 + \nu_1\right)\left(x - x_{QZS}\right) + \left(n_2 + \nu_2\right)\left(x - x_{QZS}\right)^2 + \cdots \tag{6-61}$$

$$k_D = k_b + k_a = \left(n_1 + \nu_1\right)x + 2\left(n_2 + \nu_2\right)x + \cdots \tag{6-62}$$

要实现 QZS，那么 f_D 和 k_D 则需要满足以下条件：

$$\begin{cases} k_D\left(x_{QZS}\right) = 0, & x = x_{QZS} \\ f_D''\left(x_{QZS}\right) < 0, & x < x_{QZS} \\ f_D''\left(x_{QZS}\right) > 0, & x > x_{QZS} \end{cases} \tag{6-63}$$

恢复力 f_D 的曲线如图 6-13(c)所示。在小位移范围内，非线性正刚度结构的恢复力非常小，但随着位移的增加，其斜率逐渐增大。对于非线性负刚度结构，其恢复力在小位移范围内先快速增加，到达顶峰后，又随位移增大而减小。根据以上特性，在小位移时，将缓慢增加的正刚度曲线与快速增加的负刚度曲线耦合，在大位移时，快速增加的非线性正刚度结构的恢复力又能抵消非线性负刚度结构下降的恢复力，从而在一定范围使双非线性刚度系统的刚度能够接近 0 甚至等于 0，即实现 QZS。

6.2.2 双非线性刚度电磁能量俘获隔振器理论分析

1. 模型设计

如图 6-14(a)所示，双非线性刚度电磁能量俘获隔振器由平台两侧两个斜弹簧结构和平台下的菱形结构组成，3D 结构如图 6-14 (b)所示。斜弹簧的一端连接到底座，另一端连接到平台。弹簧两侧的直杆通过直线轴承以保证弹簧在直线上的运动。平台下方的垂直限位轴用于限制平台向其他方向倾斜。由八个槽形轴组成两侧的菱形结构连接在平台和底座之间。平台前后两个菱形结构之间连接有两根直杆，用来安装水平弹簧并保证两侧菱形结构水平弹簧的同步运动。

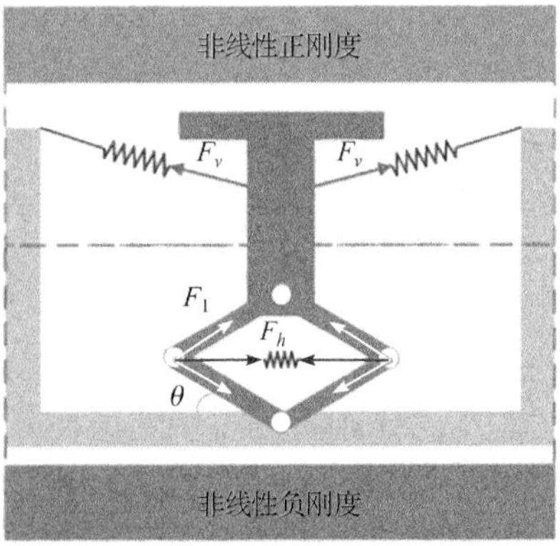

(a) 理论模型

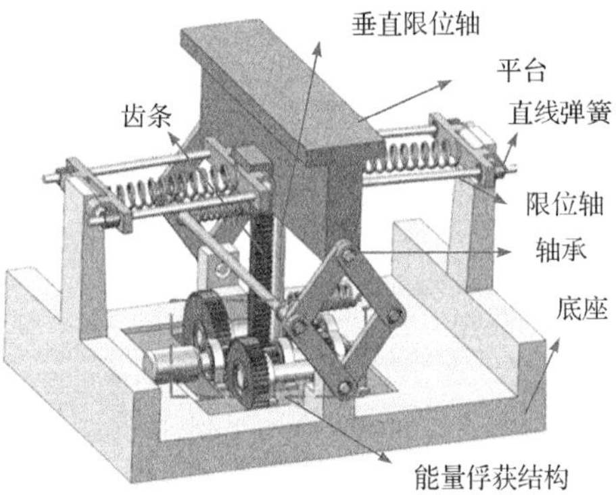

(b) 3D示意图

图 6-14 双非线性刚度模型

2. 静力学分析

如图 6-15(a)和(b)所示，两个斜弹簧的初始长度为 l_v，斜弹簧预伸缩量为 l_e，两个斜弹簧的刚度为 k_v，斜弹簧和平台的连接点与水平位置的距离为 q，装配成菱形结构的槽形轴的两个圆心间长度为 L_0，菱形结构与水平位置的初始角为 θ_0，水平放置的弹簧的刚度为 k_h。图 6-15(a)中菱形结构内水平弹簧的初始长度可以写为

$$l_{h0} = 2L_0 \cos\theta_0 \tag{6-64}$$

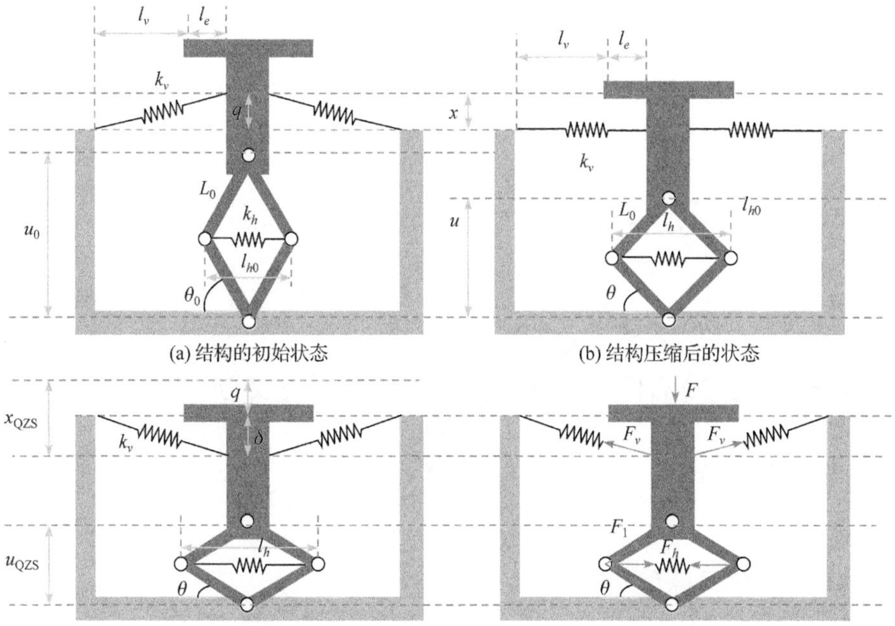

(a) 结构的初始状态　(b) 结构压缩后的状态

(c) 结构压缩到QZS区间　(d) 结构恢复力示意图

图 6-15　双非线性刚度电磁能量俘获隔振器的运动示意图以及结构参数

水平弹簧拉伸后的长度 l_h 可以写为

$$l_h = 2L_0 \cos\theta \tag{6-65}$$

因此，水平弹簧的伸长量为

$$\Delta l = l_{h0} - l_h = 2L_0(\cos\theta - \cos\theta_0) \tag{6-66}$$

弹簧的拉力可以由胡克定律求得，即

$$F_h = k_h \cdot \Delta l = 2k_h L_0(\cos\theta - \cos\theta_0) \tag{6-67}$$

利用平行四边形定理将拉力分解到垂直方向，垂直力 F_{u1} 为

$$F_{u1} = 2k_h L_0(\sin\theta - \cos\theta_0 \tan\theta) \tag{6-68}$$

平台与菱形结构连接处的初始高度 u_0 和在受到压力压缩后的高度 u 分别为

$$u_0 = 2L_0 \sin\theta_0 \tag{6-69}$$

$$u = 2L_0 \sin\theta \tag{6-70}$$

所以平台的垂直方向的位移 x 为

$$x = u_0 - u = 2L_0(\sin\theta_0 - \sin\theta) \tag{6-71}$$

用 x 表示垂直力 F_{u1}，那么式(6-71)可以改写为

$$\sin\theta = \sin\theta_0 - \frac{x}{2L_0} \tag{6-72}$$

将 F_{u1} 用 x 表示为

$$F_{u1} = 2k_h L_0 \left(\sin\theta_0 - \frac{x}{2L_0} - \frac{\cos\theta_0 \left(\sin\theta_0 - \dfrac{x}{2L_0} \right)}{\sqrt{1 - \left(\sin\theta_0 - \dfrac{x}{2L_0} \right)^2}} \right) \tag{6-73}$$

提供非线性正刚度的斜弹簧结构如图 6-15(c)所示，受到压力后，斜弹簧和平台连接点与加载平台偏离水平位置之间的距离 δ 可定义为

$$\delta = x - q \tag{6-74}$$

因此，斜弹簧的伸长量 Δl_v 可以由 δ 、l_v 和 l_e 来表示：

$$\Delta l_v = \sqrt{(l_v + l_e)^2 + \delta^2} - l_v \tag{6-75}$$

斜弹簧的拉力 F_p 可以写为

$$F_p = k_v \cdot \Delta l_v \tag{6-76}$$

将拉力 F_p 往垂直方向分解，斜弹簧结构的垂直力 F_{u2} 为

$$F_{u2} = \frac{2k_v \Delta l_v \delta}{\sqrt{(l_v + l_e)^2 + \delta^2}} \tag{6-77}$$

由于平台两侧有两根斜弹簧，所以要在式(6-77)中乘 2。

F_{u2} 用 x 表示为

$$F_{u2} = \frac{2k_v \Delta l_v \delta}{\sqrt{(l_v + l_e)^2 + \delta^2}} = \frac{2k_v \left(\sqrt{(l_v + l_e)^2 + (x-q)^2} - l_v \right)(x-q)}{\sqrt{(l_v + l_e)^2 + (x-q)^2}} \tag{6-78}$$

双非线性刚度电磁能量俘获隔振器垂直方向的总恢复力为

$$\begin{aligned} F_u = F_{u1} + F_{u2} = {} & 2k_h L_0 \left(\sin\theta_0 - \frac{x}{2L_0} - \frac{\cos\theta_0 \left(\sin\theta_0 - \dfrac{x}{2L_0} \right)}{\sqrt{1 - \left(\sin\theta_0 - \dfrac{x}{2L_0} \right)^2}} \right) \\ & + \frac{2k_v \left(\sqrt{(l_v + l_e)^2 + (x-q)^2} - l_v \right)(x-q)}{\sqrt{(l_v + l_e)^2 + (x-q)^2}} \end{aligned} \tag{6-79}$$

为了获得最优的 QZS 恢复力和刚度，接下来对双非线性刚度电磁能量俘获隔振器的结构参数对系统的影响进行讨论。图 6-16 显示了双非线性刚度电磁能量俘获隔振器在不同 θ_0、k_v 和 k_h 作用下的恢复力和刚度的变化情况。图 6-16(a)和(d)显示了槽形轴与水平位置之间不同初始角度下的恢复力和刚度的变化趋势。随着初始角度的增大，结构的恢复力增大，同时，在小位移范围内，结构的

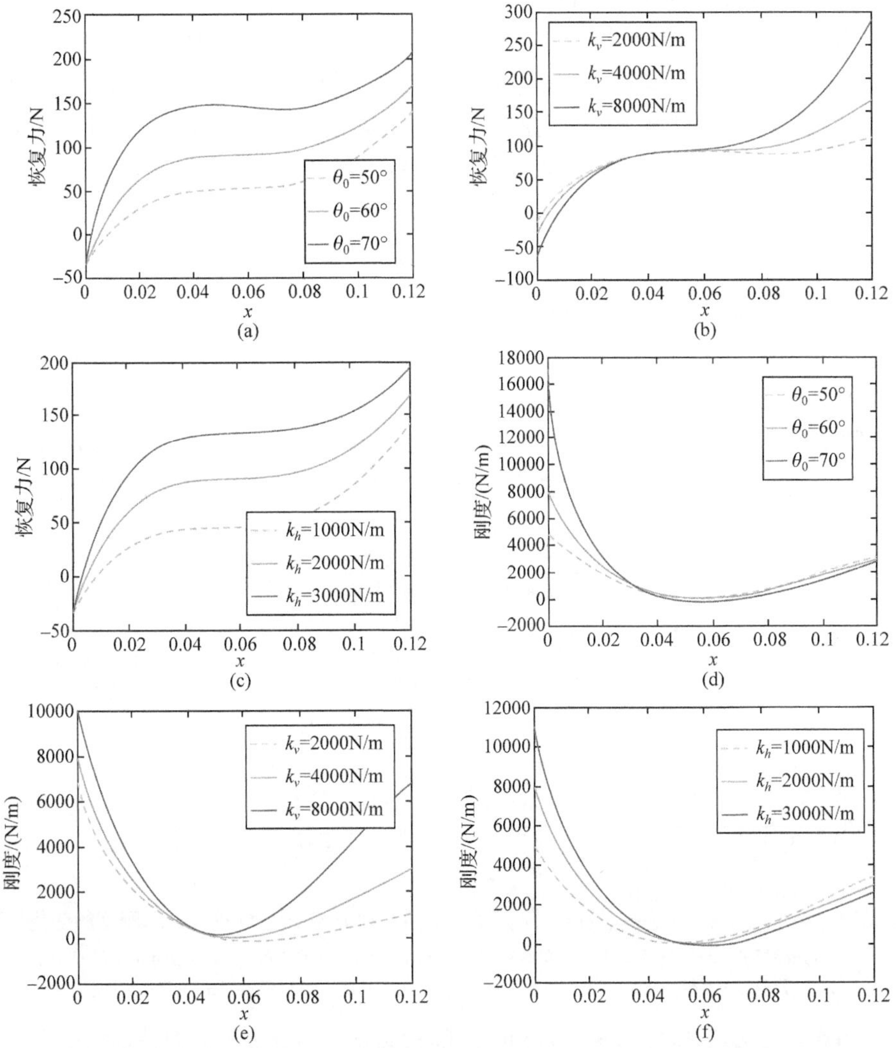

图 6-16　双非线性刚度电磁能量俘获隔振器在不同 θ_0、k_v 和 k_h 作用下的恢复力和刚度的变化情况

(a)、(d)结构参数为 $k_v = 4000\text{N/m}$，$k_h = 2000\text{N/m}$，$L_0 = 0.1\text{m}$，$l_v = 0.1\text{m}$，$q = 0.036\text{m}$，$l_e = 0\text{m}$；

(b)、(e)结构参数为 $\theta_0 = 60°$，$k_h = 2000\text{N/m}$，$L_0 = 0.1\text{m}$，$l_v = 0.1\text{m}$，$q = 0.036\text{m}$，$l_e = 0\text{m}$；

(c)、(f)结构参数为 $\theta_0 = 60°$，$k_v = 4000\text{N/m}$，$L_0 = 0.1\text{m}$，$l_v = 0.1\text{m}$，$q = 0.036\text{m}$，$l_e = 0\text{m}$

恢复力大幅度增加。图 6-16(b)和(e)为变换不同刚度的斜弹簧，系统的恢复力和刚度的变化情况。随着斜弹簧刚度的升高，可以看到在重叠区间之后，恢复力提升速度加快，但 QZS 区间减小。图 6-16(c)和(f)为变换不同刚度的水平弹簧，系统的恢复力和刚度的变化情况。随着水平弹簧刚度的增加，QZS 区间的恢复力是变大的，但对 QZS 区间的宽度影响不大，因此，增加水平弹簧的刚度，可以在不过于影响 QZS 区间的情况下，提升了结构的承载能力。

图 6-17 显示了系统的恢复力和刚度随两个初始状态斜弹簧的长度 l_v 和槽形轴长度 L_0 的变化情况。从图 6-17 (a)和(c)来看，QZS 区域左侧恢复力和刚度的变化不明显，但 QZS 区域右侧恢复力和刚度的增加速率随着 l_v 减小而增加。从图 6-17(b)和(d)可以看出，随着 L_0 的增加，系统的最低刚度点提高，但影响程度不大。

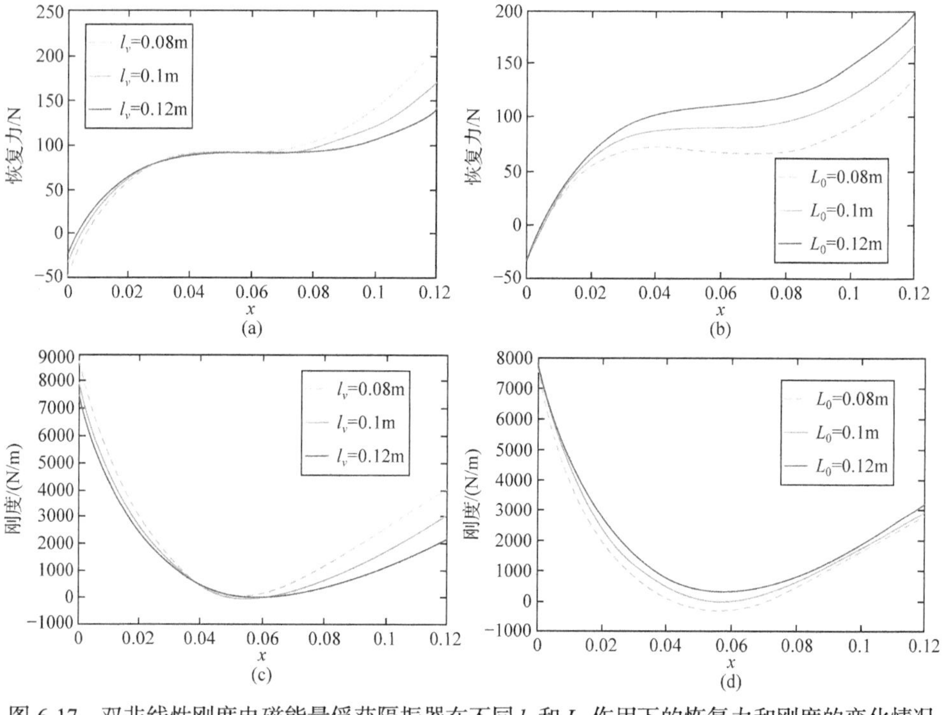

图 6-17 双非线性刚度电磁能量俘获隔振器在不同 l_v 和 L_0 作用下的恢复力和刚度的变化情况

(a)、(c)结构参数为 $\theta_0 = 60°$ ， $k_h = 2000\text{N/m}$ ， $L_0 = 0.1\text{m}$ ， $k_v = 4000\text{N/m}$ ， $q = 0.036\text{m}$ ， $l_e = 0\text{m}$ ；

(b)、(d)结构参数为 $\theta_0 = 60°$ ， $k_h = 2000\text{N/m}$ ， $l_v = 0.1\text{m}$ ， $k_v = 4000\text{N/m}$ ， $q = 0.036\text{m}$ ， $l_e = 0\text{m}$

图 6-18 显示了系统的恢复力和刚度随初始水平偏移量 q 和弹簧预伸缩量 l_e 改变的变化情况。从图 6-18(a)和(c)可以看出，在 QZS 区域右侧，恢复力随着 q 的减小而增大，对 QZS 区域左侧的恢复力影响不大，通过调节这个参数，可以拓宽 QZS 区间。从图 6-18(b)和(d)可以看出，弹簧预伸缩量 l_e 对系统的 QZS 影响十分明显。当斜弹簧预压缩时，系统的恢复力将呈现双稳态特征，而当斜弹簧预拉

伸时，系统的恢复力呈现不明显的 QZS 曲线，这丰富了双非线性刚度电磁能量俘获隔振器的变化情况，以适应各种需求。

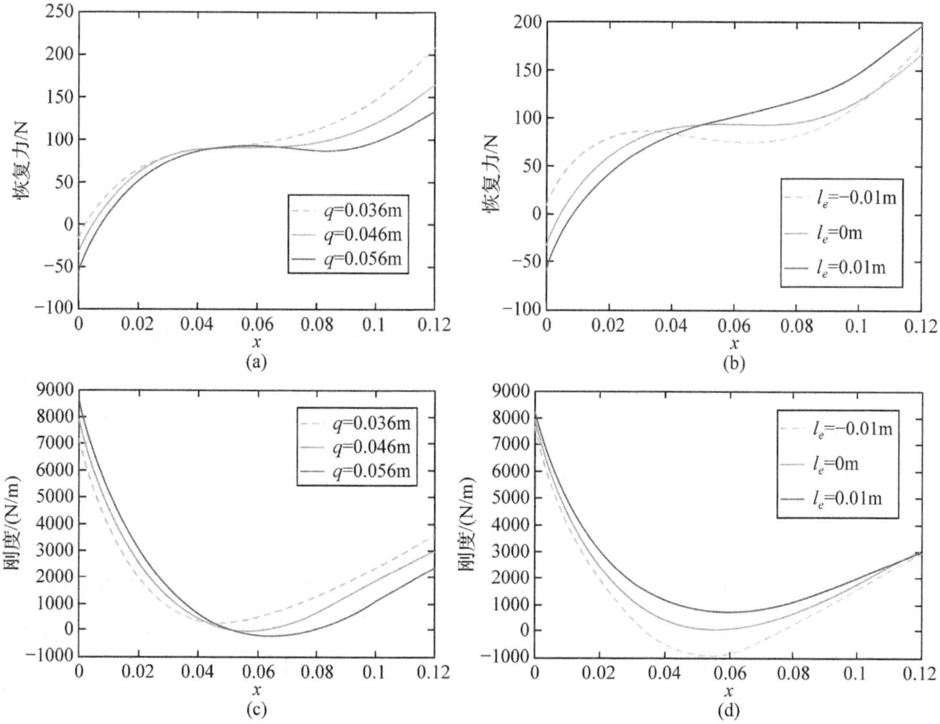

图 6-18　双非线性刚度电磁能量俘获隔振器在不同 q 和 l_e 作用下的恢复力和刚度的变化情况

(a)、(c) 结构参数为 $\theta_0 = 60°$，$k_h = 2000\text{N/m}$，$L_0 = 0.1\text{m}$，$k_v = 4000\text{N/m}$，$l_v = 0.1\text{m}$，$l_e = 0\text{m}$；

(b)、(d) 结构参数为 $\theta_0 = 60°$，$k_h = 2000\text{N/m}$，$L_0 = 0.1\text{m}$，$k_v = 4000\text{N/m}$，$l_v = 0.1\text{m}$，$q = 0.036\text{m}$

通过总结以上参数对双非线性刚度电磁能量俘获隔振器的影响，可以找出最优的 QZS 结构参数，如图 6-19 所示。结构的参数为 $\theta_0 = 60°$，$k_v = 4000\text{N/m}$，

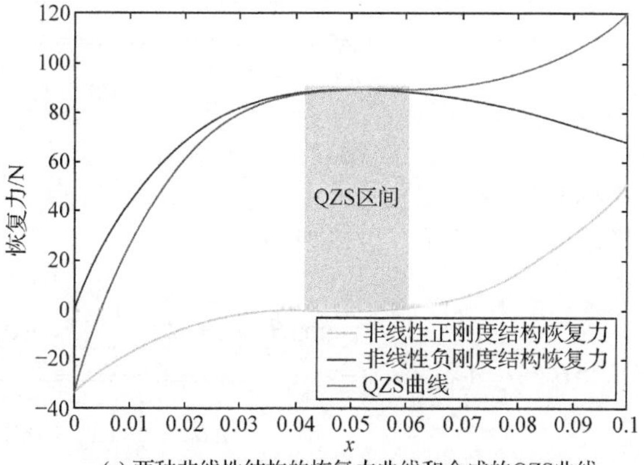

(a) 两种非线性结构的恢复力曲线和合成的QZS曲线

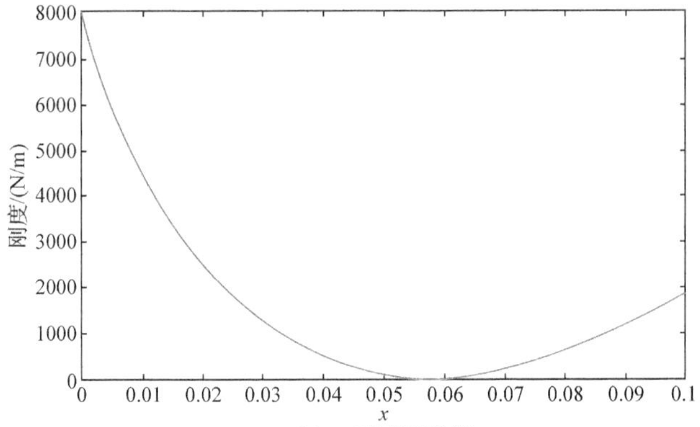

(b) QZS的刚度曲线

图 6-19　双非线性刚度电磁能量俘获隔振器的恢复力曲线和刚度曲线

$k_h = 2000\text{N/m}$，$l_v = 0.1\text{m}$，$L_0 = 0.1\text{m}$，$q = 0.046\text{m}$，$l_e = 0\text{m}$。图 6-19(a)展示的是两种非线性结构的恢复力曲线和两者合成的 QZS 曲线，可以看出，其 QZS 区间在 0.042～0.06。图 6-19(b)展示的是系统对应的刚度曲线。

3. 动力学分析

为了研究双非线性刚度电磁能量俘获隔振器的隔振性能，接下来对其进行动力学分析。当振动发生时，为了达到最佳的隔振效果，平台应在 QZS 区间内。因此，要对式(6-79)进行坐标变换，变换后的结果为

$$F_{ud} = F_{u1d} + F_{u2d} = 2k_h L_0 \left(\sin\theta_0 - \frac{x_d + x_{\text{QZS}}}{2L_0} - \frac{\cos\theta_0 \left(\sin\theta_0 - \dfrac{x_d + x_{\text{QZS}}}{2L_0} \right)}{\sqrt{1 - \left(\sin\theta_0 - \dfrac{x_d + x_{\text{QZS}}}{2L_0} \right)^2}} \right) + \frac{2k_v \left(\sqrt{(l_v + l_e)^2 + (x_d + x_{\text{QZS}} - q)^2} - l_v \right)(x_d + x_{\text{QZS}} - q)}{\sqrt{(l_v + l_e)^2 + (x_d + x_{\text{QZS}} - q)^2}} \tag{6-80}$$

其中，$x_d = x(t) - x_{\text{QZS}}$；$x_{\text{QZS}} = 0.056\text{m}$。

将式(6-80)转换成无量纲形式，可以得到：

$$f_{ud} = \left(\sin\theta_0 - \frac{1}{2}\cdot(\hat{x}_d + a_1) - \frac{\cos\theta_0 \cdot \left(\sin\theta_0 - \dfrac{1}{2}\cdot(\hat{x}_d + a_1) \right)}{\sqrt{1 - \left(\sin\theta_0 - \dfrac{1}{2}\cdot(\hat{x}_d + a_1) \right)^2}} \right)$$

$$+\hat{k}\cdot\left(\hat{x}_d-a_2-\frac{u\cdot(\hat{x}_d-a_2)}{\sqrt{u^2+(\hat{x}_d-a_2)^2}}\right) \tag{6-81}$$

其中，$\hat{x}_d=\dfrac{x_d}{L_0}$；$a_1=\dfrac{q}{L_0}$；$a_2=\dfrac{q-x_{\mathrm{QZS}}}{L_0}$；$\hat{k}=\dfrac{k_v}{k_h}$；$u=\dfrac{l_v+l_e}{L_0}$。

为了方便对双非线性刚度电磁能量俘获隔振器的动力学分析，运用数值模拟对式(6-80)进行多项式拟合，拟合之后的 F_{ud} 可以写为

$$F_{ud}(x_d)=\rho_1x_d+\rho_2x_d^2+\rho_3x_d^3+\rho_4x_d^4+\rho_5x_d^5 \tag{6-82}$$

将其转化为无量纲形式为

$$f_{ud}(\hat{x}_d)=\gamma_1\hat{x}_d+\gamma_2\hat{x}_d^2+\gamma_3\hat{x}_d^3+\gamma_4\hat{x}_d^4+\gamma_5\hat{x}_d^5 \tag{6-83}$$

其中，$\gamma_i=\dfrac{\rho_iL_0^{i-1}}{k_h},i=1,2,\cdots,5$。

多项式拟合的结果如图 6-20 所示，多项式拟合曲线与理论分析曲线有很好的吻合效果。拟合得到的多项式为

$$f_{ud}(\hat{x}_d)=0.0009293\hat{x}_d+0.01175\hat{x}_d^2+1.197\hat{x}_d^3-0.8786\hat{x}_d^4+0.2087\hat{x}_d^5 \tag{6-84}$$

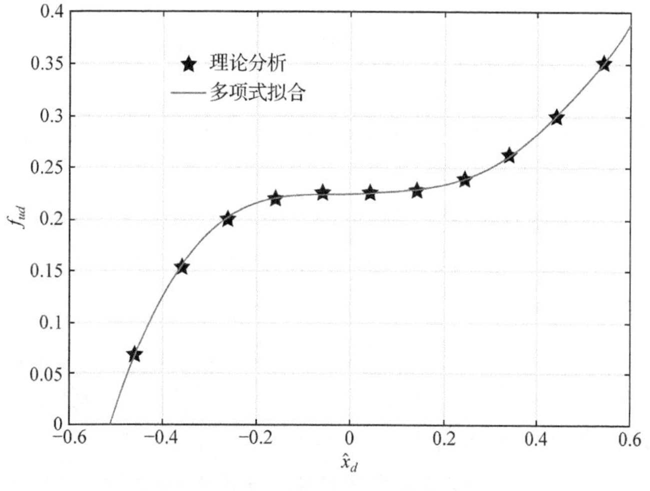

图 6-20　多项式拟合的结果

如图 6-21 所示，隔振平台的绝对位移为 $x_d(t)$，底座的位移为 $x_b(t)$。因此，平台和底座之间的相对位移可以写为

$$z(t)=x_d(t)-x_b(t) \tag{6-85}$$

所以，式(6-82)可以改写为

$$F_{ud}(z)=\rho_1z+\rho_2z^2+\rho_3z^3+\rho_4z^4+\rho_5z^5 \tag{6-86}$$

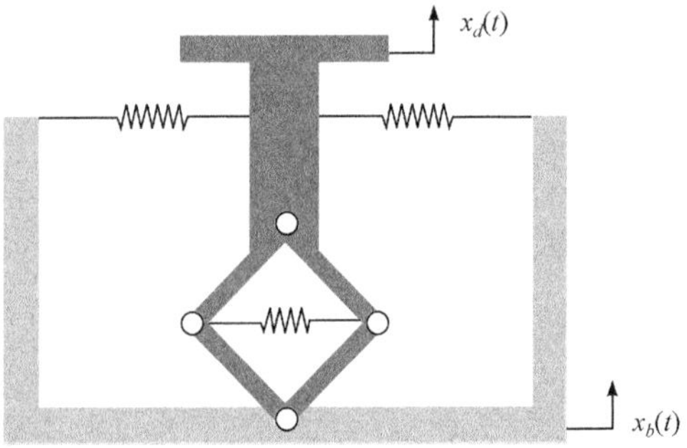

图 6-21　平台的绝对位移 $x_d(t)$ 和底座位移 $x_b(t)$

双非线性刚度电磁能量俘获隔振器的运动微分方程为

$$m\ddot{z}+c\dot{z}+F_{ud}(z)=-m\ddot{x}_b \tag{6-87}$$

将式(6-86)代入式(6-87)可以得到：

$$m\ddot{z}(t)+c\dot{z}(t)+\rho_1 z(t)+\rho_2 z^2(t)+\rho_3 z^3(t)+\rho_4 z^4(t)+\rho_5 z^5(t)=-m\ddot{x}_b(t) \tag{6-88}$$

其无量纲形式为

$$\ddot{\hat{z}}(\tau)+2\xi\dot{\hat{z}}(\tau)+\gamma_1\hat{z}+\gamma_2\hat{z}^2+\gamma_3\hat{z}^3+\gamma_4\hat{z}^4+\gamma_5\hat{z}^5=-\ddot{\hat{x}}_b(\tau) \tag{6-89}$$

其中，

$$\hat{z}=\frac{z}{L_0};\ \xi=\frac{c}{2m\omega_t};\ \gamma_1=\omega_t^2=\frac{\rho_1}{k_h};\ \gamma_2=\frac{\rho_2 L_0}{k_h};\ \gamma_3=\frac{\rho_3 L_0^2}{k_h};\ \gamma_4=\frac{\rho_4 L_0^3}{k_h};\ \gamma_5=\frac{\rho_5 L_0^4}{k_h}$$

$\ddot{\hat{x}}_b$ 是简谐激励，可以写成 $\ddot{\hat{x}}_b=A\Omega^2\cos(\Omega\tau)$，其中 A 为简共振动激励响应，Ω 为简谐激励的频率。

利用多尺度方法对双非线性刚度电磁能量俘获隔振器进行动力学分析，引入一个小量 $\kappa>0$ 来描述振动系统的时间的不同尺度。式(6-89)可以改写为

$$\Omega^2\ddot{\hat{z}}(\tau)+2\xi_m\Omega\dot{\hat{z}}(\tau)+\kappa\bar{\omega}_t^2\hat{z}(\tau)+\kappa\bar{\gamma}_2\hat{z}^2(\tau)+\kappa\bar{\gamma}_3\hat{z}^3(\tau)+\kappa\bar{\gamma}_4\hat{z}^4(\tau)+\kappa\bar{\gamma}_5\hat{z}^5(\tau)=\kappa\ddot{\hat{x}}_b(\tau) \tag{6-90}$$

其中，$\xi_m=\kappa\xi$；$\kappa\bar{\omega}_t^2=\omega_t^2$；$\gamma_2=\kappa\bar{\gamma}_2$；$\gamma_3=\kappa\bar{\gamma}_3$；$\gamma_4=\kappa\bar{\gamma}_4$；$\gamma_5=\kappa\bar{\gamma}_5$。

式(6-90)的一阶近似解析解为

$$\hat{z}(\tau,\kappa)=z_0(T_0,T_1)+\kappa z_1(T_0,T_1)+\cdots \tag{6-91}$$

其中，$T_0=\tau$；$T_1=\kappa\tau$。T_1 和 T_0 的比值是小时间尺度 κ。引入以下等式：

$$D_0=\frac{\partial}{\partial T_0},D_1=\frac{\partial}{\partial T_1},D_2=\frac{\partial}{\partial T_2} \tag{6-92}$$

由式(6-92)，可得

$$\frac{\mathrm{d}}{\mathrm{d}\tau}=\frac{\partial}{\partial T_0}\frac{\partial T_0}{\partial\tau}+\frac{\partial}{\partial T_1}\frac{\partial T_1}{\partial\tau}=D_0+\kappa D_1+\cdots \tag{6-93}$$

$$\frac{\mathrm{d}^2}{\mathrm{d}\tau^2}=D_0{}^2+2\kappa D_0D_1+\kappa^2\left(D_1{}^2+2D_0D_1\right)+\cdots \tag{6-94}$$

假设参数$\kappa\vartheta$用来描述共振频率的宽度，其中

$$\Omega^2=\kappa\vartheta+\omega_t^2 \tag{6-95}$$

将式(6-95)代入式(6-90)，可得

$$\begin{aligned}\Omega^2\frac{\mathrm{d}^2\hat{z}}{\mathrm{d}\tau^2}+\Omega^2\hat{z}(\tau)=&\kappa\ddot{x}_b(\tau)-2\xi_m\Omega\frac{\mathrm{d}\hat{z}}{\mathrm{d}\tau}+\kappa\vartheta\hat{z}(\tau)-\kappa\overline{\gamma}_2\hat{z}^2(\tau)-\kappa\overline{\gamma}_3\hat{z}^3(\tau)\\&-\kappa\overline{\gamma}_4\hat{z}^4(\tau)-\kappa\overline{\gamma}_5\hat{z}^5(\tau)\end{aligned} \tag{6-96}$$

令等号两侧不同次幂κ的系数相等，可以得到：

$$\kappa^0:D_0{}^2z_0(T_0,T_1)+z_0(T_0,T_1)=0 \tag{6-97}$$

$$\begin{aligned}\kappa^1:D_1{}^2z_1(T_0,T_1)+z_1(T_0,T_1)=&-2D_0D_1z_0(T_0,T_1)-\frac{2\xi_m}{\Omega}D_0z_0(T_0,T_1)\\&+\frac{\kappa\vartheta}{\kappa\Omega^2}z_0(T_0,T_1)-\frac{\overline{\gamma}_2}{\Omega^2}z_0^2(T_0,T_1)-\frac{\overline{\gamma}_3}{\Omega^2}z_0^3(T_0,T_1)\\&-\frac{\overline{\gamma}_4}{\Omega^2}z_0^4(T_0,T_1)-\frac{\overline{\gamma}_5}{\Omega^2}z_0^5(T_0,T_1)+\frac{1}{\Omega^2}\ddot{x}_b(\tau)\end{aligned} \tag{6-98}$$

假设式(6-97)和式(6-98)的解为

$$z_0\left(T_0,T_1\right)=A_0(T_1)+A_1\left(T_1\right)\cos\left(T_0+\varphi\left(T_1\right)\right) \tag{6-99}$$

其中，$A_0(T_1)$为系统不对称性导致的一个偏移量；$A_1\left(T_1\right)$为系统的响应；$\varphi\left(T_1\right)$为相位。

将式(6-99)代入式(6-98)和式(6-97)中，可以得到：

$$\begin{aligned}D_1{}^2z_1(T_0,T_1)+z_1(T_0,T_1)=&2A_1'\left(T_1\right)\sin\left(T_0+\varphi\right)+2\varphi'\left(T_1\right)A_1\left(T_1\right)\cos\left(T_0+\varphi\right)\\&+\frac{2\xi_m}{\Omega}A_1\left(T_1\right)\sin\left(T_0+\varphi\right)-\frac{\vartheta}{\Omega^2}\left(A_0(T_1)+A_1\left(T_1\right)\cos\left(T_0+\varphi\right)\right)\\&-\frac{\overline{\gamma}_2}{\Omega^2}\left(A_0(T_1)+A_1\left(T_1\right)\cos\left(T_0+\varphi\right)\right)^2\\&-\frac{\overline{\gamma}_3}{\Omega^2}\left(A_0(T_1)+A_1\left(T_1\right)\cos\left(T_0+\varphi\right)\right)^3\\&-\frac{\overline{\gamma}_4}{\Omega^2}\left(A_0(T_1)+A_1\left(T_1\right)\cos\left(T_0+\varphi\right)\right)^4\\&-\frac{\overline{\gamma}_5}{\Omega^2}\left(A_0(T_1)+A_1\left(T_1\right)\cos\left(T_0+\varphi\right)\right)^5\\&+\overline{A}\cos\left(T_0+\varphi\right)\cos\varphi+\overline{A}\sin\left(T_0+\varphi\right)\sin\varphi\end{aligned} \tag{6-100}$$

引入多倍角公式：

$$\left(\cos\left(\alpha\right)+i\sin\left(\alpha\right)\right)^{n}=\cos(n\alpha)+i\sin(n\alpha) \tag{6-101}$$

将式(6-101)代入式(6-100)，令 $A_1'\left(T_1\right)=0$，$\varphi'\left(T_1\right)=0$ 并忽略久期项可以得到系统的幅-频响应曲线以及 $A_1\left(T_1\right)$ 和 $A_0(T_1)$ 的关系：

$$\begin{aligned}&\left(2A_1\xi\Omega\right)^2+\left(\begin{aligned}&\left(\Omega^2-\omega_t^{\ 2}\right)A_1+\frac{3}{4}\gamma_3A_1^3+A_1A_0\left(2\gamma_2+3A_0\gamma_3+3A_1^2\gamma_4+4A_0^2\gamma_4\right)\\&+\frac{5}{8}\gamma_5\left(A_1^5+12A_1^3A_0^2+8A_1A_0^4\right)\end{aligned}\right)^2\\&=\left(A\Omega^2\right)^2\end{aligned} \tag{6-102}$$

$$\begin{aligned}&\left(\frac{3}{8}\gamma_4+\frac{15}{8}A_0\gamma_5\right)\cdot A_1^4+\left(\frac{1}{2}\gamma_2+\frac{3}{2}A_0\gamma_3+3A_0^2\gamma_4+5A_0^3\gamma_5\right)\cdot A_1^2\\&+\left(A_0\gamma_1+A_0^2\gamma_2+A_0^3\gamma_3+A_0^4\gamma_4+A_0^5\gamma_5\right)=0\end{aligned} \tag{6-103}$$

A_1 和 A_0 的关系如图 6-22 所示。从图中可以看出当 A_1 比较小时，A_0 的影响是很微小的，几乎可以忽略不计，但随着 A_1 的增加，A_0 的绝对值影响逐渐增大。

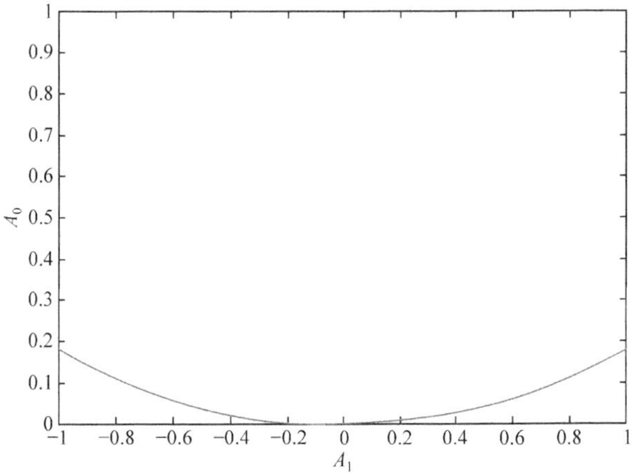

图 6-22　A_1 和 A_0 的关系

接着，对系统的隔振性能进行分析。系统传递到基础的力为

$$F_d\left(z\right)=2\xi_m\dot{z}+f_{ud}\left(z\right) \tag{6-104}$$

将式(6-99)代入式(6-104)，力 $F_d\left(z\right)$ 可以写成：

$$F_d\left(A\right)=\sqrt{\left(2A\xi\Omega\right)^2+\left(-\omega_t^2A+\frac{3}{4}\gamma_3A^3+AA_0\left(2\gamma_2+3A_0\gamma_3+3A^2\gamma_4+4A_0^2\gamma_4\right)+\frac{5}{8}\gamma_5\left(A^5+12A^3A_0^2+8AA_0 4\right)\right)^2} \tag{6-105}$$

因此，系统的力传递率可以写为

$$T_d = \frac{\sqrt{(2A\xi\Omega)^2 + \left(-\omega_t^2 A + \frac{3}{4}\gamma_3 A^3 + AA_0\left(2\gamma_2 + 3A_0\gamma_3 + 3A^2\gamma_4 + 4A_0^2\gamma_4\right) + \frac{5}{8}\gamma_5\left(A^5 + 12A^3A_0^2 + 8AA_0 4\right)\right)^2}}{A\Omega^2} \tag{6-106}$$

图 6-23 显示了双非线性刚度电磁能量俘获隔振器在不同 A 和 ξ 作用下的力传递率的变化情况。结果表明，双非线性刚度电磁能量俘获隔振器的隔振起始频率明显优于线性隔振器。如图 6-23(a)所示，阻尼 $\xi = 0.1$，双非线性刚度电磁能量俘获隔振器的力传递率的共振峰峰值和起始隔振频率随着 A 的增加而增加。与线性隔振器相比，双非线性刚度电磁能量俘获隔振器即使在激励振幅 $A = 0.07$ 时，峰值仍然低于线性隔振器。如图 6-23(b)所示，激励振幅 $A = 0.05$，双非线性刚度电磁能量俘获隔振器的共振峰峰值随着 ξ 的增加而降低。在隔振区间内，响应振幅略微增加。总的来说，双非线性刚度电磁能量俘获隔振器在低频范围内拥有优异的隔振性能。

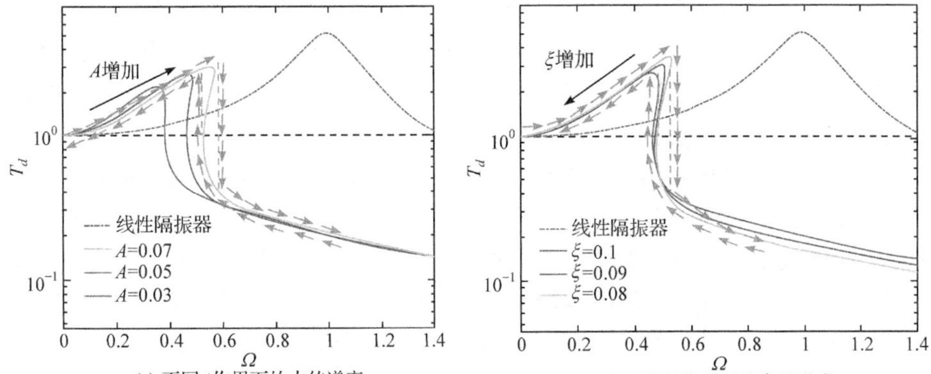

(a) 不同A作用下的力传递率　　(b) 不同ξ作用下的力传递率

图 6-23　在不同 A 和 ξ 作用下双非线性刚度电磁能量俘获隔振器的力传递率

当 A_1 在小范围内，A_0 的影响也是很微小的。图 6-24 中讨论了在不同 A 和 ξ 作用下 A_0 对双非线性刚度电磁能量俘获隔振器的力传递率的影响。实线是考虑 A_0 的情况，虚线是忽略 A_0 的情况。如图 6-24(a)所示，虚线的共振峰峰值高于实线，可以看出在考虑 A_0 时，双非线性刚度电磁能量俘获隔振器的共振峰峰值有所减少，并且随着 A 的增大，忽略 A_0 对力传递率的影响增大。如图 6-24(b)所示，虚线仍在实线上方，且随着 ξ 的增加，影响减弱。

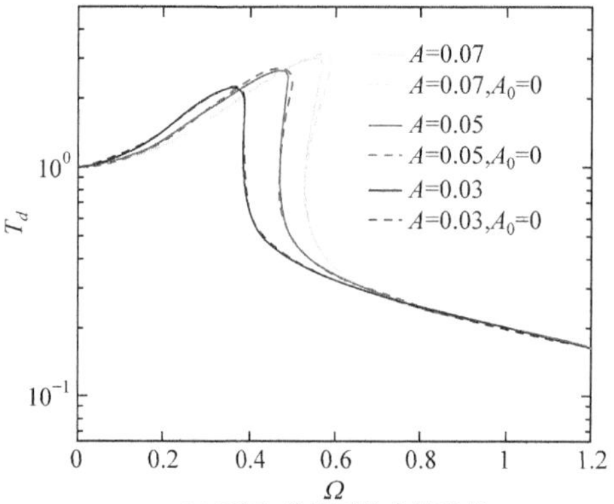

(a) 不同A作用下的力传递率

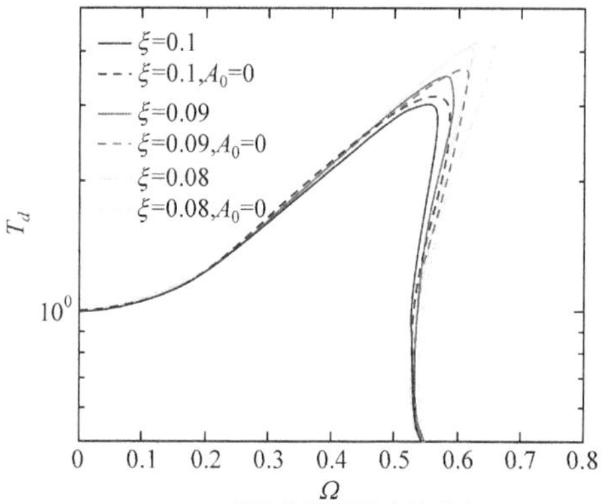

(b) 不同ξ作用下的力传递率

图 6-24　在不同 A 和 ξ 作用下 A_0 对双非线性刚度电磁能量俘获隔振器的力传递率的影响

6.2.3　与轨道交通结合仿真分析

轨道交通是现如今的主要出行与运输方式，但是由于轨道不平顺产生的振动问题一直不容忽视。首先，过大的振动会对车辆的安全造成影响并且制约提速[10,11]；其次，由于振动属于低频范围，会影响乘坐的舒适性[12]；最后，容易造成设备疲劳损害。在这一部分，将对双非线性刚度电磁能量俘获隔振器应用在轨道交通领域进行仿真，并将其与传统线性隔振器的隔振能力进行比较，以确定双非线性刚度电磁能量俘获隔振器是否提高了隔振性能。

列车-轨道-隔振器仿真模型示意图如图 6-25(a)所示。列车置于轨道上方，轨道在浮置板上，浮置板底下放置隔振器。列车经过时，车轮会对轨道扣件产生作用力。图 6-25(b)～(d)显示了在三种列车工作状态下作用在轨道扣件上的力。仿真环境为以 70km/h 的速度运行的列车，在三种不同承载情况下经过轨道。其中，AW0 为列车空载时的情况(0 人/米^2)，AW2 为列车固定载重的情况(6 人/米^2)，AW3 是指列车超载的情况(9 人/米^2)。

(a) 列车-轨道-隔振器仿真模型示意图

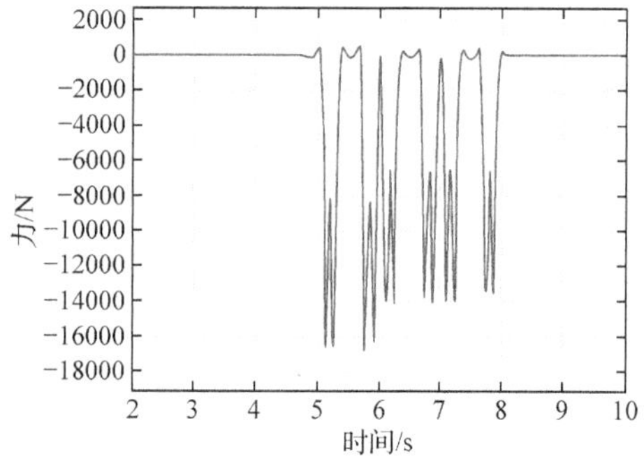

(b) AW0

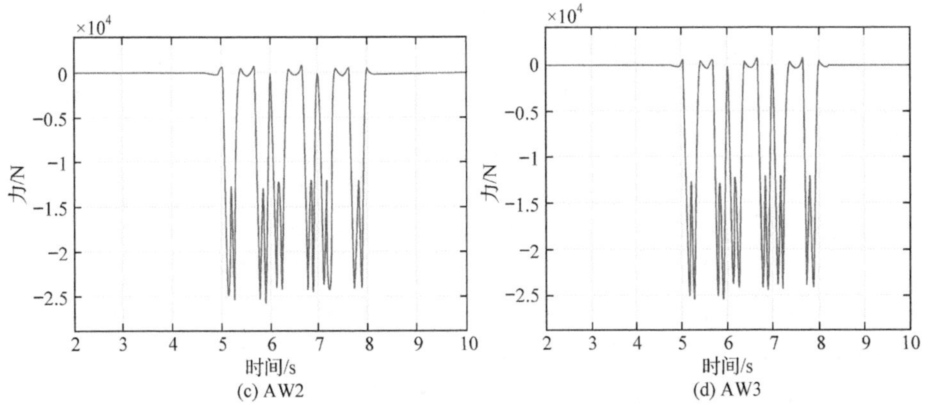

图 6-25 列车-轨道-隔振器仿真实验平台以及不同工况下的仿真实验数据

列车通过轨道时，要求轨道和车轮下浮置板的位移响应不大于 3mm。然而，QZS 系统良好的隔振性能往往是以牺牲平衡位置的位移响应为代价的。这与上述要求背道而驰。因此，在使用双非线性刚度电磁能量俘获隔振器对列车通过轨道时引起的振动进行隔振时，需要调整双非线性刚度电磁能量俘获隔振器的结构参数，以同时满足位移响应和良好的隔振效果的要求。

考虑到位移响应应控制在 3mm 的范围内并满足承载的效果，需要放宽 QZS 条件，牺牲部分刚度才能满足要求。调整后的双非线性刚度电磁能量俘获隔振器的恢复力曲线和刚度曲线如图 6-26(a)和(b)所示，其中，纵坐标代表双非线性刚度电磁能量俘获隔振器的恢复力和刚度，横坐标为平台位移，单位为 mm，双非线性刚度电磁能量俘获隔振器的参数为 $\theta_0 = 60°$，$k_v = 14.6\text{N/mm}$，$k_h = 1.46\text{N/mm}$，$L_0 = 300\text{mm}$，$l_v = 200\text{mm}$，$l_e = 30\text{mm}$，$q = 200\text{mm}$。

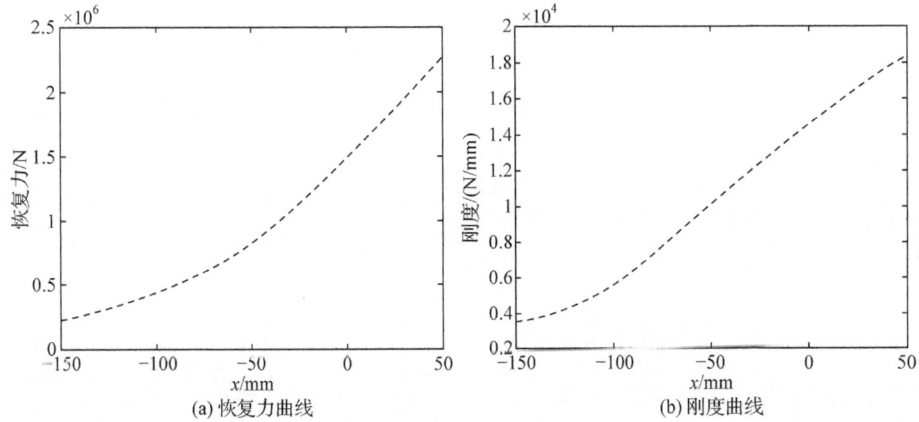

图 6-26 调整后的双非线性刚度电磁能量俘获隔振器的恢复力曲线与刚度曲线

利用 AW0、AW2 和 AW3 这三种情况下的轨道扣件力作为激励对调整后的双非线性刚度电磁能量俘获隔振器进行仿真分析。在相同激励条件下，对使用双非线性刚度电磁能量俘获隔振器进行隔振的浮置板的位移响应和恢复力与线性隔振器的仿真结果进行了比较，其中线性弹簧的刚度为 7.3kN/mm。图 6-27～图 6-29 显示了三种情况下双非线性刚度电磁能量俘获隔振器(双非线性刚度隔振器)和线性隔振器的仿真模拟结果，其中图 6-27(a)、图 6-28(a)和图 6-29(a)的纵坐标是轨道浮置板的位移，图 6-27(b)、图 6-28(b)和图 6-29(b)的纵坐标是隔振器的恢复力。三种情况下双非线性刚度电磁能量俘获隔振器的浮置板的位移响应均小于 3mm，满足轨道响应的要求。结果表明，在 AW0 情况下，双非线性刚度电磁能量俘获隔振器的峰值接近 1.3mm，而线性隔振器的峰值为 2.55mm，对比之下，双非线性刚度电磁能量俘获隔振器的隔振性能比线性隔振器提高了约 50%。在 AW2 情况下，双非线性刚度电磁能量俘获隔振器的峰值接近 1.75mm，线性隔振器的峰值为 4mm，隔振性能提高了约 56%。AW3 情况下的隔振效果与 AW2 相差不大。仿真结果证明，调整后的双非线性刚度电磁能量俘获隔振器对于列车轨道振动具有良好的隔振效果。

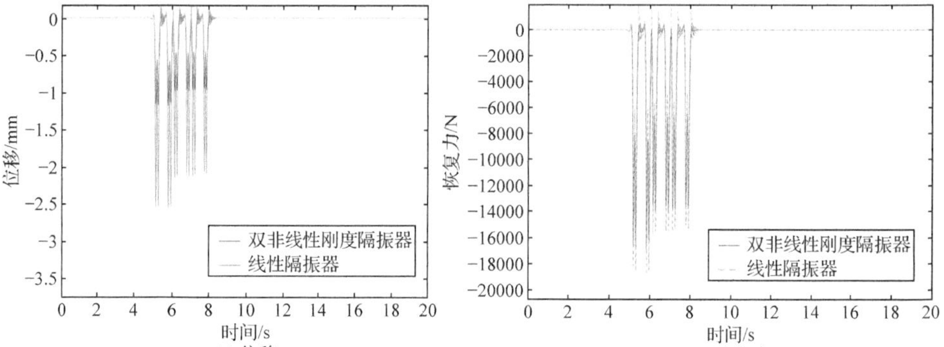

(a) 位移　(b) 恢复力

图 6-27　AW0 情况下浮置板的位移和隔振器的恢复力的数值仿真结果

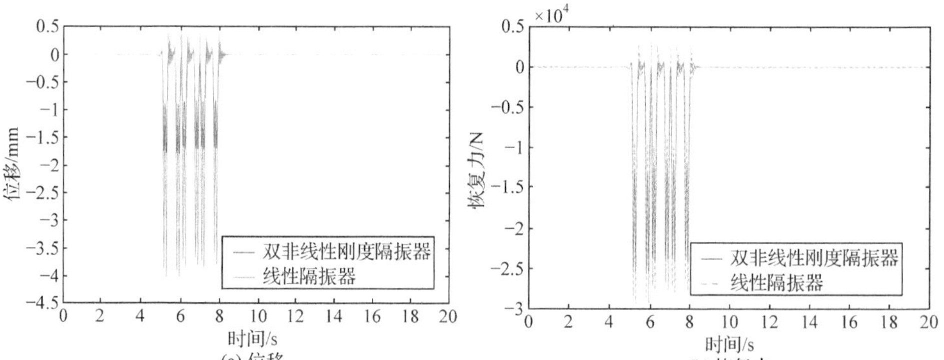

(a) 位移　(b) 恢复力

图 6-28　AW2 情况下浮置板的位移和隔振器的恢复力的数值仿真结果

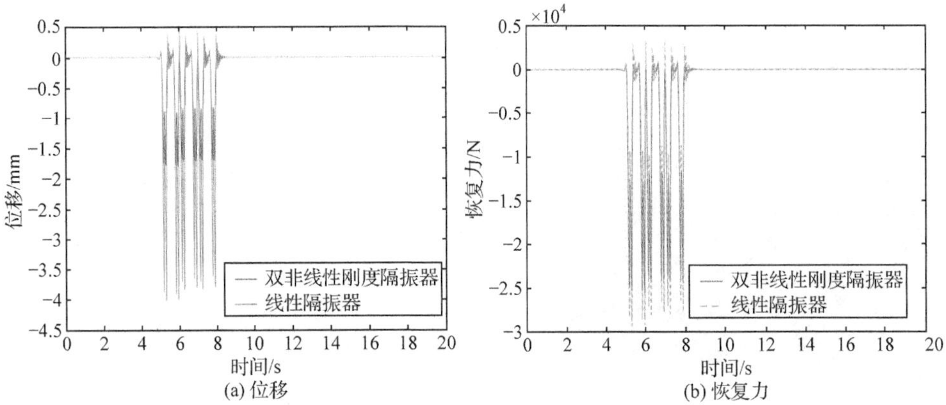

图 6-29　AW3 情况下的浮置板的位移和隔振器的恢复力的数值仿真结果

6.2.4　双非线性刚度电磁能量俘获隔振器实验研究

在本小节中，根据理论分析的参数，设计双非线性刚度电磁能量俘获隔振器的实验模型，验证理论分析的正确性和可靠性。在不同频率的周期激励下，对系统的传递率进行分析。同时，还设计能量俘获器，即齿轮传动式电磁能量俘获器，将其与双非线性刚度电磁能量俘获隔振器耦合，形成隔振与能量俘获的一体化结构，并对该组合结构的隔振性能和能量俘获性能进行实验分析。

1. 双非线性刚度电磁能量俘获隔振器的实验分析

双非线性刚度电磁能量俘获隔振器的实验结构、实验装置和数据处理系统如图 6-30(a)和(b)所示。双非线性刚度电磁能量俘获隔振器的实验结构参数如下：

$$\theta_0 = 55°,\ k_v = 600\text{N/m},\ k_h = 1200\text{N/m},\ L_0 = 0.05\text{m},\ l_v = 0.05\text{m},\ l_e = 0.028\text{m},\ q = 0.005\text{m}$$

使用 DELTA A31KW 装置，可以对双非线性刚度电磁能量俘获隔振器施加周期性激励。隔振器上方的位移传感器可以监测平台的位移和底座的位移。传感器的信号经信号处理系统处理后，即可通过计算机分析得到实验数据。

本实验记录了双非线性刚度电磁能量俘获隔振器在 0～3Hz 范围的稳态响应。图 6-30(c)～(f)为提取的底座和平台在 1Hz、1.7Hz、2.5Hz、3Hz 下的响应，其中实线是平台响应，虚线是底座响应，纵坐标是位移，横坐标是时间。从图中可以看出，在 1Hz 和 1.7Hz 时，由于共振现象，双非线性刚度电磁能量俘获隔振器的平台响应大于底座响应，而在 2.5Hz 及以后平台响应小于底座响应。

为了在实验中比较平台响应和底座响应，需要计算出理论的位移传递率，以便与实验结果进行比较。双非线性刚度电磁能量俘获隔振器的位移传递率可写为

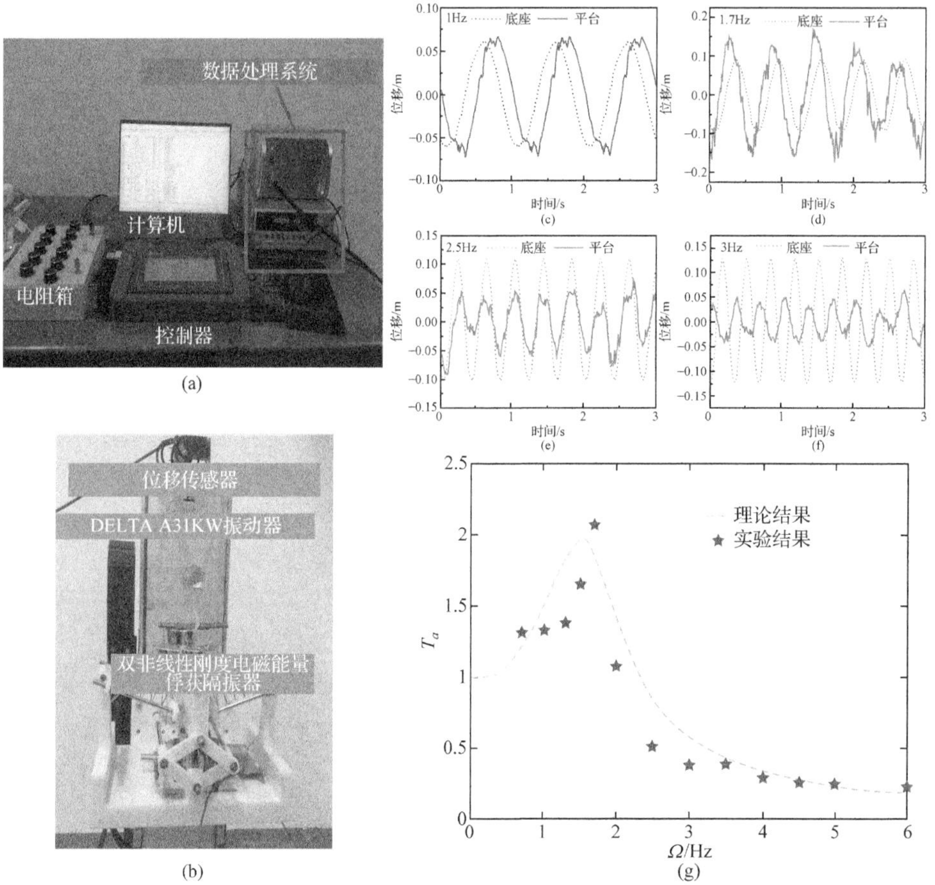

图 6-30　实验设备以及双非线性刚度电磁能量俘获隔振器的实验数据

(a)和(b)为双非线性刚度电磁能量俘获隔振器的实验结构、实验装置和数据处理系统；(c)～(f)为实验的数据；(g)为实验的位移传递率与理论的位移传递率的比较结果

$$T_a = \frac{|x_d|}{|x_b|} = \frac{\sqrt{A_1^2 + A^2 + 2A_1 A\cos\varphi}}{A} \tag{6-107}$$

图 6-30(g)显示了理论和实验的位移传递率比较结果。其中，虚线为理论结果，五角星为实验的数据。从图中可以看出，共振峰峰值频率出现在1.7Hz附近，2Hz以后五角星开始处于1下方，即开始具有隔振效果。结果表明，双非线性刚度电磁能量俘获隔振器具有较低的共振频率，同时在 2Hz 激励频率以上时，开始具有减振能力，因此该隔振器可以在低频段使用，并具有良好的隔振效果。

2. 齿轮传动式电磁能量俘获器的原理与设计

为了将垂直振动能量转化为电能，设计了齿轮传动式电磁能量俘获器。该能量俘获器的 3D 建模如图 6-31(a)和(b)所示。能量俘获器安装在双非线性刚度电磁能量俘获隔振器底座上预设的位置处，一根齿条与双非线性刚度电磁能量俘获隔振器的平台连接，其下方与一个用来带动电磁能量俘获器运作的齿轮接触。当平台振动时，齿条会跟随平台上下移动，而其连接的齿轮被它驱动开始旋转。齿轮中间有轴承和轴，一根轴的旋转可以带动轴上所有齿轮转动，并将转动传递到其他的轴上，最后传递到用来驱动发电机发电的齿轮，带动电机发电。通过不同尺寸齿轮的匹配，可以在一定程度上增加位移响应。在电机的选择上，选用了直流无刷电机。与直流有刷电机相比，直流无刷电机使用寿命更长、效率更高、稳定性更强。与交流电机相比，直流电机可以提供更多的能量。

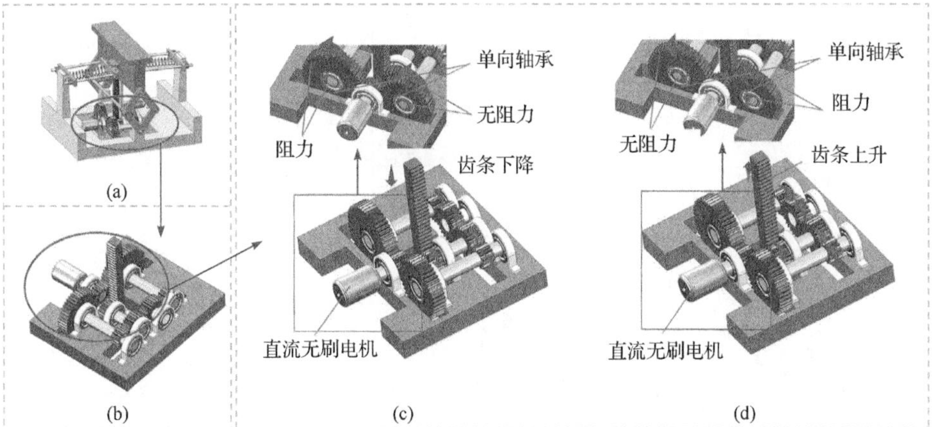

图 6-31 齿轮传动式电磁能量俘获器的建模与运动机理

利用单向轴承，可以实现电机的单向旋转，从而产生可以连续的直流电。如图 6-31(c)和(d)所示，当机架向下移动时，连接到直流电机左侧单向轴承的轴逆时针旋转，但单向轴承只能顺时针旋转。因此，连接单向轴承的大齿轮因阻力而被驱动旋转。与直流无刷电机右侧单向轴承连接的轴顺时针旋转时，符合单向轴承旋转方向，不会带动大齿轮运动，旋转是由于左边齿轮的运动而产生的。当齿条向上移动时，电机旋转情况与机架向下移动时相同。

3. 一体化结构的实验分析

在将齿轮传动式电磁能量俘获器与双非线性刚度电磁能量俘获隔振器耦合之后，这意味着增加了双非线性刚度电磁能量俘获隔振器的阻尼。增加阻尼可以降低共振峰峰值，但也会降低隔振效果。图 6-32(a)～(f)显示了一体化结构在 1Hz、1.7Hz、2.5Hz、3.5Hz、4.5Hz、5.5Hz 下的平台响应和底座响应，其中实线表示平台响应，虚线表示底座响应。从图中可以看出，在 1Hz、1.7Hz、2.5Hz 时，平台响应是大于底座响应的，在 3.5Hz 及以后，平台响应开始小于底座响应，这时隔振器开始显示出隔振效果。通过将平台响应与底座响应相比，可以获得一体化结构的位移传递率。图 6-32(g)展示了一体化结构与双非线性刚度电磁能量俘获隔振器的位移传递率的对比结果，与双非线性刚度电磁能量俘获隔振器相比，一体化结构由于增加了阻尼，其共振峰峰值有所降低，但隔振起始频率提高，并且高频段隔振性能有所下降。但总体来说，一体化结构仍具有较好的隔振性能。

齿轮传动式电磁能量俘获器的电流测量实验结果如图 6-33(a)所示，其中，激励频率为 4.5Hz。测量的数据为在电路中连接 80～500 Ω 的电阻时，通过电阻的电流。根据功率计算公式 $P = I^2R$，对接入电路负载电阻的功率进行计算，其

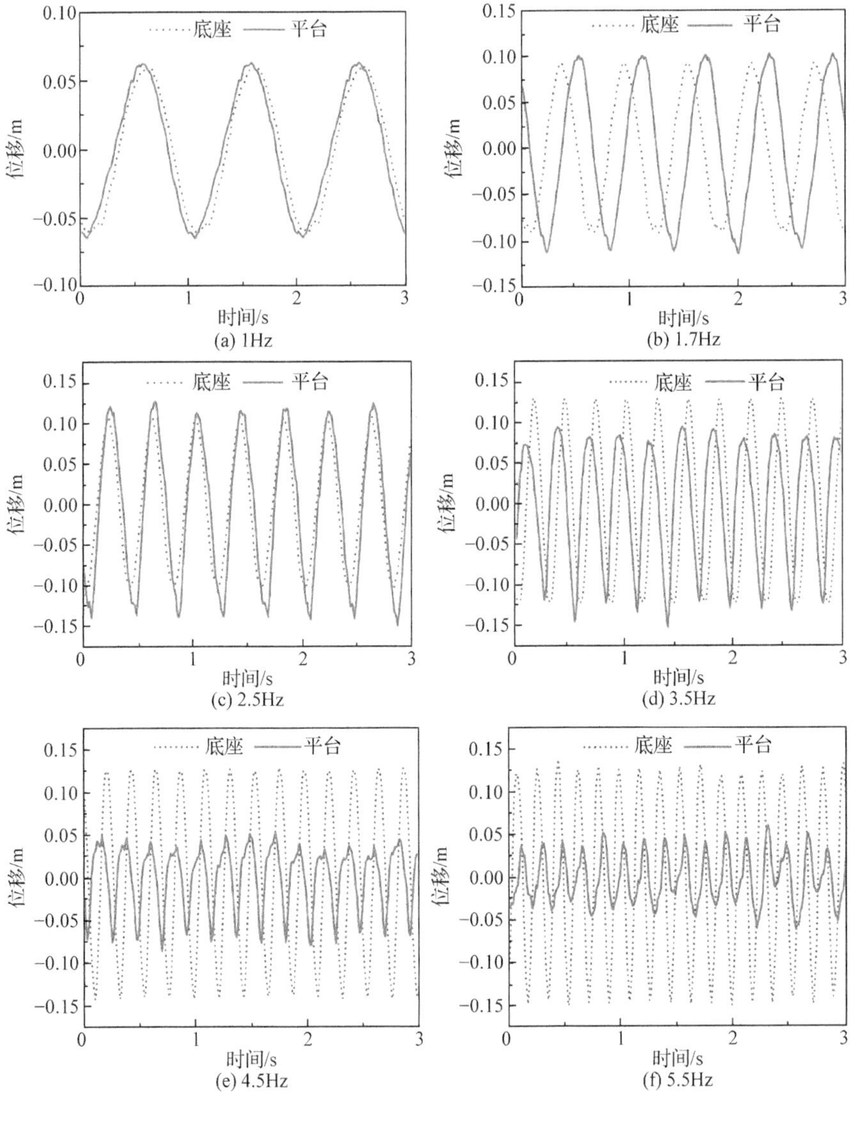

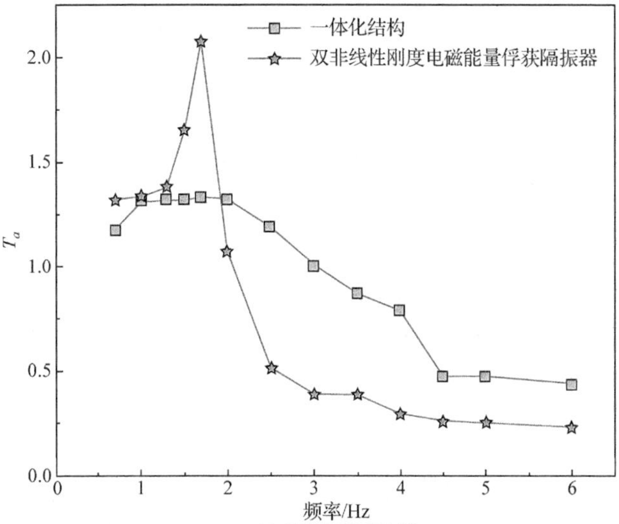

(g) 位移传递率比较

图 6-32　带有齿轮传动式电磁能量俘获器的双非线性刚度电磁能量俘获隔振器的实验数据以及位移传递率比较

结果如图 6-33(b)所示。从图中可以看出，齿轮传动式电磁能量俘获器的功率先增大后减小，其拥有最大功率时连接的电阻约为 250Ω，最大功率约为 27.5mW。这个功率足以为一些小型的用电器进行供电。实验结果表明，该一体化结构在隔振区间内仍具有优良的能量俘获性能。

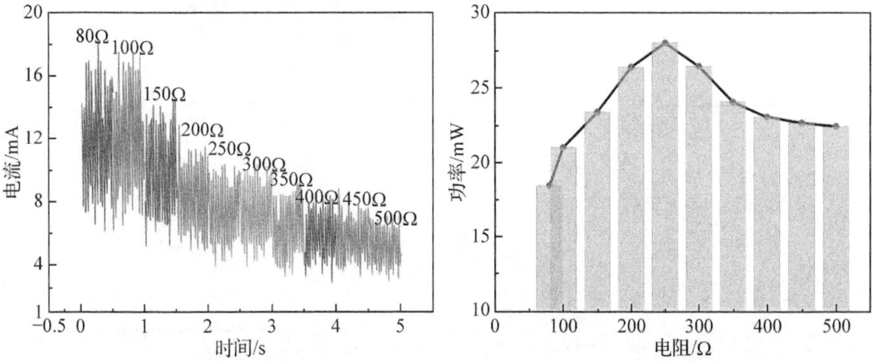

(a) 不同电阻下的电流　　(b) 负载电阻的功率

图 6-33　齿轮传动式电磁能量俘获器的实验结果

为了研究不同激励频率对齿轮传动式电磁能量俘获器的能量俘获性能的影响，测量了 3～6Hz 频率下 250Ω 电阻两端的电压，测量的实验结果如图 6-34(a)所示。能量俘获装置的电压随频率的增加先增大后减小。根据功率计算公式 $P=\dfrac{U^2}{R}$，能量俘获装置的功率如图 6-34(b)所示，功率随频率的增加呈先增大后减小的趋势，最大功率出现在 4.5Hz 附近。实验的电路图如图 6-34(c)所示，其中，TLV761 是电压稳定器，串联进电路中用于稳定输出电能。图 6-34(d)为齿轮传动式电磁能量俘获器为 LED 灯供能的示意图。

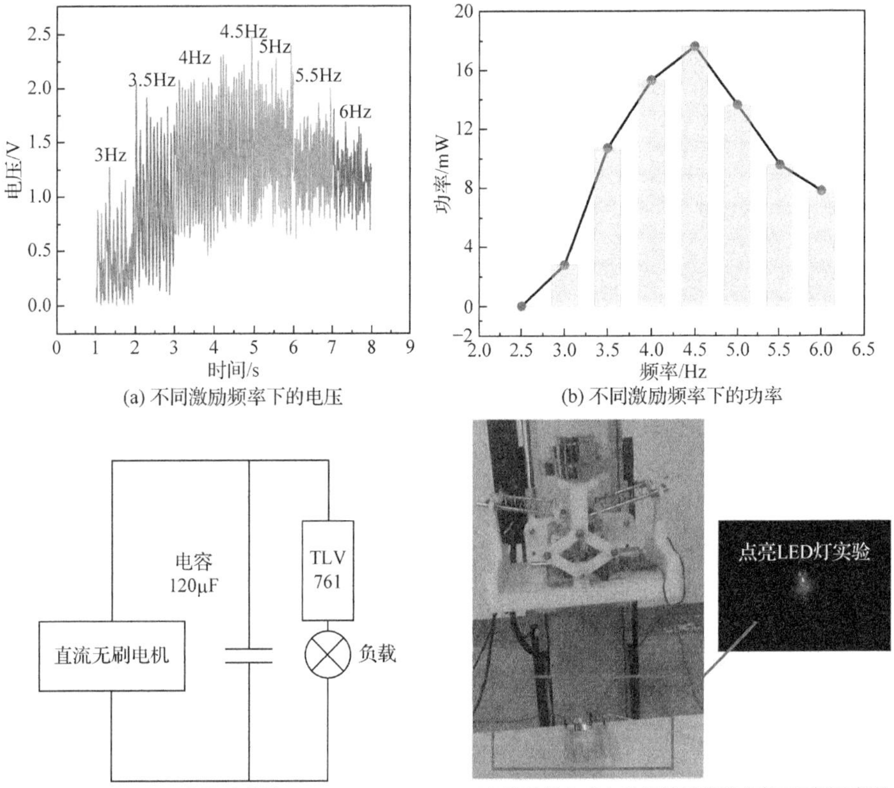

(a) 不同激励频率下的电压　(b) 不同激励频率下的功率

(c) 电路示意图　(d) 齿轮传动式电磁能量俘获器点亮LED灯示意图

图 6-34　最优电阻下齿轮传动式电磁能量俘获器的实验结果

本 章 小 结

本章基于 QZS 原理和电磁能量俘获原理，首先提出了基于弹簧-连杆结构的电磁能量俘获隔振器。通过基尔霍夫定律，推导了该隔振器的动力学模型。通过对平衡点附近的无量纲刚度的分析，找到了该隔振器实现 QZS 特性的条件。采用平均法分析了简谐激励下 QZS 机构的能量俘获隔振性能。结果表明，该机构在俘能的同时能够进行低频隔振。随后，利用 Fokker-Planck-Kolmogorov 方程分析了高斯白噪声下基于弹簧-连杆结构的电磁能量俘获隔振器的能量俘获性能。结果表明，相较于 QZS，基于弹簧-连杆结构的电磁能量俘获隔振器在能量俘获方面具有显著优势。最后，比较了基于弹簧-连杆结构的电磁能量俘获隔振器与其他两种可实现 QZS 特征和多稳态特征的结构变体。结果表明在 QZS 条件下，基于弹簧-连杆结构的电磁能量俘获隔振器与情况 Ⅰ 和情况 Ⅱ 的能量俘获隔振性能基本相同。然而，基于弹簧-连杆结构的电磁能量俘获隔振器可以实现更多的稳态数目，因此具有更好的能量俘获性能。基于弹簧-连杆结构的电磁能量俘获隔振器在能量俘获隔振性领域的表现证明它可以广泛应用于结构健康监测装置的保护与能量供应。

此外，本章提出了带有齿轮传动式电磁能量俘获器的双非线性刚度电磁能量俘获隔振器。对双非线性刚度电磁能量俘获隔振器的静力学和动力学特性进行了分析，讨论了不同参数对系统 QZS 性能的影响。建立了双非线性刚度电磁能量俘获隔振器的列车-轨道-隔振器仿真模型，结果表明，双非线性刚度电磁能量俘获隔振器的隔振性能优于线性隔振器，并将隔振性能最大提升了约 56%。设计的齿轮传动式电磁能量俘获器，可以与双非线性刚度电磁能量俘获隔振器耦合形成一体化结构。对双非线性刚度电磁能量俘获隔振器和一体化模型进行了实验研究，实验证明两者都具有优良的低频隔振性能，电磁能量俘获器与隔振器耦合，增加了系统的阻尼力，降低了共振峰峰值，提升了隔振性能，并且电机输出直流电的同时还有较高的能量输出，在 4.5Hz 时，电路中接入 250Ω 的电阻的功率高达 27.5mW，可以为小功率电器供电，同时 4.5Hz 属于一体化结构的隔振区间。因此，带有齿轮传动式电磁能量俘获器的双非线性刚度电磁能量俘获隔振器具有优良的一体化性能。

本章所提出的两种 QZS 与电磁能量俘获隔振器一体化结构为隔振与能量俘获一体化设计提供了新的思路。

参 考 文 献

[1] QI L, SONG J, WANG Y, et al. Mechanical motion rectification-based electromagnetic vibration energy harvesting technology: A review[J]. Energy, 2024, 289:130030.

[2] GAO S, WEI H, WANG J, et al. Self-powered system by a suspension structure-based triboelectric-electromagnetic-piezoelectric hybrid generator for unifying wind energy and vibration harvesting with vibration attenuation function[J]. Nano Energy, 2024, 122:109323.

[3] PENG L, WANG Y, QI Y, et al. A hybrid piezoelectric-electromagnetic energy harvester used for harvesting and detecting on the road[J]. Journal of Cleaner Production, 2023, 426:139052.

[4] YU C, JIANG Q, FU Q, et al. The X-shaped structure with nonlinear positive stiffness compensation for low-frequency vibration isolation[J]. International Journal of Mechanical Sciences, 2023, 259:108598.

[5] CHEN T, ZHENG Y, SONG L, et al. Study on a quasi-zero-stiffness isolator for variable mass load[J]. Applied Mathematical Modelling, 2023, 123:447-463.

[6] YE K, JI JC, FITCH R. Further investigation and experimental study of an origami structure-based quasi-zero-stiffness vibration isolator[J]. International Journal of Non-Linear Mechanics, 2023, 157:104554.

[7] ZHAO J, ZHOU G, ZHANG D, et al. Integrated design of a lightweight metastructure for broadband vibration isolation[J]. International Journal of Mechanical Sciences, 2023, 244:108069.

[8] YAN G, WU Z Y, WEI X S, et al. Nonlinear compensation method for quasi-zero stiffness vibration isolation[J]. Journal of Sound and Vibration, 2022, 523:116743.

[9] LU J, YAN G, QI W, et al. Load-adaptive quasi-zero stiffness vibration isolation via dual electromagnetic stiffness regulation[J]. Journal of Sound and Vibration, 2023, 567:118059.

[10] ZHU H, LIAN S, JIN M, et al. Review of research on the influence of vibration and thermal fatigue crack of brake disc on rail vehicles[J]. Engineering Failure Analysis, 2023, 153:107603.

[11] LI W, WANG A, GAO X, et al. Development of multi-band tuned rail damper for rail vibration control[J]. Applied Acoustics, 2021, 184:108370.

[12] XIAO Y, SHEN W, ZHU H, et al. An acoustic black hole absorber for rail vibration suppression: Simulation and full-scale experiment[J]. Engineering Structures, 2024, 304:117647.

第 7 章　隔振俘能预警一体化

振动作为普遍存在的物理现象，其控制与监测技术的研究日益受到关注。前面的章节已深入探讨了几何非线性理论在隔振器设计中的应用，这些隔振器以其准零刚度特征和广阔的应用前景而备受瞩目。尽管隔振技术取得了显著进展，但关于隔振器中振动监测与预警的研究仍显不足。传统的振动监测设备往往体积庞大，抗干扰能力较弱，难以适应多样化的复杂环境。更为关键的是，这些设备通常依赖外接电源供电，这不仅增加了安装难度，还提高了使用成本。因此，开发小型化、抗干扰能力强且能自供能的振动监测设备成为当前的研究重点。当前，摩擦纳米发电机在振动能量俘获领域已得到广泛应用。此外，随着集成化需求的增加，将非线性隔振装置与自供能振动监测装置有机结合的需求也日益迫切。同时，仿生学在结构设计中的应用为非线性隔振提供了新的灵感，许多来自自然界的结构应用于非线性隔振设计中。

在 7.1 节中，提出了一种基于仿生结构设计、非线性隔振理论和摩擦纳米发电机的自供能隔振俘能预警一体化装置。该装置由振动监测部分和仿生隔振部分组成，旨在实现低频隔振的同时，对振动进行实时监测。摩擦纳米发电机不仅用于自供能振动监测，还能将多余的电能用于驱动更多的无线传感器，以监测环境和机械结构的健康状态。在 7.2 节中，将详细介绍一体化装置模型的设计细节，建立和分析其静力学模型。在 7.3 节中，将基于谐波平衡法得到一体化装置的幅-频响应关系，并探讨结构参数对隔振性能的影响。在 7.4 节中，设计并制作一体化装置的实验原型机，进行隔振、俘能与振动预警的相关实验。最后进行总结。

7.1　自供能隔振俘能预警一体化装置设计

本节描述了自供能隔振俘能预警一体化装置的结构设计，该装置由振动监测部分和仿生隔振部分组合而成。与此同时，一体化装置的设计灵感来源和安装过程也在本节中全面描述。图 7-1 显示了自供能隔振俘能预警一体化装置的三维模型和结构细节。一体化装置可分为振动监测和仿生隔振两部分。振动监测部分由摩擦材料、摩擦电极、电荷收集电极、亚克力板和与之相连的电路组成。亚克力板用于粘贴并放置振动监测部分的组件。仿生隔振部分可以分为翼状结构和腿状结构。

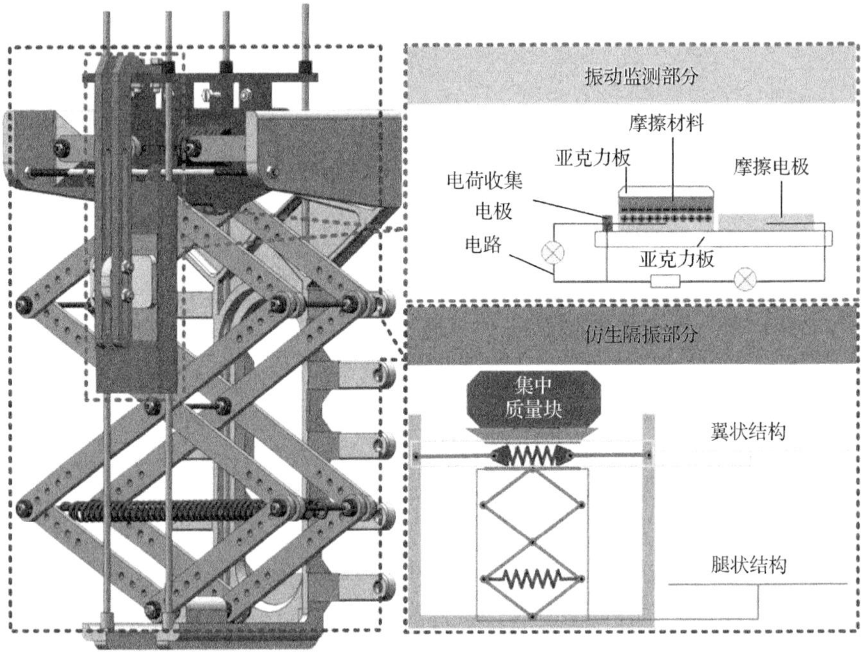

图 7-1　自供能隔振俘能预警一体化装置的三维模型和结构细节

仿生学结构的应用[1]，启发了隔振器的设计。现如今，研究人员从昆虫[2,3]、鸟类[4,5]、哺乳类动物[6,7]等生活习性以及身体构造出发，设计出优秀的隔振器。因此本章以鸟类在准备起飞时可以保持姿态稳定这一现象为出发点，设计了仿生隔振部分。图 7-2(a)描述了仿生隔振部分的原理图，其灵感来自准备起飞时鸟的四肢状态(图 7-2(b))。仿生隔振部分可分为翼状结构[8]和腿状结构[9]，分别对应于图 7-2(b)所示的鸟的翅膀和腿。弹簧相当于鸟的肌肉和肌腱，连杆相当于翅膀和腿部的骨骼。所有的连杆都可以绕着铰接点自由旋转，类比于鸟的翅膀和腿

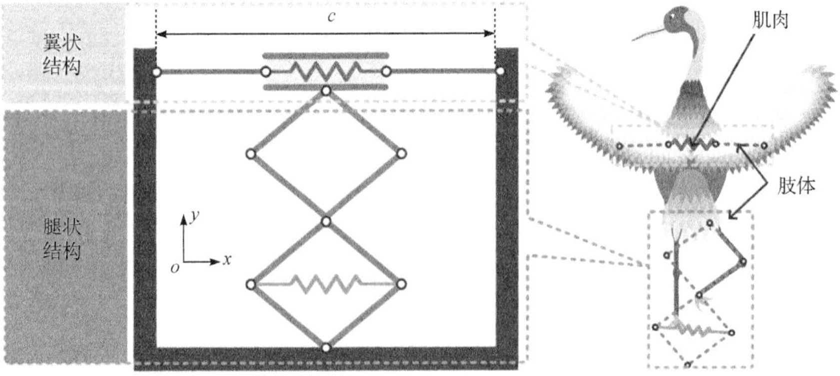

(a) 原理图　　(b) 准备起飞的鸟

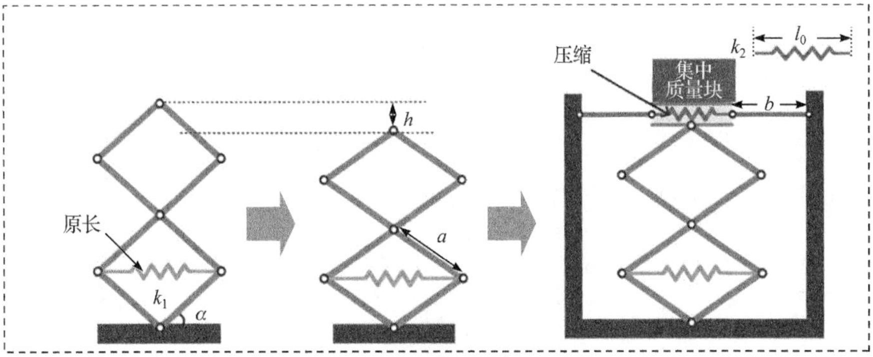

(c) 安装示意图

图 7-2　仿生隔振部分示意图

可以绕着关节自由活动。图 7-2(c)说明了仿生隔振部分的安装过程。

在图 7-2(a)中，c 是翼状结构处于水平状态时连杆两端的距离。如图 7-2(c)所示，a 和 b 分别是腿状结构和翼状结构的杆长，k_1 和 k_2 分别是腿状结构和翼状结构的弹簧刚度，α 是腿状结构的连杆与底座之间的初始角度，h 是腿状结构被迫压向下的距离，l_0 是翼状结构上弹簧的原长。n 是腿状结构的层数($n=2$)。仿生隔振器上加载的集中质量块只能在垂直方向上移动。

7.2　隔振俘能预警一体化装置静力学分析

本节将介绍隔振俘能预警一体化装置静力学分析，应用虚功原理，本节首先推导了恢复力和位移之间的关系。然后，分析了不同参数下的恢复力-位移曲线和刚度-位移曲线，找到了 QZS 的参数条件。

7.2.1　静力学建模

弹簧挂在腿状结构上的变形可以表示为

$$\Delta l_{\mathrm{L}} = 2\left(\sqrt{a^2 - \left(a\sin\alpha - \frac{y+h}{2n}\right)^2} - a\cos\alpha\right) \tag{7-1}$$

根据虚功原理，虚功方程可以表示为

$$F_{\mathrm{L}}\delta y = 2k_1 \Delta l_{\mathrm{L}} \delta\Delta l_{\mathrm{L}} \tag{7-2}$$

其中，F_{L} 为腿状结构在垂直方向上产生的恢复力；δ 为变分符号，$\delta\Delta l_{\mathrm{L}}$ 写成：

$$\delta\Delta l_{\mathrm{L}}=\frac{a\sin\alpha-\dfrac{y+h}{2n}}{n\sqrt{a^2-\left(a\sin\alpha-\dfrac{y+h}{2n}\right)^2}}\delta y \tag{7-3}$$

通过组合式(7-1)～式(7-3)，可以得到：

$$F_{\mathrm{L}}(y)=\frac{2k_1\left(a\sin\alpha-\dfrac{y+h}{2n}\right)}{n\sqrt{a^2-\left(a\sin\alpha-\dfrac{y+h}{2n}\right)^2}}\left(\sqrt{a^2-\left(a\sin\alpha-\dfrac{y+h}{2n}\right)^2}-\cos\alpha\right) \tag{7-4}$$

当质量块加载在一体化装置上并产生垂直方向的位移时，固定在翼状结构上的弹簧的变形可以写为

$$\Delta l_{\mathrm{W}}=c-2\sqrt{b^2-y^2}-l_0 \tag{7-5}$$

翼状结构在垂直方向上产生恢复力 $F_{\mathrm{W}}(y)$ 的虚功方程可以写成：

$$F_{\mathrm{W}}(y)\delta y=2k_2\Delta l_{\mathrm{W}}\delta\Delta l_{\mathrm{W}} \tag{7-6}$$

其中，

$$\delta\Delta l_{\mathrm{W}}=\frac{y}{\sqrt{b^2-y^2}}\delta y \tag{7-7}$$

因此，$F_{\mathrm{W}}(y)$ 可以表示为

$$F_{\mathrm{W}}(y)=\frac{2k_2 y\left(c-2\sqrt{b^2-y^2}-l_0\right)}{\sqrt{b^2-y^2}}=\frac{2k_2 y\left(l_c-2\sqrt{b^2-y^2}\right)}{\sqrt{b^2-y^2}} \tag{7-8}$$

将腿状结构和翼状结构产生的恢复力结合起来，则可以得到仿生隔振部分在垂直方向产生的恢复力：

$$\begin{aligned}F(y)&=F_{\mathrm{L}}(y)+F_{\mathrm{W}}(y)\\&=\frac{2k_1\left(a\sin\alpha-\dfrac{y+h}{2n}\right)}{n\sqrt{a^2-\left(a\sin\alpha-\dfrac{y+h}{2n}\right)^2}}\left(\sqrt{a^2-\left(a\sin\alpha-\dfrac{y+h}{2n}\right)^2}-\cos\alpha\right)\\&\quad+\frac{2k_2 y\left(l_c-2\sqrt{b^2-y^2}\right)}{\sqrt{b^2-y^2}}\end{aligned} \tag{7-9}$$

考虑到一体化装置上加载质量块运动时的位移较小，则仿生隔振部分的刚度 $F'(y)$ 可以表示为 $F(y)$ 关于 y 的导数。

7.2.2　恢复力与刚度分析

如图 7-3 和图 7-4 所示，一体化装置的恢复力和刚度随不同几何参数和弹簧刚度的变化而变化。在图 7-4 中，所有刚度-位移曲线的变化趋势均为先逐渐减小，然后剧烈增加。随着恢复力和刚度的变化，正刚度、负刚度和 QZS 特征都将实现。如图 7-4(a)～(c)和(e)所示，当一体化装置几何参数和悬挂在腿状结构的弹簧刚度增加时，刚度的最小值增加。相反，如图 7-4(d)和(f)所示，刚度的最小值随着下压的距离和悬挂在翼状结构的弹簧刚度的增加而降低。由图 7-3 和图 7-4 可以看出，满足 QZS 特征的参数条件为 $a=0.10\text{m}$，$l_c=0.03\text{m}$，$\alpha=60°$，$h=0.03\text{m}$，$k_1=1500\text{N/m}$，$k_2=150\text{N/m}$。一体化装置达到 QZS 特征时，恢复力几乎不随位移的增加而变化。

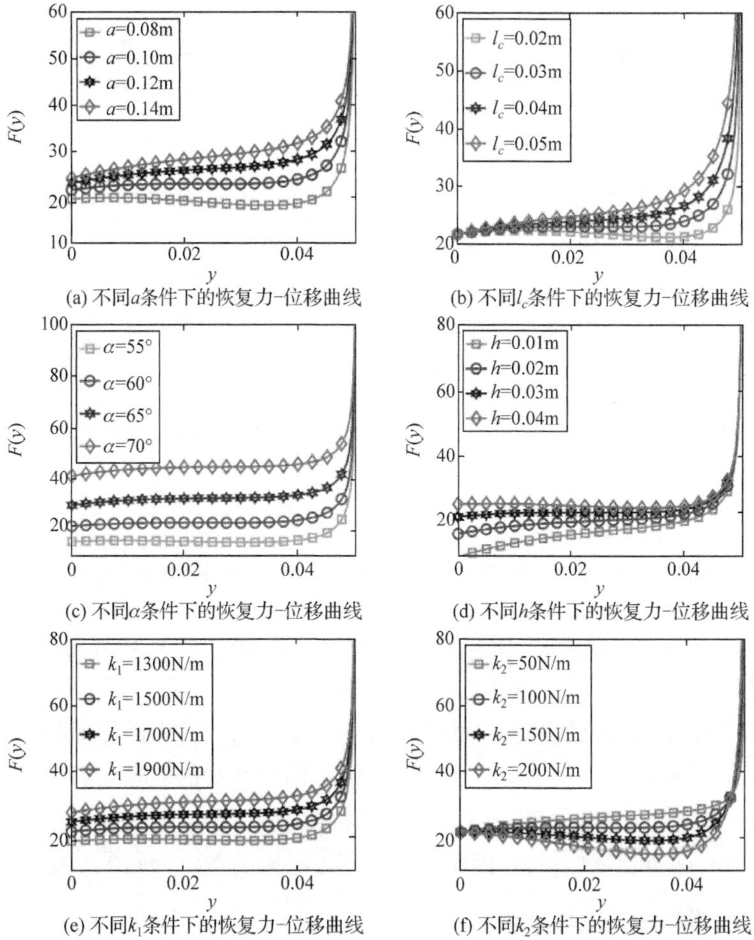

(a) 不同a条件下的恢复力-位移曲线　(b) 不同l_c条件下的恢复力-位移曲线

(c) 不同α条件下的恢复力-位移曲线　(d) 不同h条件下的恢复力-位移曲线

(e) 不同k_1条件下的恢复力-位移曲线　(f) 不同k_2条件下的恢复力-位移曲线

图 7-3　不同几何参数和弹簧刚度下的一体化装置的恢复力-位移曲线

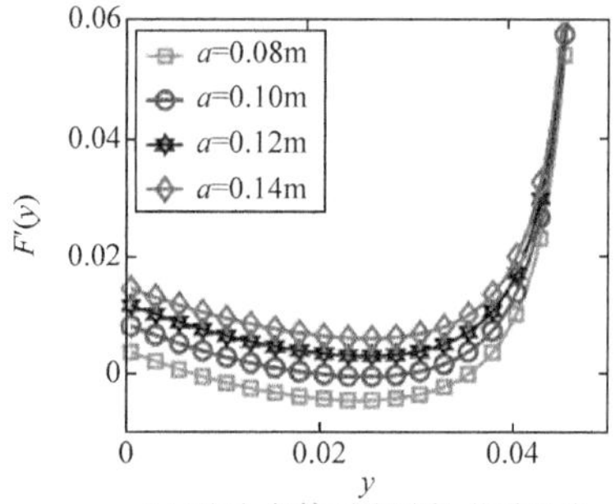

(a) 不同a条件下的刚度-位移曲线

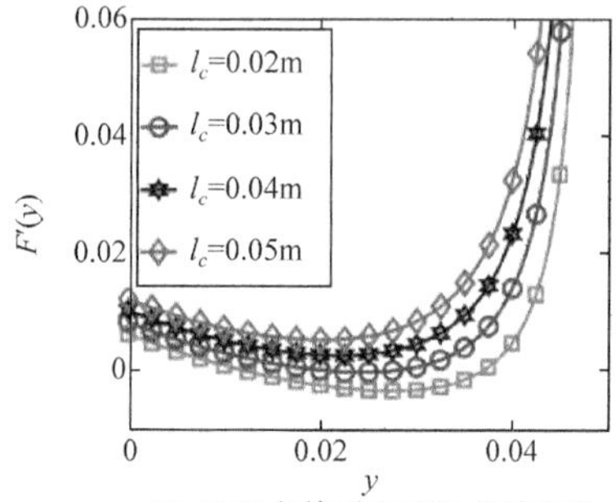

(b) 不同l_c条件下的刚度-位移曲线

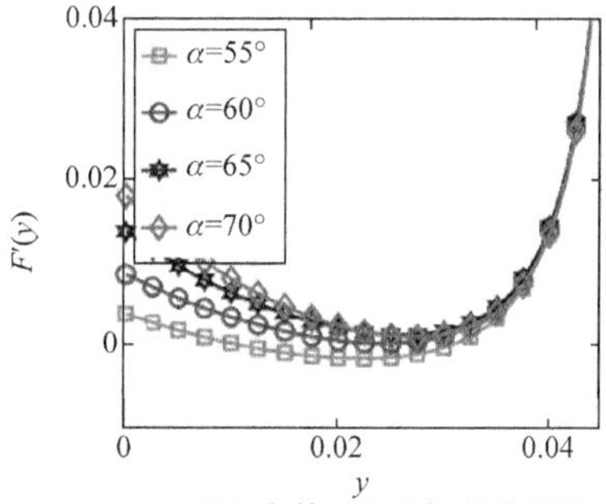

(c) 不同α条件下的刚度-位移曲线

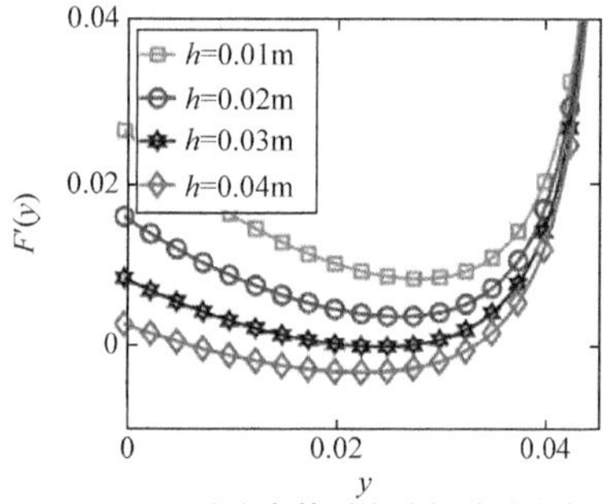

(d) 不同h条件下的刚度-位移曲线

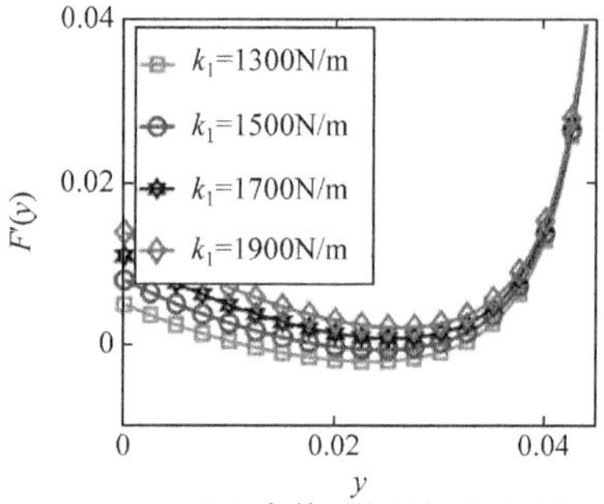

(e) 不同k_1条件下的刚度-位移曲线

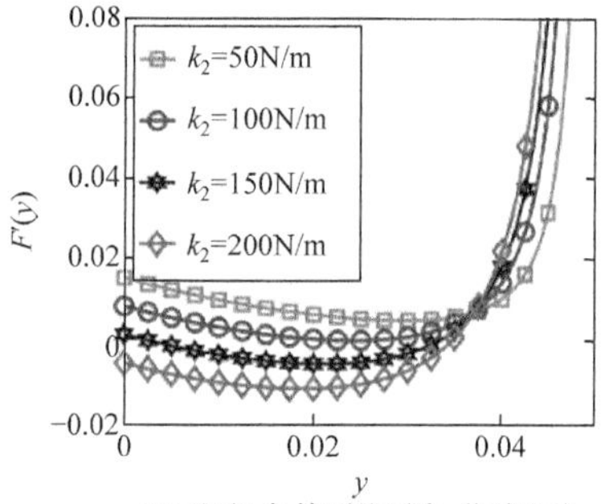

(f) 不同k_2条件下的刚度-位移曲线

图 7-4　不同几何参数和弹簧刚度下的一体化装置的刚度-位移曲线

7.3　隔振俘能预警一体化装置动力学分析

本节介绍了隔振俘能预警一体化装置动力学分析，首先推导了简谐激励下的无量纲动力学模型，并利用谐波平衡法求解。简谐激励的外激励强度和频率分别为 $\tilde{F}$ 和 ω。其次，通过调节外部参数和结构参数对幅-频响应关系进行分析。最后，通过分析不同参数下的力传递率，得到了不同参数下的隔振性能。

7.3.1　动力学模型建立与求解

由于一体化装置上加载质量块的重力作用，一体化装置的平台将向垂直方向移动并达到新的静态平衡点。当外激励施加在平台上时，平台和质量块将围绕新的静态平衡点移动。因此，为了研究隔振性能，本小节建立了一个新的坐标系 x_2Oy_2，该新的坐标系的原点位于零刚度处，附加在一体化装置上的质量块将以坐标原点为新的平衡点往复运动。

忽略翼状结构和腿状结构的附加质量，动力学模型在坐标系 x_2Oy_2 下可写为

$$M\ddot{y}_2 + c\dot{y}_2 + F_{\text{cs}}\left(y_2\right) = \tilde{F}\cos\left(\omega t\right) \tag{7-10}$$

其中，$F_{\text{cs}}\left(y_2\right)$ 是坐标系 x_2Oy_2 下恢复力 $F\left(y\right)$ 的映射。

为了做进一步的研究，这里对动力学方程进行无量纲化分析，并且引入以下无量纲参数：

$$\begin{aligned}&y\left(t\right)=y\left(\omega_1,T\right),\ \dot{y}\left(t\right)=\omega_1 y\left(t\right),\ \ddot{y}\left(t\right)=\omega_1^2 y\left(t\right),\\&\xi=\frac{c}{2M\omega_1},\ \omega_1^2=\frac{2k_1}{M},\ \omega_2^2=\frac{2k_2}{M},\ \rho=\frac{\omega_2^2}{\omega_1^2},\ f=\frac{\tilde{F}}{M},\\&Y=\frac{y_2}{b},\ A=\frac{a}{b},\ L_C=\frac{l_c}{b},\ H=\frac{h}{b}\end{aligned} \tag{7-11}$$

一体化装置的符号和定义如表 7-1 所示。

表 7-1　一体化装置的符号和定义

符号	定义
A、L_C、H	无量纲几何参数
Y	无量纲位移
ξ	阻尼比
f	无量纲外激励
ω_1^2、ω_2^2	自然频率
ρ	自然频率比

根据式(7-11)，无量纲动力学模型为

$$\ddot{Y} + 2\xi\omega\dot{Y} + \tilde{F}_{\text{ncs}}\left(Y\right) = f\cos\left(\omega t\right) \tag{7-12}$$

其中，$\tilde{F}_{\text{ncs}}\left(Y\right)$ 是坐标系 x_2Oy_2 中的无量纲恢复力。

使用多项式拟合得到无量纲恢复力 $\tilde{F}_{\text{pf}}\left(Y\right)$ 为

$$\tilde{F}_{\text{pf}}\left(Y\right) = \varGamma_0 + \varGamma_1 Y + \varGamma_2 Y^2 + \varGamma_3 Y^3 + \varGamma_4 Y^4 + \varGamma_5 Y^5 \tag{7-13}$$

多项式拟合结果与理论建模结果吻合较好(其参数为 $A=2$，$L_C=0.6$，$\alpha=60°$，$H=0.6$，$\rho=1/15$，$n=2$)，因此可以将 $\tilde{F}_{\text{pf}}\left(Y\right)$ 代入方程(7-12)，从而替代

$\tilde{F}_{\mathrm{ncs}}(Y)$，进行进一步的研究。

假设方程(7-12)的解为

$$Y=\lambda_0+\lambda_1\cos(\omega t+\theta) \tag{7-14}$$

将解代入动力学方程(7-10)，并且截断高阶谐波项，可以得到如下方程：

$$\begin{aligned}&\Gamma_0+\lambda_0\Gamma_1+\left(\lambda_0^2+\frac{\lambda_1^2}{2}\right)\Gamma_2+\left(\lambda_0^3+\frac{3}{2}\lambda_0\lambda_1\right)\Gamma_3+\left(\lambda_0^4+3\lambda_0^2\lambda_1^2+\frac{3}{8}\lambda_1^4\right)\Gamma_4\\&+\left(\lambda_0^5+5\lambda_0^3\lambda_1^2+\frac{15}{8}\lambda_0\lambda_1^4\right)\Gamma_5=0\end{aligned} \tag{7-15}$$

$$\begin{cases}\Xi_1\cos\theta-\Xi_2\sin\theta=f\\ \Xi_1\sin\theta-\Xi_2\cos\theta=0\end{cases} \tag{7-16}$$

其中，

$$\begin{aligned}\Xi_1=&\lambda_1\Gamma_1+2\lambda_0\lambda_1\Gamma_2+3\left(\lambda_0^2\lambda_1+\frac{1}{4}\lambda_1^3\right)\Gamma_3+\left(4\lambda_0^3\lambda_1+3\lambda_0\lambda_1^3\right)\Gamma_4\\&+\left(5\lambda_0^4\lambda_1+\frac{15}{2}\lambda_0^2\lambda_1^3+\frac{5}{8}\lambda_1^5\right)\Gamma_5-\lambda_1\omega^2\end{aligned} \tag{7-17}$$

$$\Xi_2=2\lambda_1\xi\omega \tag{7-18}$$

为了推导幅-频响应函数，对式(7-16)中的方程进行平方后求和。因此，可以推导出幅-频响应关系为

$$\Xi_1^2+\Xi_2^2=f^2 \tag{7-19}$$

7.3.2 隔振性能分析

为了研究隔振性能，本小节分析了自供能隔振俘能预警一体化装置的力传递率。传递到一体化装置底座的力的幅值可以表示为

$$F_{by}=\sqrt{\Xi_1^2+\Xi_2^2} \tag{7-20}$$

因此，一体化装置的力传递率可以推导为

$$T_y=\frac{\sqrt{\Xi_1^2+\Xi_2^2}}{f} \tag{7-21}$$

图 7-5 描述了在不同外部参数(无量纲外激励 f 和阻尼比 ξ)下，力传递率随频率的变化，其参数为 $A=2$，$L_C=0.6$，$\alpha=60°$，$H=0.6$，$\rho=1/15$，$n=2$，满足 QZS 条件。随着频率的增加，一体化装置平台的力传递率先逐渐增大，当达到共振峰峰值时，力传递率达到最大，这是因为装置在该频率下发生了

共振，力传递率显著增强。然而，在高频范围内，力传递率又迅速减小。共振峰与起始隔振频率位于低频区域，这表明一体化装置具有低频隔振能力。从图 7-5(a)可以看出，频率较低时力传递率随 f 的增加而减小，而在高频区域则反而开始增加。从图 7-5(b)中可以看出，力传递率在高频区域随 ξ 的变化趋势与 f 完全相反。因此可以得出结论：阻尼比可以抑制共振峰峰值，但对高频隔振有负面影响。

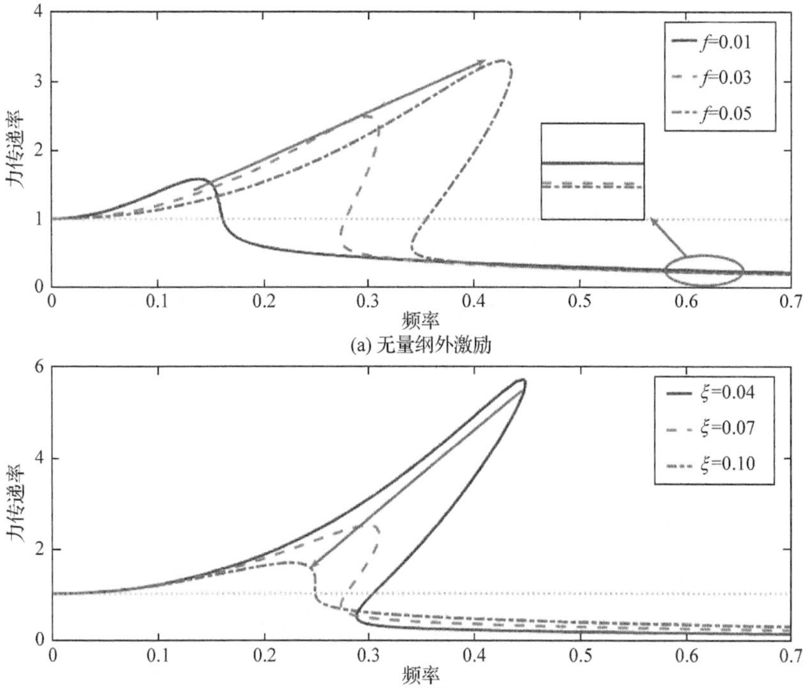

(a) 无量纲外激励

(b) 阻尼比

图 7-5　不同外部参数下的力传递率-频率曲线

图 7-6 显示了不同结构参数下的力传递率-频率曲线，其中无量纲外激励 $f=0.01$，阻尼比 $\xi=0.04$。从图 7-6(a)～(e)可以看出，起始隔振频率随着无量纲几何参数和自然频率的增加而增加。在高频区域，一体化装置的无量纲几何参数和自然频率越小，隔振性能越好。在低频区域，一体化装置的力传递率确实展现出了与无量纲几何参数和自然频率之间的密切关系。随着这两个参数的增加，力传递率也呈现出上升的趋势。此外，共振峰峰值和与之对应的共振频率也随着无量纲几何参数和自然频率的增加而逐渐变大。这意味着在特定的振动条件下，装置可能会产生更大的振动幅度，进一步影响力传递率。在图 7-6(f)中，最低的起始隔振频率和最低的共振峰峰值同时出现在 $n=2$ 的情况下。同时，当 $n=1$ 时，力传递率和所对应的起始隔振频率高于其他层数。这表明当 $n=2$ 时，一体化装置的隔振性能最优。

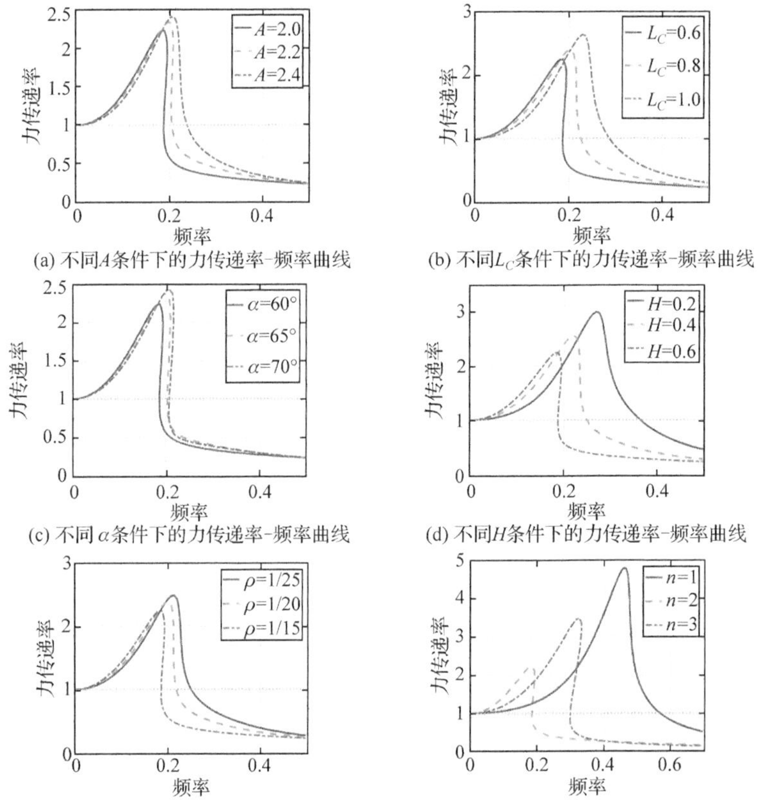

(a) 不同A条件下的力传递率-频率曲线　(b) 不同L_C条件下的力传递率-频率曲线

(c) 不同α条件下的力传递率-频率曲线　(d) 不同H条件下的力传递率-频率曲线

(e) 不同ρ条件下的力传递率-频率曲线　(f) 不同n条件下的力传递率-频率曲线

图 7-6　不同结构参数下的力传递率-频率曲线

7.4　隔振俘能预警一体化装置实验验证

本节展示了一体化装置的实验原型机，并使用直线电机和其他配套的实验设备对其进行了隔振、俘能和振动预警测试。首先，本实验测试了不同外激励振幅下的隔振性能，对比了理论和实验结果，研究了振动监测部分对隔振性能的影响。其次，通过测量不同频率下的电流、电压、转移电荷以及不同负载电阻下的输出功率，以此来分析能量俘获性能。最后，通过观察不同振幅下输出电流信号的变化情况，证明一体化装置的振动预警能力。

7.4.1　实验装置介绍

图 7-7 显示了一体化装置的实验设备、实验原型机和外接电路。一体化装置原型机的参数如表 7-2 所示。如图 7-7(a)所示，一体化装置被固定在直线电机的运动部分，直线电机的运动部分可以进行垂直方向往复移动。控制手柄用于控制

直线电机运动部分的输出频率和振幅。位移传感器固定在直线电机的固定部分，以便收集一体化装置平台的位移数据并传输到动态信号分析仪。电线用于将振动监测部分产生的电能传输到 LED 灯和静电计。来自动态信号分析仪和静电计的所有信号都显示并保存在计算机中。在图 7-7(b)中，设置了一体化装置的外接电路以进行能量俘获相关的实验，其中的整流器可以将交流(AC)电信号转换为直流(DC)电信号，从而为电容器充电。

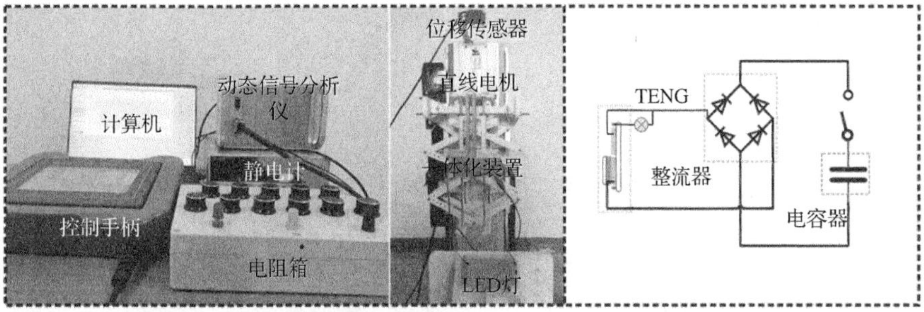

(a) 一体化装置的实验设备和实验原型机　　(b) 一体化装置的外接电路

图 7-7　一体化装置的实验设备、实验原型机和外接电路

表 7-2　一体化装置原型机的参数和对应数值

符号	单位	数值
a	m	0.12
b	m	0.05
l_c	m	0.086
α	°	60
h	m	0.03
k_1	N/m	1633.33
k_2	N/m	272.23
n	—	2
M	kg	0.45

通过振动俘能器产生电信号的变化进行预警的方法已经得到了广泛研究[10-12]，本节一体化装置便是运用电信号的变化进行预警。图 7-8 显示了一体化装置中振动监测部分的工作机制。为了实现实时监控，摩擦材料和亚克力板被粘贴固定在一起，二者可以随着一体化装置的平台一起移动。当摩擦材料沿着摩擦电极移动时，可以产生 AC 电信号，该 AC 电信号在电路中产生电流。该信号表明一体化装置处于安全区域，产生的 AC 电信号可以被收集和存储。然而，当平台产生大

位移时，这意味着平台处于危险区域，此时摩擦材料的运动范围超过摩擦电极的长度。由于巨大的电势差，电荷收集电极和摩擦材料之间会发生空气击穿，从而产生 DC 电信号，根据电流信号的变换可以及时发出预警。

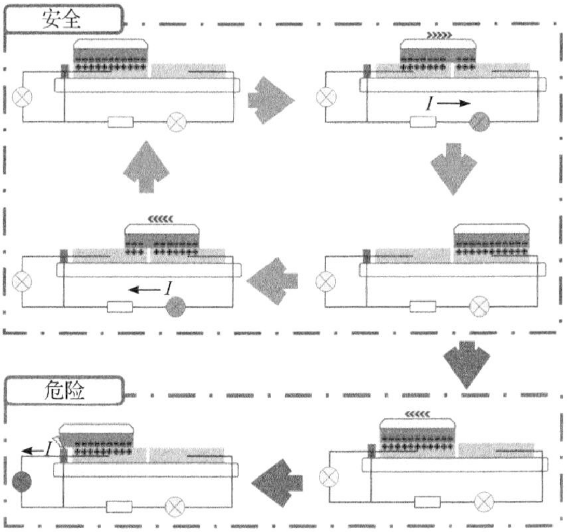

图 7-8　一体化装置中振动监测部分的工作机制

7.4.2　隔振性能实验与验证

图 7-9 显示了当直线电机振幅为 10mm 时简谐激励下的实验结果。图 7-9(a)～(d)显示了 1.5Hz、3.0Hz、4.5Hz 和 7.5Hz 条件下基础位移和平台位移的时域测量结果。从图 7-9(b)和(e)可以看出，共振峰峰值出现在 3.0Hz 的外激励条件下。如图 7-9(c)和(e)所示，一体化装置在大约 4.5Hz 时产生隔振效果，随着直线电机输出的外激励频率的增加，隔振性能逐渐明显。当装置处于正常工作状态时，它能够有效地隔离外部振动，保护被监测的设备或结构免受振动干扰。在这种情况下，一体化装置处于安全区域，位移传递率保持在较低水平。然而，当位移传递率大于 1 时，则意味着一体化装置之上的结构或设备将不再受到保护，反而可能受到放大的振动影响。此时，结构处于危险区域，应当避免这种情况。如图 7-9(e)所示，实验数据与理论结果可以较好地吻合，这验证了理论结果的正确性。

图 7-10 描述了直线电机在简谐激励下，一体化装置时域测量结果。从图 7-10(a)～(d)可以看出，随着频率的增加，一体化装置平台的位移先增后减小。当频率足够大时，一体化装置平台的位移明显小于直线电机。图 7-10(e)显示了无振动监测部分和有振动监测部分的一体化装置在不同外激励振幅下的力传递率。起始隔振频率随外激励频率的减小而增加。与此同时，共振峰峰值和隔振性能随着直线电机输出的外激励频率增加而增加。图 7-10(f)分析了振动监测部分对一体化装置

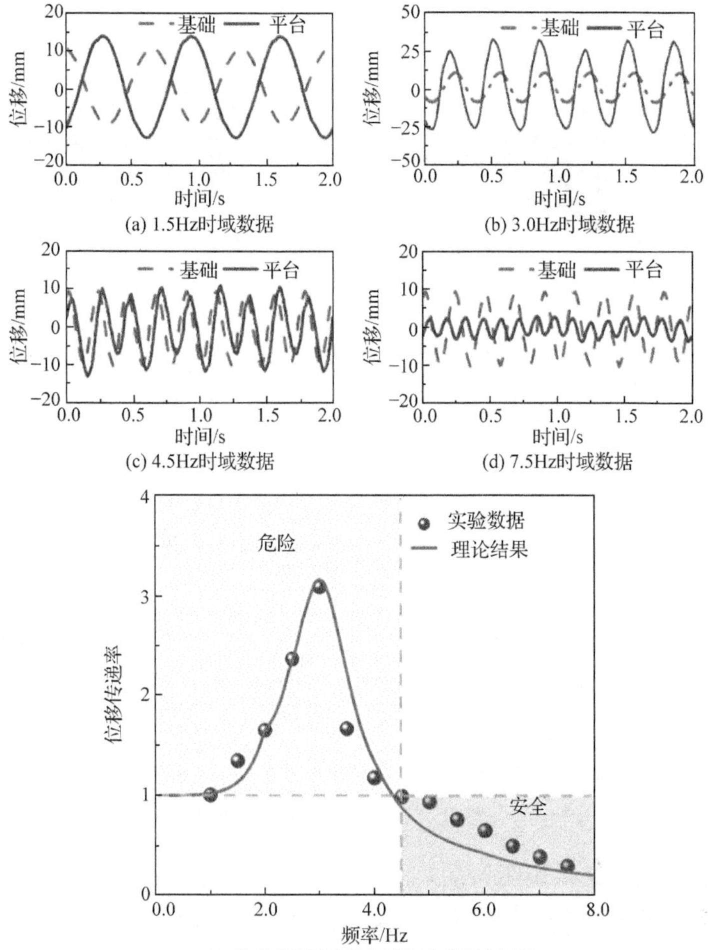

(a) 1.5Hz时域数据　(b) 3.0Hz时域数据

(c) 4.5Hz时域数据　(d) 7.5Hz时域数据

(e) 位移传递率理论结果与实验数据对比

图 7-9　当直线电机振幅为 10mm 时简谐激励下的实验结果

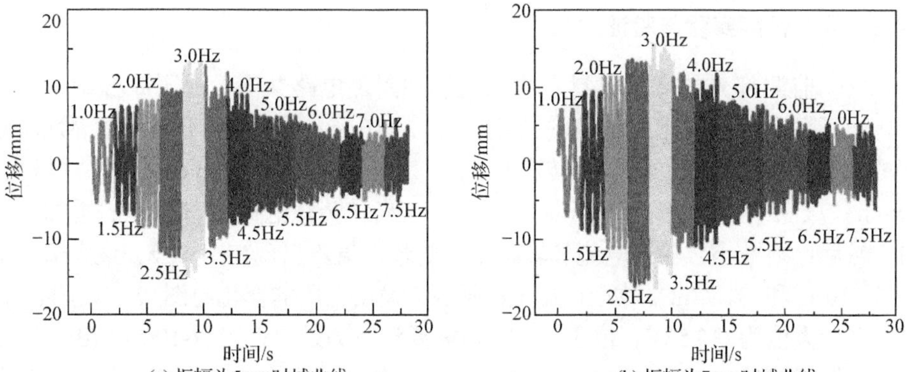

(a) 振幅为5mm时域曲线　(b) 振幅为7mm时域曲线

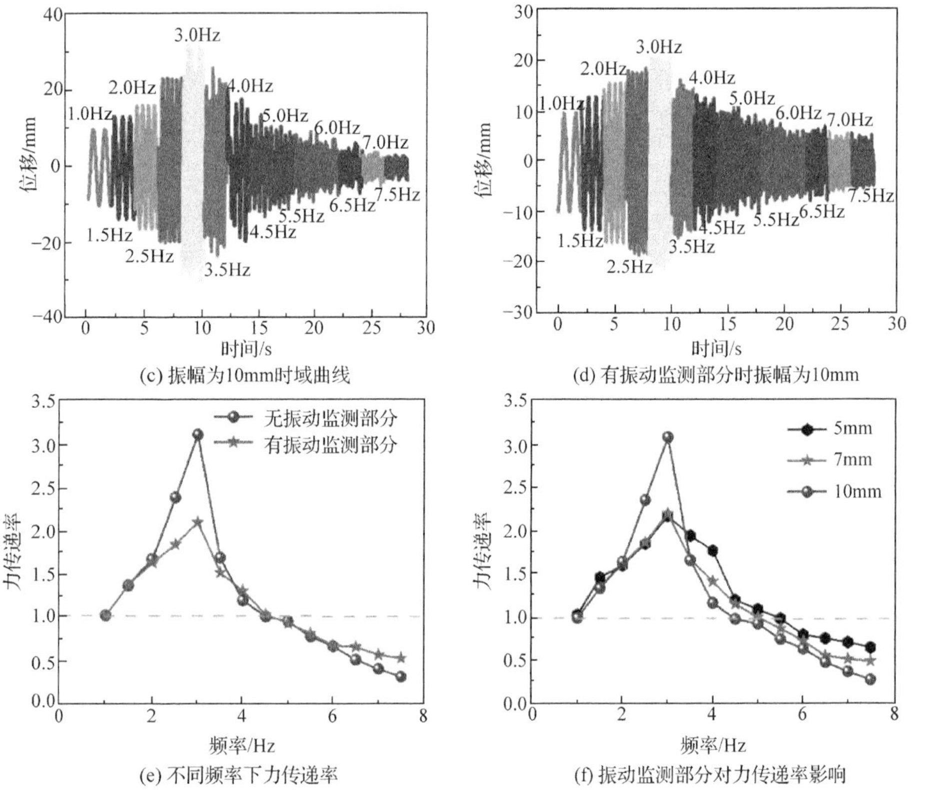

(c) 振幅为10mm时域曲线　(d) 有振动监测部分时振幅为10mm

(e) 不同频率下力传递率　(f) 振动监测部分对力传递率影响

图 7-10　一体化装置在简谐激励下时域测量结果

隔振性能的影响，结果表明振动监测部分可以降低共振峰峰值。当频率足够高时，无振动监测部分的一体化装置相较于有振动监测部分的情况具有更好的隔振性能。这是因为振动监测部分为整个动力学系统提供了阻尼，衰减了共振峰峰值，但损失了高频区域的有效隔振性能。

7.4.3　俘能性能实验与验证

振动监测部分的摩擦材料、摩擦电极和附加电路共同构成了摩擦纳米发电机。为了探究摩擦纳米发电机的性能，图 7-11(a)～(c)描述了不同频率周期激励下的输出电流、输出电压和转移电荷，其中直线电机输出的外激励振幅为10mm。从图 7-11(a)和(c)可以看出，输出电流和转移电荷随着频率的增加先增加，然后逐渐减小。输出电流和转移电荷的最大值均出现在 4.5Hz，最大值分别为 1.41μA 和 31.77nC。如图 7-11(b)所示，输出电压的变化与图 7-11(a)和(c)相似，但最大值为 36.52V，位于 4.0Hz。需要注意的是，在图 7-10(a)～(d)的结果中，共振峰峰值出现在 3.0Hz，但输出电流、输出电压和转移电荷的最大值分别处于 4.0Hz 或 4.5Hz。这种现象产生的原因是摩擦材料的运动范围超出了摩擦电极，这导致了能量俘获性能的降低。图 7-11(d)显示了一体化装置在 7.5Hz 下对具有不同电容的电容器进行充电，其中外激励振幅为 10mm，一体化装置可以在 10s 和 30s 内为 0.10μF 和 0.22μF 的电容器充电到 20V。同时，0.47μF、2.20μF 和 10.00μF 电容可由振动监测部分在 1min 内充电至 7V、5V 和 2V。

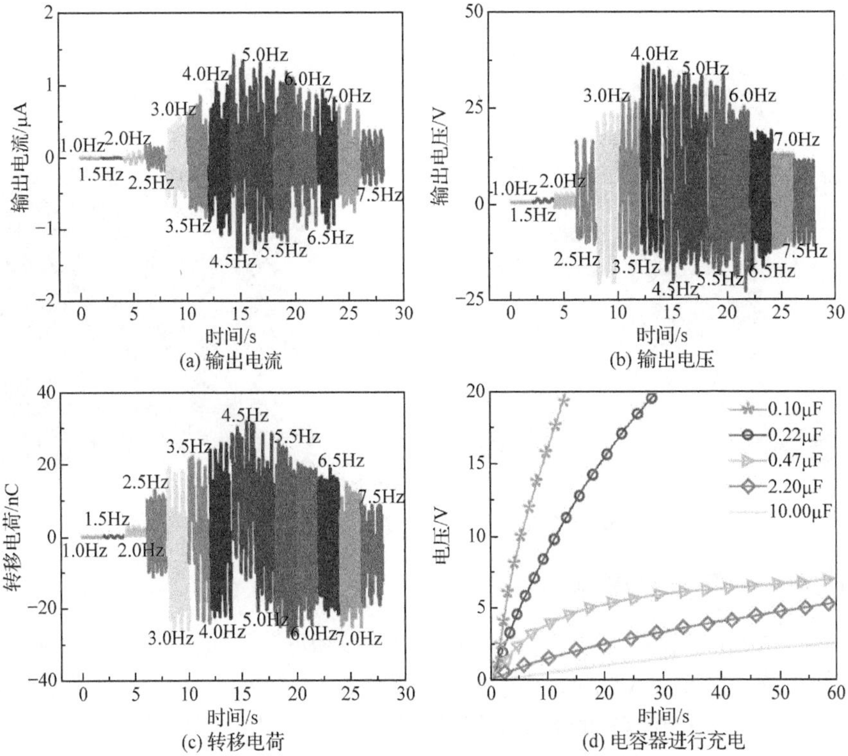

图 7-11　振幅为 10mm 的振动能量俘获性能

图 7-12 显示了直线电机在 7.5Hz、10mm 的外激励条件下工作时振动监测部分的输出电流、输出电压、输出功率和 LED 灯的点亮情况。如图 7-12(a)所示，通过增加电阻箱的负载电阻 R_d，标记为星形的输出电流 I_S 会呈现单调递减的趋势。根据公式 $U_S = I_S R_d$ 和 $P_S = I_S^2 R_d$，可以得到一体化装置振动监测部分的输出电压 U_S 和输出功率 P_S。如图 7-12(a)所示，圆点标记的输出电压随着负载电阻的增加而逐渐增大。从图 7-12(b)可以看出，输出功率先增后减，而最大值在 700MΩ 下，输出功率的峰值为 160μW。从图 7-12(c)中可以明显看出，一体化装置在工作时可以点亮 56 个 LED 灯并为其连续供电。

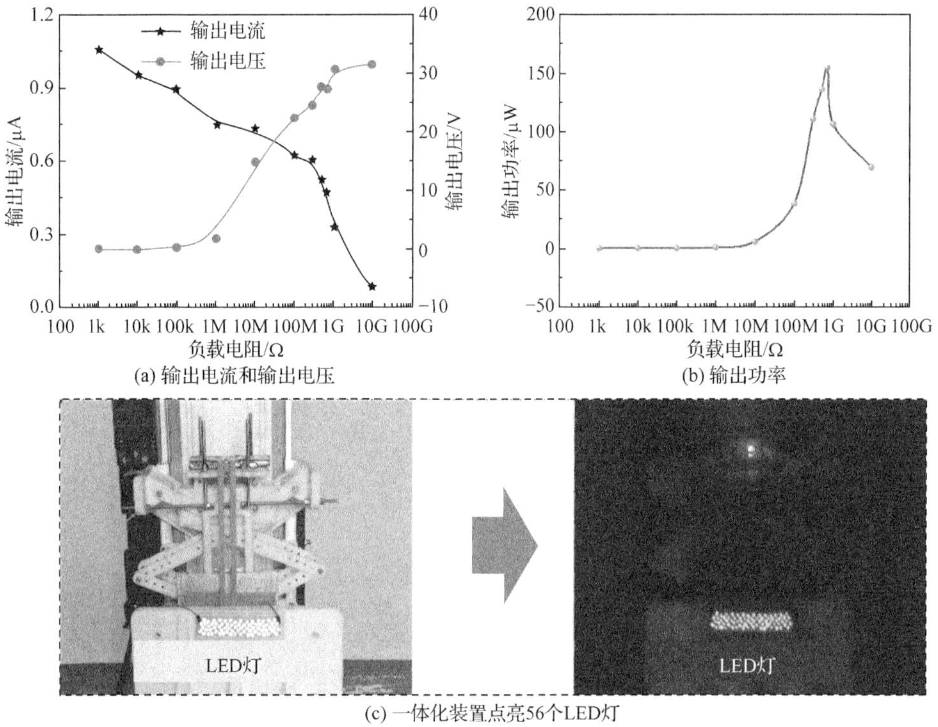

图 7-12　不同负载下的振动能量俘获性能和 LED 灯点亮情况

7.4.4　振动预警实验与验证

如图 7-13(a)所示，不同运动区域(安全区域和危险区域)所产生的电流信号存在显著差异。在安全区域内，由于一体化装置的位移较小，振动监测部分俘获的能量相对较少，电流信号的大小也相对较低。然而，当装置进入危险区域时，由于位移显著增加，振动监测部分能够俘获更多的能量。进一步观察图 7-13(b)，可以清楚地看到危险区域的电流信号被明确标记出来。在这一区域中，出现了 DC 电信号，这意味着摩擦材料在振动过程超出了摩擦电极，从而产生了尖端放电。

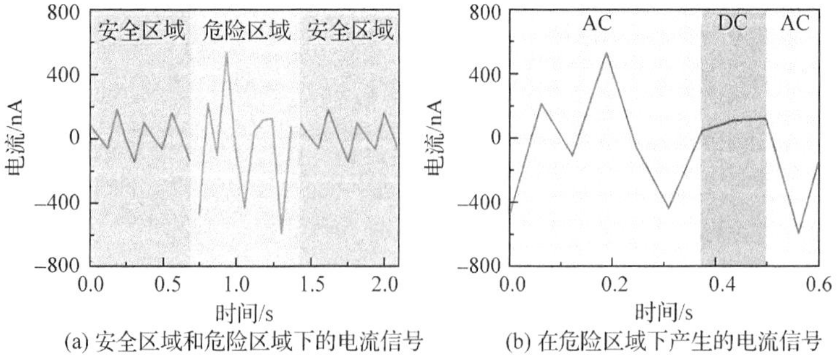

(c) 指示灯在危险区域亮起

图 7-13　振动预警能力实验

在图 7-13(c)中，展示了两个 LED 灯在危险区域被点亮的情况。这一实验结果证明了一体化装置的振动预警能力。

图 7-14 描述了自供能隔振俘能预警一体化装置的应用前景。它可以安装在跨海大桥、海洋平台、工业机器人和其他类似结构和机器的基座上。一体化装置确实展现出了其在隔振和自供能振动监测方面的巨大潜力。振动监测的工作机理为，当振动能量传递到一体化装置的振动监测部分时，会产生 AC 电信号。在这种情况下，装置处于安全区域，这些振动能量将被俘获并储存起来。然而，当一体化装置监测到 DC 电信号出现时，结构可能正处于危险区域中。在这种情况下，一体化装置会通过无线电系统，将警报信息迅速传递给相关的工作人员，以便于第一时间了解结构的振动状况，从而及时采取必要的措施，避免可能的损害

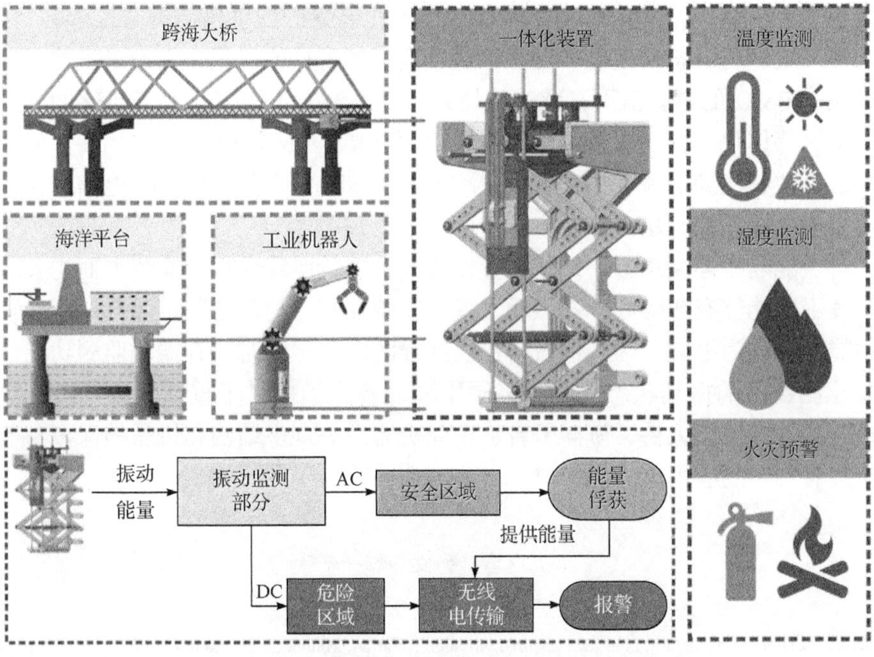

图 7-14　自供能隔振俘能预警一体化装置的应用前景

和防止事故发生。除此以外，俘获的电能还可以为附着在结构上的低功耗传感器供电，以测量周围环境的温度、湿度或发出火灾警报，维护机械结构的安全。

本章小结

为了满足隔振和实时振动监测的双重需求，本章提出了一种创新性的自供能隔振俘能预警一体化装置。这一装置结合了仿生隔振和振动监测两大功能部分，旨在实现高效的振动隔离与实时的振动监测。本章建立了一体化装置的静力学模型，并求解了装置的无量纲动力学模型。在不同参数下分析装置的幅-频曲线，可以直观地了解其在不同振动条件下的响应特性。此外，通过调整外部和内部的结构参数，对已经推导出的力传递率进行了讨论，为后续的优化设计提供了重要的参考依据。为了验证自供能隔振俘能预警一体化装置的实际性能，制造了其实验原型机并进行了详尽的相关实验。

在实验中，可以观察到一体化装置在外激励频率大于 4.5Hz 时开始产生显著的隔振效果。此外，还发现振动监测部分的引入增加了一体化装置的阻尼，这意味着振动监测部分在衰减共振峰峰值方面起着重要作用，但对高频隔振产生了一定的负面影响。实验数据与理论结果吻合较好，不仅证明了理论模型的准确性，也验证了实验设计的合理性。进一步分析了简谐激励下一体化装置的输出电流、输出电压和转移电荷。实验结果表明，一体化装置的振动监测部分能够在 1min 内为不同电容的电容器充电。此外，通过调节电阻箱的电阻，发现最大输出功率出现在 700MΩ 的电阻值下，此时的最大功率达到了 160μW。在 7.5Hz 的外激励条件下，一体化装置的振动监测部分成功地点亮了 56 个 LED 灯，当装置的振动监测部分位移达到足够大的程度(进入危险区域)时，能够产生 DC 电信号，并且在实验中，成功地利用 DC 电信号点亮了 2 个 LED 灯。

自供能隔振俘能预警一体化装置在隔振、能量俘获和振动监测方面均表现出色。其不仅能够有效隔离外部振动，保护安装在其上的设备稳定运行，还能够将振动能量转化为电能，为其他设备提供持续的电力。同时，其振动监测功能可以实时监测设备的振动状态，为故障预警和设备维护提供了重要的参考信息。因此，该装置在跨海大桥、海洋平台、工业机器人等众多结构和机械的保护与监测领域具有广阔的应用前景。

参考文献

[1] YAN G, ZHOU H, WANG S, et al. Bio-inspired vibration isolation: Methodology and design[J]. Applied Mechanics Reviews, 2021, 73:020801.

[2] LING P, MIAO L, ZHANG W, et al. Cockroach-inspired structure for low-frequency vibration isolation[J]. Mechanical Systems and Signal Processing, 2022, 171:108955.

[3] LING P, MIAO L, YE B, et al. Ultra-low frequency vibration isolation of a novel click-beetle-inspired structure with large quasi-zero stiffness region[J]. Journal of Sound and Vibration, 2023, 558:117756.

[4] FANG S, CHEN K, LAI Z, et al. A bio-inspired system for simultaneous vibration isolation and energy harvesting in post-capture spacecraft[J]. Mechanical Systems and Signal Processing, 2023, 199:110466.

[5] ZHOU S, XU P, HOU B, et al. Dynamic characteristics analysis of bilayer bio-inspired X-shaped vibration isolation structure[J]. International Journal of Non-Linear Mechanics, 2023, 154:104447.

[6] YANG T, XU H, TANG J, et al. Exploring nonlinear degradation benefit of bio-inspired oscillator for engineering applications[J]. Applied Mathematical Modelling, 2023, 119:736-762.

[7] ZHOU S, LIU Y, JIANG Z, et al. Nonlinear dynamic behavior of a bio-inspired embedded X-shaped vibration isolation system[J]. Nonlinear Dynamics, 2022, 110:153-175.

[8] WANG Y, JING X. Nonlinear stiffness and dynamical response characteristics of an asymmetric X-shaped structure[J]. Mechanical Systems and Signal Processing, 2019, 125:142-169.

[9] YANG T, LIU J, LUO H, et al. Improving the performance of nonlinear isolator through triboelectric nanogenerator damper integrating energy harvesting[J]. Energy, 2024, 293:130722.

[10] PENG L, WANG Y, QI Y, et al. A hybrid piezoelectric-electromagnetic energy harvester used for harvesting and detecting on the road[J]. Journal of Cleaner Production, 2023, 426:139052.

[11] HUANG K, ZHOU Y, ZHANG Z, et al. A real-time quantitative acceleration monitoring method based on triboelectric nanogenerator for bridge cable vibration[J]. Nano Energy, 2023, 118:108960.

[12] LI S X, LIU D, ZHAO Z H, et al. A fully self-powered vibration monitoring system driven by dual-mode triboelectric nanogenerators[J]. ACS Nano, 2020, 14 (2):2475-2482.

第 8 章　高阶准零刚度电磁能量俘获隔振器

环境中的超低频振动现象广泛存在，如航天器的微振动、人体运动和海浪波动等，这些振动不仅对人体健康构成潜在威胁，还会对精密仪器性能产生不良影响。因此，对环境中超低频振动的防治显得尤为关键[1-3]。另外，超低频振动所蕴含的能量相当丰富，具有作为清洁能源的巨大潜力。特别是在航天器传感自供电和远洋无线设备自供电等领域，超低频振动能量俘获技术展现出令人瞩目的应用前景。对超低频振动能量俘获技术的深入研究同样具有重要意义[4-6]。为了突破传统准零刚度技术在降低刚度方面的局限性，本章进行了准零刚度系统优化的详细研究。深入探讨了不同幂次下的准零刚度特性，并通过对比分析，验证了高阶准零刚度在降低系统等效刚度和弱化系统非线性方面的显著优势。针对传统准零刚度隔振器进行了创新性的改进，提出了一种新型非线性振子设计方案。该振子不仅实现了高阶准零刚度，而且具备了出色的承载能力。在深入研究高阶准零刚度形成机理的基础上，总结出一种基于泰勒展开式的高阶准零刚度构造方法——系数补偿法，为高阶准零刚度电磁能量俘获隔振器的设计与应用提供了新的思路。最后，针对具有承载能力的高阶准零刚度在超低频隔振与能量俘获方面的性能进行了深入的理论分析与实验验证，为超低频振动控制与能量利用技术的发展提供了重要的理论依据和实践指导。

8.1　可承重高阶准零刚度构建

8.1.1　系数补偿法

振动隔离与振动能量俘获设备在超低频环境下的性能提升面临挑战，主要在于隔振器与俘能器的共振频率难以降低。降低共振频率不仅可增强隔振器在工作频带内的性能，还可实现更低的起始隔振频率。当共振现象发生在更低频率时，振动能量将更集中于低频带，这对提升超低频振动能量俘获性能至关重要[7]。由于系统的共振频率由负载质量和等效刚度共同决定，在负载质量不变的情况下，降低等效刚度成为提升超低频振动隔离与能量俘获性能的关键。对钢弹簧、弹性梁等线性隔振器进行非线性改造，是降低系统等效刚度的有效策略。基于正负刚度叠加的非线性设计是实现 QZS 的主要思路[8-12]。研究者围绕这一主题进行了大量的研究工作，主要目的在于进一步降低隔振系统的等效刚度。然而，这些研究多依赖于特定的结构设计，缺乏统一的评价标准。寻求更为明确、普适的等效刚度降低评估方法，对于推动该领域的研究具有重要意义。

振动控制系统的恢复力可以用泰勒公式展开为多项式形式，展开式的各项系数的取值决定了系统的动力学特征及隔振性能。传统的 QZS 系统的最低幂次为 3，而 HQZS 系统的恢复力的泰勒展开式的最低幂次大于等于 5[13]。随着参考点靠近零刚度点(系统唯一平衡点)，与 QZS 相比较，HQZS 在零刚度点附近刚度与刚度增加速率均更低。对于 QZS 系统，等效刚度的泰勒展开式可以表示为

$$K(X) = AX^2 + BX^4 + CX^6 \tag{8-1}$$

当 $A>0$ 时，系统为一阶准零刚度(1-QZS)。当 $A=0$，$B>0$ 时，系统为三阶准零刚度(3-QZS)，若 $B<0$，则系统表现为负刚度。同理，当 A=0，B=0，C=0 时，系统为五阶准零刚度(5-QZS)。为了方便分析，定义[0, 0.4]为目标刚度区间，对应的位移区间为目标位移区间。

传统 QZS 为 1-QZS，不论结构如何改变，其等效刚度的泰勒展开式的最低幂次为2次，不同实现方式下的等效刚度的不同体现在 A、B、C 等系数的不同。因此，传统 QZS 的优化即可视为是系数的优化。图 8-1(a)是系数 A 在不同取值下的 QZS 的等效刚度对比图。随着 A 取值的变小，QZS 的等效刚度减小，目标刚度的位移区间变宽。当 A 的取值进一步变小，1-QZS 的等效刚度曲线逐渐与 3-QZS 的等效刚度曲线重合。当低幂次项的系数固定时，改变更高幂次项系数的取值也可实现刚度的降低和目标刚度位移区间的扩大。图 8-1(b)是不同 B、C 取值下的 QZS 的等效刚度对比图。分析图中曲线不难发现，当 B 或 C 取负值时，可以显著降低 1-QZS 的刚度，拓宽目标位移区间。但是不论高次项系数 B、C 取值如何小，在平衡位置附近的某个区间内，3-QZS 的等效刚度总是低于 1-QZS 的等效刚度。这是因为 3-QZS 的最小幂次比 1-QZS 的最小幂次高，越靠近平衡位置，刚度降低得越快。图 8-1(c)是不同 B、C 取值下，不同阶数的 QZS 的等效刚度对比图。对比曲线图容易发现，QZS 的阶数越高，对应位移处的等效刚度越小，目标位移区间越大。图 8-1(d)是 1-QZS 的常系数同步变化时与 3-QZS、5-QZS 的等效刚度对比。分析刚度曲线可以发现，同步减小 1-QZS 的常系数可以显著降低系统的等效刚度，拓宽目标刚度的位移区间，但是在平衡位移附近的等效刚度仍高于 3-QZS、5-QZS。当 3-QZS 的系数也同步缩小时，系统的等效刚度降低，目标刚度的位移区间也得到拓宽。

综上所述，固定阶数的 QZS 的优化是有限度的，一般情况下 1-QZS 的优化极限低于 3-QZS 的优化极限，3-QZS 的优化极限低于 5-QZS 的优化极限。不论低阶 QZS 的常系数如何取值，HQZS 在平衡位置附近的等效刚度总是更低的。

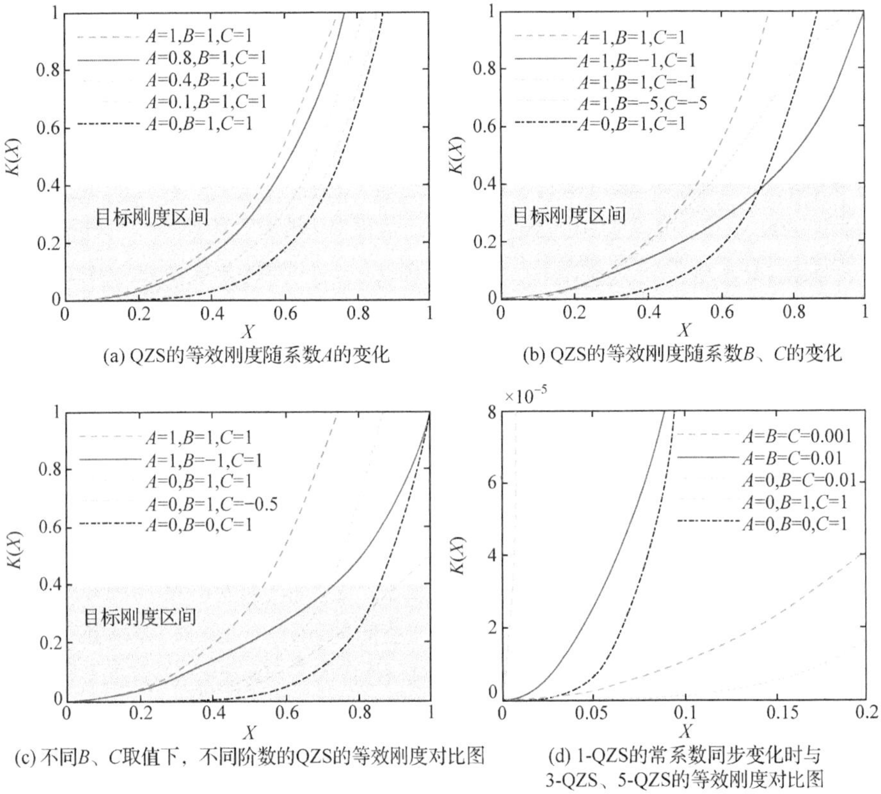

(a) QZS的等效刚度随系数A的变化　　(b) QZS的等效刚度随系数B、C的变化

(c) 不同B、C取值下，不同阶数的QZS的等效刚度对比图　　(d) 1-QZS的常系数同步变化时与3-QZS、5-QZS的等效刚度对比图

图 8-1　泰勒展开式系数与 QZS 的等效刚度的关系

当通过优化高次项系数来降低等效刚度时，更高阶的 QZS 将会有更高的优化效率。更低的刚度意味着系统的刚度曲线相较于零刚度直线$K(X)=0$有更低的增量，而更低的增量则代表更弱的非线性特征，这也说明低阶 QZS 系统向 HQZS 系统的改造可以视为一种实现平衡位置附近非线性退化的有效手段。因此，HQZS 的研究在降低 QZS 的等效刚度，拓宽目标位移区间，弱化 QZS 的非线性特征上有很大意义。

构造 HQZS 是进一步降低系统等效刚度，弱化系统非线性特征的可行思路，但在第 2 章中提到的 HQZS 并不具备承重能力，所以无法应用于竖直方向的隔振与能量俘获。HQZS 振子的创新设计还值得进一步的研究。本节基于泰勒级数，提出一种构建 HQZS 的方法——系数补偿法。由于高静承载能力的要求，在 HQZS 的构建中仍用线性弹簧提供正刚度，采用正负刚度并联的方式实现 HQZS。不同系统的恢复力都可以展开为泰勒级数的形式，唯一的不同在于系数的不同。本小节中不同的负刚度系统以具有不同系数组合的负刚度系统 1 和负刚度系统 2 为代表，而不关心其具体的结构或取值。

设线性弹簧的刚度系数为 a ， x 为相对于 0 点的位移，正刚度系统可以写为

$$f_P = ax \tag{8-2}$$

设负刚度系统 1 在 $x=0$ 的泰勒级数展开式为

$$f_{\text{NSS-1}} = b_1 x + b_2 x^3 + b_3 x^5 + b_4 x^7 \tag{8-3}$$

其中， b_1、b_2、b_3、b_4 为展开式系数。正负刚度并联后的单负刚度系统的恢复力可写为

$$f_{\text{NQZS}} = (a-b_1)x - b_2 x^3 - b_3 x^5 - b_4 x^7 \tag{8-4}$$

当通过参数取值满足方程组 $\begin{cases} a-b_1=0 \\ -b_2>0 \end{cases}$ 时，系统为 1-QZS，此时若要实现 3-QZS，需要同时满足 $\begin{cases} a-b_1=0 \\ b_2=0 \\ -b_3>0 \end{cases}$ 。

传统的 1-QZS 系统可设计的结构参数有限，往往无法满足上述 3-QZS 条件。因此，要将 x^3 项系数消去，需要另外引入与负刚度系统 1 实现方式不同的负刚度系统 2。通过引入不同的负刚度结构，增加了可设计结构参数的个数，这样可以在展开式系数中创造和差项来消去 x^3 项系数。

设负刚度系统 2 在 $x=0$ 的泰勒级数展开式为

$$f_{\text{NSS-2}} = c_1 x + c_2 x^3 + c_3 x^5 + c_4 x^7 \tag{8-5}$$

其中， c_1、c_2、c_3、c_4 为展开式系数。正负刚度并联后的双负刚度系统的恢复力可写为

$$f_{\text{DNQZS}} = (a-b_1-c_1)x - (b_2+c_2)x^3 - (b_3+c_3)x^5 - \left(b_4+c_4\right)x^7 \tag{8-6}$$

有了额外参数的引入，为 HQZS 的实现创造了可能。系统为 3-QZS，则参数取值应该满足如下方程组:

$$\begin{cases} a-b_1-c_1=0 \\ -\left(b_2+c_2\right)=0 \\ -(b_3+c_3)>0 \end{cases}$$

同理，系统为 5-QZS，则参数取值应该满足如下方程组:

$$\begin{cases} a-b_1-c_1=0 \\ -\left(b_2+c_2\right)=0 \\ -(b_3+c_3)=0 \\ -\left(b_4+c_4\right)>0 \end{cases}$$

系数补偿法本质上是系数的正负抵消。若要构建 5-QZS，在选择负刚度系统 2 时应参考原来单负刚度 QZS 系统的恢复力展开式的 x 至 x^7 项的系数正负特征。常见的正负组合有[+ + − +]、[+ + + +]或其他不规律的组合，如[+ + + −]、[+ + − −]等。当单负刚度 QZS 系统的正负组合为[+ + − −]时，若要实现 3-QZS，则负刚度系统 2 的对应项的正负组合必须满足[|| + − %]（“||”表示“0”或“+”，“%”表示“||”或“−”）。若要同时实现 5-QZS，则正负组合必须满足[|| + − −]，否则无法实现。

8.1.2　新型负刚度结构设计

根据以上原理，本小节提出一种如图 8-2(a)和(b)所示的中心对称式负刚度结构。连杆长度为 L，连杆两端的铰接点在 y 轴方向上投影的距离为 H，弹簧的刚度和原长分别为 K_3 和 L_{s3}，h 为弹簧两端的铰接点在 y 轴方向上的距离，α 为弹簧与 y 轴的夹角，β 为连杆与 x 轴的夹角。中心对称式负刚度结构的振子在有 $\pm Y$ 位移的两个不同位置下的结构关于中心位置对称，如图 8-2(b)所示。结构设计灵感来源于四足动物在奔跑时前后肢交替重复弯曲伸展的运动过程。中心对称式负刚度结构的振子模拟动物的躯干，四组连杆与弹簧模拟动物的四肢。动物的运动状态与结构的运动状态的对应关系如图 8-2(c)所示，振子模拟动物的躯干，连杆与弹簧模拟动物的肢体。为了保证结构的对称性，采用中心对称式构建

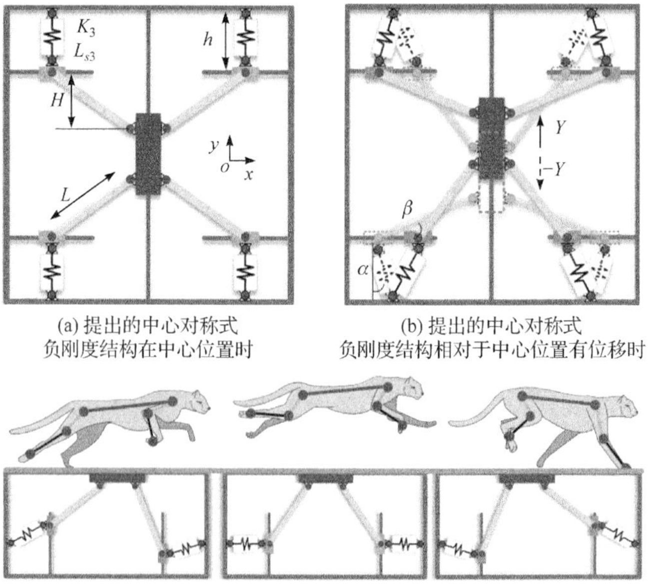

(a) 提出的中心对称式负刚度结构在中心位置时

(b) 提出的中心对称式负刚度结构相对于中心位置有位移时

(c) 中心对称式负刚度结构模拟四足动物运动状态

图 8-2　中心对称式负刚度结构及仿生原理

图 8-2(a)和(b)所示的结构。该结构比传统的负刚度结构更加复杂一些，引入了新的可设计结构参数，可以满足系数补偿法构造 HQZS 的需求。

由于中心对称式负刚度结构左右对称，因此只对结构的一侧进行受力分析，规定与位移方向相反的方向为恢复力的正方向。恢复力表示为

$$f\left(Y\right)=-K_3 l_{\vartriangle}\sin\alpha\tan\beta \tag{8-7}$$

其中，$l_{\vartriangle}$ 为弹簧形变量，表示为

$$l_{\vartriangle}=L_{s3}-\sqrt{h^2+\left(\sqrt{L^2-\left(H-Y\right)^2}-\sqrt{L^2-H^2}\right)^2}$$

结构在运动过程中满足的三角函数关系可以表示为

$$\sin\alpha=\frac{\sqrt{L^2-\left(H-Y\right)^2}-\sqrt{L^2-H^2}}{\sqrt{h^2+\left(\sqrt{L^2-\left(H-Y\right)^2}-\sqrt{L^2-H^2}\right)^2}}$$

$$\tan\beta=\frac{H-Y}{\sqrt{L^2-\left(H-Y\right)^2}}$$

结构上下部分的恢复力为中心对称函数，如图 8-3(a)所示。因此结构总的恢复力可以由下面表达式直接写出：

$$F_2\left(Y\right)=f\left(Y\right)-f\left(-Y\right) \tag{8-8}$$

即

$$F_2\left(Y\right)=-\left(\frac{K_3\left(H-Y\right)\left(\sqrt{L^2-\left(H-Y\right)^2}-\sqrt{L^2-H^2}\right)\left(L_{s3}-\sqrt{h^2+\left(\sqrt{L^2-\left(H-Y\right)^2}-\sqrt{L^2-H^2}\right)^2}\right)}{\sqrt{L^2-\left(H-Y\right)^2}\sqrt{h^2+\left(\sqrt{L^2-\left(H-Y\right)^2}-\sqrt{L^2-H^2}\right)^2}}\right.$$
$$\left.+\frac{K_3\left(H+Y\right)\left(-\sqrt{L^2-\left(H+Y\right)^2}+\sqrt{L^2-H^2}\right)\left(L_{s3}-\sqrt{h^2+\left(\sqrt{L^2-\left(H+Y\right)^2}-\sqrt{L^2-H^2}\right)^2}\right)}{\sqrt{L^2-\left(H+Y\right)^2}\sqrt{h^2+\left(\sqrt{L^2-\left(H+Y\right)^2}-\sqrt{L^2-H^2}\right)^2}}\right) \tag{8-9}$$

为了使 $F\left(Y\right)$ 的泰勒级数形式更简短，方便问题的讨论。这里给中心对称式负刚度结构中的刚性结构赋予初值：$H=1$，$L=2$，$h=2$，则 $F\left(Y\right)$ 的泰勒级数形式可以写为

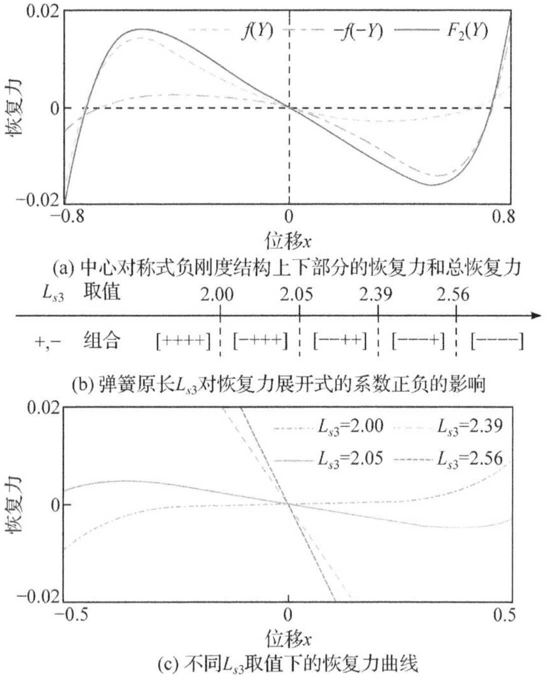

(a) 中心对称式负刚度结构上下部分的恢复力和总恢复力

(b) 弹簧原长L_{s3}对恢复力展开式的系数正负的影响

(c) 不同L_{s3}取值下的恢复力曲线

图 8-3　中心对称式负刚度结构在不同条件下的恢复力曲线与系数正负特征

$$F_2(Y)=\frac{K_3(2-L_{s3})}{3}Y+\frac{K_3(256-125L_{s3})}{216}Y^3+\frac{K_3(3072-1283L_{s3})}{3456}Y^5+\frac{K_3(557056-217811L_{s3})}{746496}Y^7 \tag{8-10}$$

分别令不同幂次项系数为零，可以得到弹簧原长 L_{s3} 对展开式的系数符号的影响，以及不同 L_{s3} 取值下的恢复力曲线，如图 8-3(b)和(c)所示。随着 L_{s3} 取值的增大，展开式系数从低阶到高阶逐渐由正变负，系统的负刚度特征也逐渐明显。

8.1.3　传统准零刚度优化

本小节基于系数补偿法，以中心对称式负刚度结构优化两个经典的 1-QZS 系统为例，进一步说明 HQZS 的构建原理。

典型三弹簧系统的结构如图 8-4(a)所示。垂直弹簧的刚度为 K_1，斜弹簧的刚度和原长分别为 K_2 和 L_s。斜弹簧两侧的铰接点在 x 轴方向上投影的距离为 B。系统的恢复力可以表示为[14]

$$F_1(Y)=K_1Y-\frac{K_2Y\left(L_s-\sqrt{B^2+Y^2}\right)}{\sqrt{B^2+Y^2}} \tag{8-11}$$

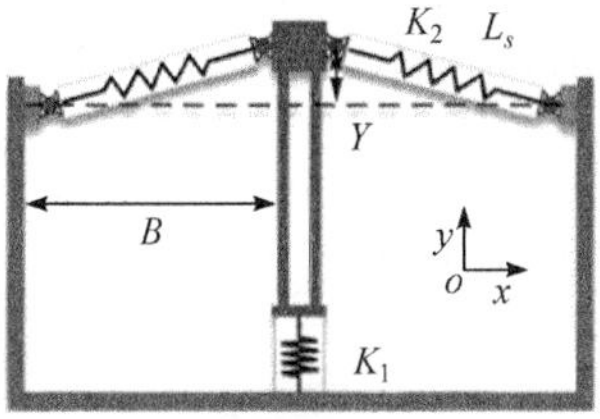

(a) 三弹簧系统示意图

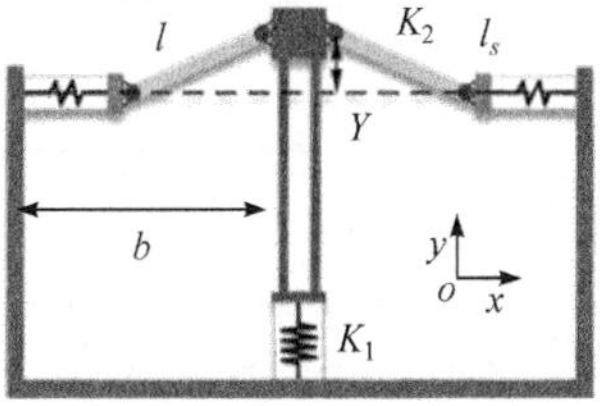

(b) 双翅振子系统示意图

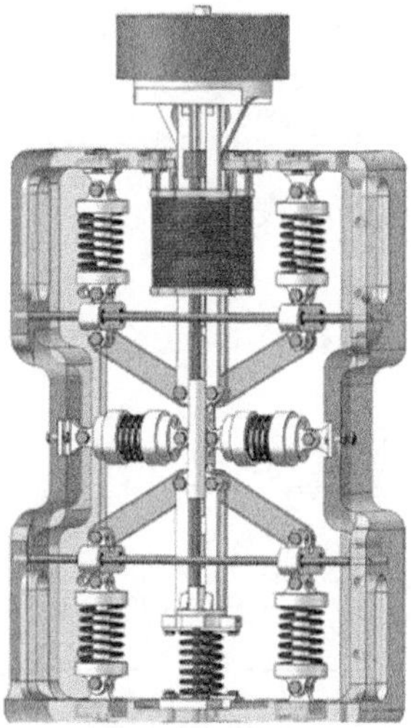
(c) 双负刚度系统结构示意图

图 8-4　传统准零刚度系统与双负刚度系统的结构

泰勒级数形式可以表示为

$$F_1(Y)=\left(K_1+\frac{K_2(B-L_s)}{B}\right)Y+\frac{K_2L_s}{2B^3}Y^3-\frac{3K_2L_s}{8B^5}Y^5+\frac{5K_2L_s}{16B^7}Y^7 \tag{8-12}$$

参数取值均为正数，$K_1=\dfrac{K_2(L_s-B)}{B}$为 QZS 条件。当$K_1>\dfrac{K_2(L_s-B)}{B}$时，三弹簧系统的系数正负特征为$[++-+]$。若要实现 3-QZS 或 5-QZS，则新增加的负刚度系统的展开式系数的正负组合需满足$[--+\%]$。前文提出的中心对称式负刚度系统可以满足该组合条件，但要求$2.05<L_{s3}<2.39$。

典型双翅振子系统的结构如图 8-4(b)所示。同理，系统的恢复力可以表示为[15]

$$f_1(Y)=k_1Y-\frac{k_2Y\left(l_s-b+\sqrt{l^2-Y^2}\right)}{\sqrt{l^2-Y^2}} \tag{8-13}$$

泰勒级数形式可以表示为

$$f_1(Y)=\left(k_1+\frac{k_2(b-l-l_s)}{l}\right)Y+\frac{k_2(b-l_s)}{2l^3}Y^3+\frac{3k_2(b-l_s)}{8l^5}Y^5+\frac{5k_2(b-l_s)}{16l^7}Y^7 \tag{8-14}$$

参数取值均为正数，$k_1=\dfrac{k_2(-b+l+l_s)}{l}$为 QZS 条件。当$k_1>\dfrac{k_2(-b+l+l_s)}{l}$时，双翅振子系统的系数正负特征为$[++++]$。应用提出的中心对称式负刚度系统，当$L_{s3}>2.05$时，可能构建出 3-QZS，当$L_{s3}>2.39$时，可能构建出 5-QZS。

从展开式系数正负组合分析，中心对称式负刚度系统有可能将传统 QZS 优化为 HQZS 系统。下面以三弹簧系统的高次改造为例进一步验证与分析。

如图 8-4(c)所示，由于中心对称式负刚度系统与原系统并联，并联后双负刚度系统的恢复力可以表示为

$$F(Y)=F_1(Y)+F_2(Y) \tag{8-15}$$

即

$$F(Y)=K_1Y-\frac{K_2Y\left(L_s-\sqrt{B^2+Y^2}\right)}{\sqrt{B^2+Y^2}}-\left(\frac{K_3(H-Y)\left(\sqrt{L^2-(H-Y)^2}-\sqrt{L^2-H^2}\right)\left(L_{s3}-\sqrt{h^2+\left(\sqrt{L^2-(H-Y)^2}-\sqrt{L^2-H^2}\right)^2}\right)}{\sqrt{L^2-(H-Y)^2}\sqrt{h^2+\left(\sqrt{L^2-(H-Y)^2}-\sqrt{L^2-H^2}\right)^2}}+\frac{K_3(H+Y)\left(-\sqrt{L^2-(H+Y)^2}+\sqrt{L^2-H^2}\right)\left(L_{s3}-\sqrt{h^2+\left(\sqrt{L^2-(H+Y)^2}-\sqrt{L^2-H^2}\right)^2}\right)}{\sqrt{L^2-(H+Y)^2}\sqrt{h^2+\left(\sqrt{L^2-(H+Y)^2}-\sqrt{L^2-H^2}\right)^2}}\right) \tag{8-16}$$

仍然令 $H=1$， $L=2$， $h=2$ 。$F(Y)$ 的泰勒级数形式可以表示为

$$F(Y)=\rho_1Y+\rho_3Y^3+\rho_5Y^5+\rho_7Y^7+\rho_9Y^9+\rho_{11}Y^{11} \tag{8-17}$$

其中，

$$\rho_1=K_1+\frac{K_2(B-L_s)}{B}+\frac{K_3(2-L_{s3})}{3}$$

$$\rho_3=\frac{K_2L_s}{2B^3}+\frac{K_3(256-125L_{s3})}{216}$$

$$\rho_5=-\frac{3K_2L_s}{8B^5}+\frac{K_3(3072-1283L_{s3})}{3456}$$

$$\rho_7=\frac{5K_2L_s}{16B^7}+\frac{K_3(557056-217811L_{s3})}{746496}$$

$$\rho_9=-\frac{35K_2L_s}{128B^9}+\frac{K_3(84672512-32911927L_{s3})}{644972544}$$

$$\rho_{11}=\frac{63K_2L_s}{256B^{11}}+\frac{K_3(9177137152-3555697553L_{s3})}{15479341056}$$

令 $\rho_1=0$，则系统的 1-QZS 条件可以写为

$$\begin{cases} K_1 = \dfrac{K_2(L_s - B)}{B} + \dfrac{K_3(L_{s3} - 2)}{3} \\ \rho_3 > 0 \end{cases}$$

令 $\rho_3 = 0$，则系统的 3-QZS 条件可以写为

$$\begin{cases} K_1 = \dfrac{K_2(L_s - B)}{B} + \dfrac{K_3(L_{s3} - 2)}{3} \\ K_2 = \dfrac{K_3 B^3 (125 L_{s3} - 256)}{108 L_s} \\ \rho_5 > 0 \end{cases}$$

令 $\rho_5 = 0$，则系统的 5-QZS 条件可以写为

$$\begin{cases} K_1 = \dfrac{K_2(L_s - B)}{B} + \dfrac{K_3(L_{s3} - 2)}{3} \\ K_2 = \dfrac{K_3 B^3 (125 L_{s3} - 256)}{108 L_s} \\ L_{s3} = \dfrac{3072(1 + B^2)}{1500 + 1283 B^2} \\ \rho_7 > 0 \end{cases}$$

对应的非线性 5-QZS 恢复力为

$$F_{5\text{-QZS}}(Y) = \frac{K_3(117180 + 162567 B^2 + 44519 B^4)}{729 B^2 (1500 + 1283 B^2)} Y^7 \tag{8-18}$$

这里应该注意，即使求出了 HQZS 条件的表达式，但仍可能出现不同表达式无法同时取得符合物理实际取值的问题，如刚性连杆的长度为负值，压缩弹簧的刚度为负值等。此时构造出的 HQZS 就不具备现实意义。因此在得到 HQZS 条件后，需要进行数值验证。将 $B = 1$，$L_s = 1.2$ 代入 5-QZS 条件：

$$\begin{cases} K_1 = 0.100034 K_3 \\ K_2 = 0.154022 K_3 \\ L_{s3} = 2.20769 \\ \rho_7 = 0.159831 K_3 > 0 \end{cases}$$

各项系数均符合物理实际。同理，3-QZS 条件也同样符合。

因此，中心对称式负刚度系统可以将三弹簧系统从 1-QZS 优化到至少 5-QZS。同理，中心对称式负刚度系统同样可以将双翅振子系统优化到 5-QZS。

三弹簧系统可以实现的 1-QZS 与中心对称式负刚度系统优化后的 3-QZS、5-QZS 的恢复力与等效刚度对比如图 8-5 所示。不同阶 QZS 下对应的参数保持一致。1-QZS 的参数选取为 $B=2$、$L_s=3$、$K_2=1$。3-QZS 的参数选取为 $L_{s3}=2.05$、$H=1$、$h=2$、$L=2$、$B=2$、$L_s=3$、$K_3=1$。5-QZS 的参数选取为 $H=1$、$h=2$、$L=2$、$B=2$、$L_s=3$、$K_3=1$。

如图 8-5(a)所示，随着阶数的提高，系统在平衡位置附近的恢复力明显降低，且越接近平衡位置，HQZS 的优势越突出。如图 8-5(b)所示，等效刚度也有相同的规律。由于不同阶数 QZS 的展开式系数不同，所以等效刚度曲线可能存在交点。因此，以交点为分界点，不同阶数的 QZS 的等效刚度优势区间不同。阶数越高，等效刚度优势区间越靠近平衡位置，等效刚度越小，系统的非线性也越弱。对于超低频隔振，目标等效刚度越低，隔振频带越能覆盖更低的频率，HQZS 越具有优势。

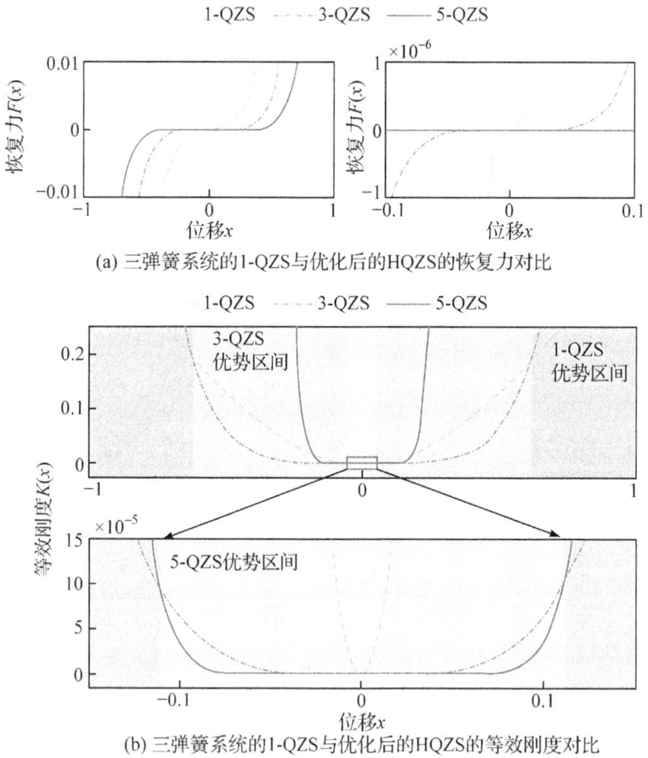

图 8-5　不同阶 HQZS 的恢复力与等效刚度对比图

不同参数对 5-QZS 的恢复力和等效刚度的影响分别如图 8-6(a)和(b)所示。对照参数与前文提到的 5-QZS 的参数选取一致，每次对比只在对照参数的基础上研究一个参数的改变对系统的影响，后文各节的研究都遵循这一要求。通过改变参数，系统的恢复力和等效刚度可以进一步降低。在四种参数变化中，系统对参数 H 和 L 的变化更为敏感。因此，HQZS 可以通过参数的优化进一步提升其降低系统等效刚度和非线性退化的能力。

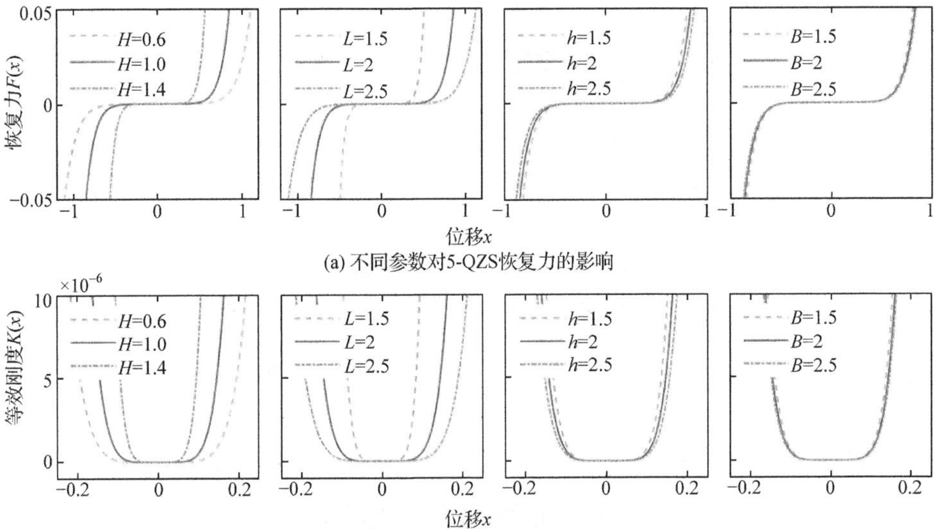

(a) 不同参数对5-QZS恢复力的影响

(b) 不同参数对5-QZS等效刚度的影响

图 8-6　不同参数对 5-QZS 的恢复力和等效刚度的影响

8.2　高阶准零刚度电磁能量俘获隔振器动力学分析

8.2.1　简谐激励下动力学建模

基于三弹簧结构，HQZS 电磁能量俘获隔振器的结构示意图如图 8-7 所示。振子质量为 M，阻尼系数为 c，振子的相对位移为 Y，激励振幅为 y。在 HQZS 电磁能量俘获隔振器中，B_e 为磁场强度，由两个固定于振子的永磁体产生，$I_R(t)$ 为输出电流，R 为电路负载，L_i 为电感。线圈固定于框架，内阻为 r，有效长度为 l_c。当系统受到外激励，振子与框架发生相对运动，闭合线圈将切割磁感线产生电能。

由拉格朗日方程可以得出，HQZS 电磁能量俘获隔振器的动力学方程为

$$\begin{cases} M\ddot{Y} + c\dot{Y} + F + B_e l_c I_R = -M\ddot{y} \\ L_i \dot{I}_R(t) + (R+r) I_R(t) - B_e l_c \dot{Y}(t) = 0 \end{cases} \tag{8-19}$$

引入变量和参数：

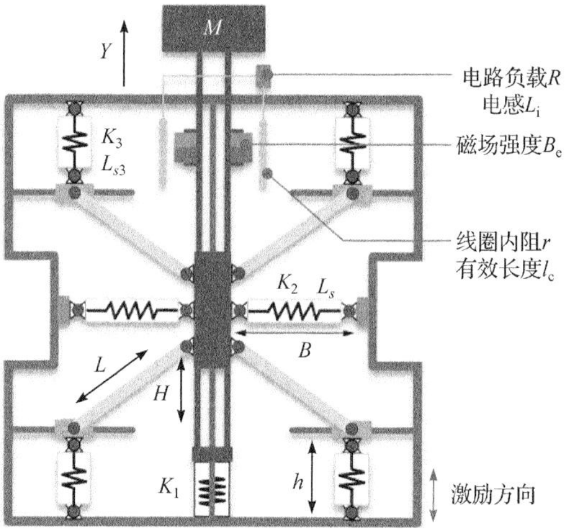

图 8-7　HQZS 电磁能量俘获隔振器的结构示意图

$$\omega_1^2=\frac{K_1}{M},\omega_2^2=\frac{K_2}{M},\omega_3^2=\frac{K_3}{M},\zeta=\frac{c}{M\omega_1},\varrho=\frac{\omega_1^2}{\omega_3^2},\epsilon=\frac{\omega_2^2}{\omega_3^2},\eta=\frac{B_e l_c}{M},\kappa=\frac{R+r}{L_i},\varphi=\frac{B_e l_c}{L_i}$$

无量纲的动力学方程为

$$\begin{cases}\ddot{Y}+\zeta\dot{Y}+\Lambda_1 Y+\Lambda_3 Y^3+\Lambda_5 Y^5+\Lambda_7 Y^7+\Lambda_9 Y^9+\Lambda_{11}Y^{11}+\eta I_R=-\ddot{y}\\ \dot{I}_R+\kappa I_R-\varphi\dot{Y}=0\end{cases} \tag{8-20}$$

其中，

$$\Lambda_1=\omega_3^2\left(\varrho+\frac{\epsilon(B-L_s)}{B}+\frac{2-L_{s3}}{3}\right)$$

$$\Lambda_3=\omega_3^2\left(\frac{\epsilon L_s}{2B^3}+\frac{256-125L_{s3}}{216}\right)$$

$$\Lambda_5=\omega_3^2\left(-\frac{\epsilon 3L_s}{8B^5}+\frac{3072-1283L_{s3}}{3456}\right)$$

$$\Lambda_7=\omega_3^2\left(\frac{\epsilon 5L_s}{16B^7}+\frac{557056-217811L_{s3}}{746496}\right)$$

$$\Lambda_9=\omega_3^2\left(-\frac{\epsilon 35L_s}{128B^9}+\frac{84672512-32911927L_{s3}}{644972544}\right)$$

$$\Lambda_{11}=\omega_3^2\left(\frac{\epsilon 63L_s}{256B^{11}}+\frac{9177137152-3555697553L_{s3}}{15479341056}\right)$$

式(8-20)的解可以表示为

$$\begin{cases} Y(t)=A_{\mathrm{mp}}(t)\cos\phi(t) \\ \dot{Y}(t)=-A_{\mathrm{mp}}(t)\omega\left(A_{\mathrm{mp}},\phi\right)\sin\phi(t) \\ \phi(t)=\psi(t)+\Theta(t) \\ \omega\left(A_{\mathrm{mp}},\phi\right)=\mathrm{d}\psi(t)/\mathrm{d}t \\ I_{\mathrm{R}}(t)=I_{\mathrm{R0}}\mathrm{e}^{-\kappa t}+\int_0^t \mathrm{e}^{-\kappa t}\dot{Y}(t-t_s)\mathrm{d}t_s \end{cases} \tag{8-21}$$

由于$I_{\mathrm{R0}}\mathrm{e}^{-\kappa t}$为指数衰减，它对平稳性的影响可以忽略。因此

$$\dot{Y}(t-t_s)=Y(t)\omega\left(A_{\mathrm{mp}},\phi\right)\sin\left(\omega\left(A_{\mathrm{mp}},\phi\right)t_s\right)+\dot{Y}(t)\cos\left(\omega\left(A_{\mathrm{mp}},\phi\right)t_s\right) \tag{8-22}$$

输出电流的振幅可以表示为

$$\begin{aligned} I_{\mathrm{R}}(t) &= \frac{A_{\mathrm{mp}}(t)\varphi\omega(A_{\mathrm{mp}},\phi)}{\kappa^2+\omega^2(A_{\mathrm{mp}},\phi)}(\omega(A_{\mathrm{mp}},\phi)\cos\phi(t)-\kappa\sin\phi(t)) \\ &= \frac{\varphi\omega^2(A_{\mathrm{mp}},\phi)}{\kappa^2+\omega^2(A_{\mathrm{mp}},\phi)}Y+\frac{\varphi\kappa}{\kappa^2+\omega^2(A_{\mathrm{mp}},\phi)}\dot{Y} \end{aligned} \tag{8-23}$$

其中，

$$\omega\left(A_{\mathrm{mp}},\phi\right)\cos\phi(t)-\kappa\sin\phi(t)=\sqrt{\kappa^2+\omega^2\left(A_{\mathrm{mp}},\phi\right)}\cos\left(\phi(t)+\tan^{-1}\frac{\kappa}{\omega\left(A_{\mathrm{mp}},\phi\right)}\right)$$

因此输出电流的振幅可以表示为

$$I_{\mathrm{R}}(t)=\frac{\varphi\omega\left(A_{\mathrm{mp}},\phi\right)A_{\mathrm{mp}}(t)}{\sqrt{\kappa^2+\omega^2\left(A_{\mathrm{mp}},\phi\right)}} \tag{8-24}$$

将式(8-23)代入式(8-20)中可得系统的解耦模型为

$$\begin{aligned} &\ddot{Y}+\left(\zeta+\frac{\eta\varphi\kappa}{\kappa^2+\omega^2\left(A_{\mathrm{mp}},\phi\right)}\right)\dot{Y}+\left(\Lambda_1+\frac{\eta\varphi\omega^2\left(A_{\mathrm{mp}},\phi\right)}{\kappa^2+\omega^2\left(A_{\mathrm{mp}},\phi\right)}\right)Y+\Lambda_3Y^3+\Lambda_5Y^5 \\ &+\Lambda_7Y^7+\Lambda_9Y^9+\Lambda_{11}Y^{11}=-\ddot{y} \end{aligned} \tag{8-25}$$

考虑外激励为简谐激励$f\cos(\omega t)$，系统的动力学方程可以改写为

$$\begin{aligned} &\ddot{Y}+\left(\zeta+\frac{\eta\varphi\kappa}{\kappa^2+\omega^2\left(A_{\mathrm{mp}},\phi\right)}\right)\dot{Y}+\left(\Lambda_1+\frac{\eta\varphi\omega^2\left(A_{\mathrm{mp}},\phi\right)}{\kappa^2+\omega^2\left(A_{\mathrm{mp}},\phi\right)}\right)Y+\Lambda_3Y^3+\Lambda_5Y^5 \\ &+\Lambda_7Y^7+\Lambda_9Y^9+\Lambda_{11}Y^{11}=f\cos(\omega t) \end{aligned} \tag{8-26}$$

基于扩展平均法原理，将式(8-21)代入方程(8-26)可得

$$\begin{cases}\dfrac{\mathrm{d}A_{\mathrm{mp}}}{\mathrm{d}t}=-\dfrac{1}{\omega}\Xi\left(A_{\mathrm{mp}},\Theta\right)\sin\left(\omega t+\Theta\right)\\\dfrac{\mathrm{d}\Theta}{\mathrm{d}t}=-\dfrac{1}{A_{\mathrm{mp}}\omega}\Xi\left(A_{\mathrm{mp}},\Theta\right)\cos\left(\omega t+\Theta\right)\end{cases}\tag{8-27}$$

其中，

$$\begin{aligned}\Xi\left(A_{\mathrm{mp}},\Theta\right)=&A_{\mathrm{mp}}\omega^2\cos\phi+\left(\zeta+\frac{\eta\varphi\kappa}{\kappa^2+\omega^2\left(A_{\mathrm{mp}},\phi\right)}\right)A_{\mathrm{mp}}\omega\sin\phi\\&-\left(\Lambda_1+\frac{\eta\varphi\omega^2\left(A_{\mathrm{mp}},\phi\right)}{\kappa^2+\omega^2\left(A_{\mathrm{mp}},\phi\right)}\right)A_{\mathrm{mp}}\cos\phi-\Lambda_3\left(A_{\mathrm{mp}}\cos\phi\right)^3-\Lambda_5\left(A_{\mathrm{mp}}\cos\phi\right)^5\\&-\Lambda_7\left(A_{\mathrm{mp}}\cos\phi\right)^7-\Lambda_9\left(A_{\mathrm{mp}}\cos\phi\right)^9-\Lambda_{11}\left(A_{\mathrm{mp}}\cos\phi\right)^{11}+f\cos(\omega t)\end{aligned}$$

$\phi=\omega t+\Theta$。一个周期内振幅 A_{mp} 和相位 Θ 的平均方程可表示为

$$\begin{cases}\dfrac{\mathrm{d}A_{\mathrm{mp}}}{\mathrm{d}t}=\dfrac{1}{2\omega}\left(\Pi_1\left(A_{\mathrm{mp}},\omega\right)-f\sin\Theta\right)\\\dfrac{\mathrm{d}\Theta}{\mathrm{d}t}=\dfrac{1}{2A_{\mathrm{mp}}\omega}\left(\Pi_2\left(A_{\mathrm{mp}},\omega\right)-f\cos\Theta\right)\end{cases}\tag{8-28}$$

其中，

$$\Pi_1(A_{\mathrm{mp}},\omega)=-\left(\zeta+\frac{\eta\varphi\kappa}{\kappa^2+\omega^2(A_{\mathrm{mp}},\phi)}\right)\omega A_{\mathrm{mp}}$$

$$\begin{aligned}\Pi_2(A_{\mathrm{mp}},\omega)=&\left(\frac{\eta\varphi\omega^2(A_{\mathrm{mp}},\phi)}{\kappa^2+\omega^2(A_{\mathrm{mp}},\phi)}+\Lambda_1-\omega^2\right)A_{\mathrm{mp}}+\frac{3}{4}\Lambda_3A_{\mathrm{mp}}^3+\frac{5}{8}\Lambda_5A_{\mathrm{mp}}^5\\&+\frac{35}{64}\Lambda_7A_{\mathrm{mp}}^7+\frac{63}{128}\Lambda_9A_{\mathrm{mp}}^9+\frac{231}{512}\Lambda_{11}A_{\mathrm{mp}}^{11}\end{aligned}$$

由于振幅和相位可以视为缓慢变化，即满足 $\dfrac{\mathrm{d}A_{\mathrm{mp}}}{\mathrm{d}t}=0$，$\dfrac{\mathrm{d}\Theta}{\mathrm{d}t}=0$。应用三角恒等式 $\sin^2\Theta+\cos^2\Theta=1$，平均幅-频响应可以表示为

$$W\left(A_{\mathrm{mp}},\omega\right)=\Pi_1^2+\Pi_2^2-f^2=0\tag{8-29}$$

图 8-8 对比了不同阶数 QZS 的幅-频响应曲线。随着阶数的提高，低频共振现象增强，最大振幅向低频移动。不同参数对 5-QZS 幅-频响应的影响如图 8-9

所示，对照参数为 $H=1$ 、 $h=2$ 、 $L=2$ 、 $B=2$ 、 $L_s=3$ 、 $K_3=1$ 、 $f=0.015$ 、 $\eta=0.05$ 、 $\varphi=0.4$ 、 $\kappa=0.6$ 。提高 H 的取值，或降低 L 、 h 和 B 的取值都可以使得共振区的最大振幅增加，共振峰峰值向高频偏移。幅-频响应对 H 、 L 的取值变化更为敏感。增大激励幅值 f 会导致全频段的响应振幅增加，且峰值有向高频移动的趋势。HQZS 电磁能量俘获隔振器系统的阻尼和刚度随着 η 和 φ 的增大而增加，随着 κ 的增加而减小。因此当机电耦合系数 η 和电磁耦合系数 φ 增大或电阻电感比 κ 减小时，共振区的最大振幅减小，共振现象减弱，响应峰值向高频偏移。

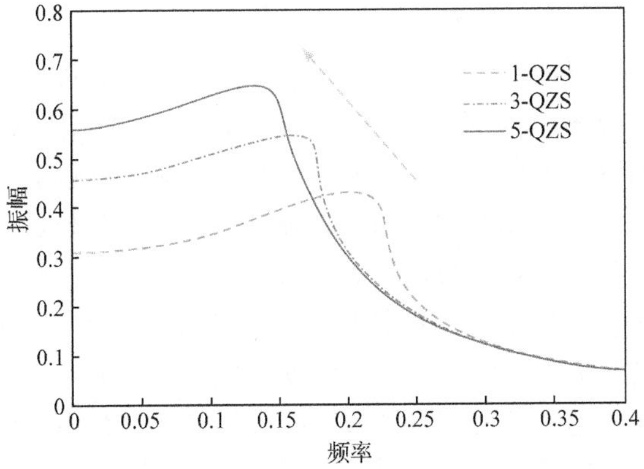

图 8-8　不同阶数 QZS 的幅-频响应曲线

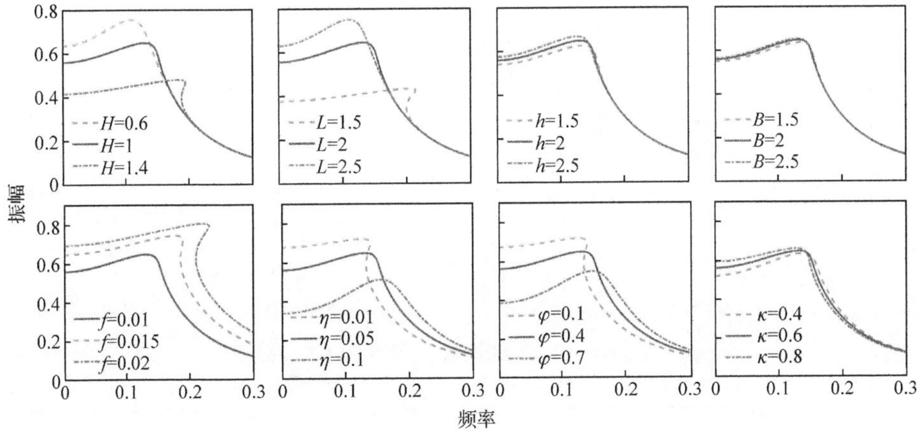

图 8-9　不同参数对 5-QZS 幅-频响应的影响

8.2.2　简谐激励下隔振性能分析

集中质量传到基座的力可以表示为

$$F_y(Y)=\left(\zeta+\frac{\eta\varphi\kappa}{\kappa^2+\omega^2(A_{\mathrm{mp}},\phi)}\right)\dot{Y}+F(Y) \tag{8-30}$$

传递力的振幅可以表示为

$$F_y(A_{\mathrm{mp}})=\sqrt{\Pi_1^2(A_{\mathrm{mp}},\omega)+\Pi_2^2(A_{\mathrm{mp}},\omega)} \tag{8-31}$$

因此力传递率可以表示为

$$T_{F_y}=\sqrt{\frac{\Pi_1^2(A_{\mathrm{mp}},\omega)+\Pi_2^2(A_{\mathrm{mp}},\omega)}{f^2}} \tag{8-32}$$

图 8-10 对比了不同阶数 QZS 的力传递率。在其他条件保持一致的情况下，随着阶数的提高，力传递率峰值更低且向低频移动，起始隔振频率也向低频偏移，非线性硬化特征有所弱化。5-QZS 的起始隔振频率降低为 1-QZS 的 73.3%，力传递率峰值降低为 1-QZS 的 76.8%。因此，HQZS 电磁能量俘获隔振器可以有效地将谐振频带向低频缩短，降低最大力传递率。虽然更低频率下 HQZS 电磁能量俘获隔振器的力传递率更高，但是相比于 1-QZS 并没有增加太多。由于激励能量不高，也就意味着 HQZS 电磁能量俘获隔振器只需要更小的阻尼即可对共振现象进行有效抑制，这一优势对全频段隔振性能的提升都有益处。HQZS 电磁能量俘获隔振器在高频下的力传递率仍有优势，虽然随着频率的增加差距逐渐缩小，但阶数更高的 QZS 力传递率总是更低。

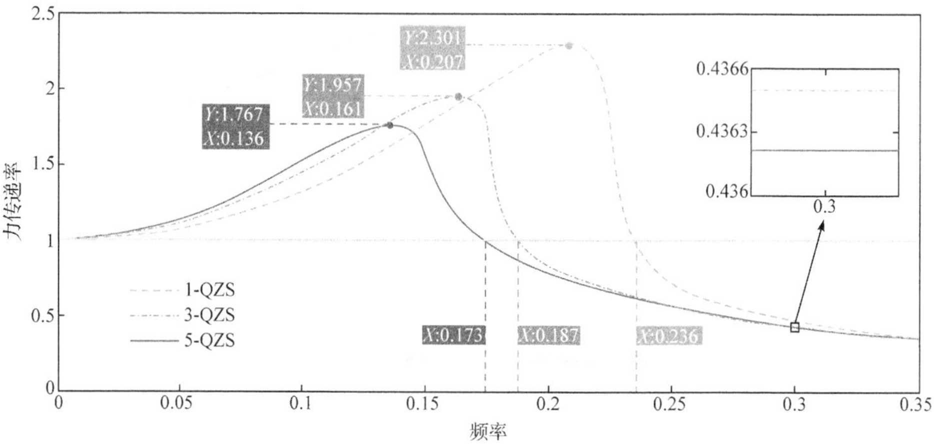

图 8-10　不同阶数 QZS 的力传递率对比

8.2.3　简谐激励下俘能性能分析

俘能性能可以用功率来评估，俘能功率可以由 $\hat{P}_{\mathrm{R}}(t)=I_{\mathrm{R}}^2(t)R$ 给出。引入变

换 $P_{\mathrm{R}}(t)=\frac{B_{\mathrm{e}}l_{\mathrm{c}}(R+r)}{L_{1}MR}\hat{P}_{\mathrm{R}}(t)$，俘能功率可表示为 $P_{\mathrm{R}}(t)=\kappa\eta I_{\mathrm{R}}^{2}$，因此，俘能功率的平均振幅可以表示为

$$E[P_{\mathrm{R}}]=\kappa\eta\frac{\varphi^{2}\omega^{2}(A_{\mathrm{mp}},\phi)}{\kappa^{2}+\omega^{2}(A_{\mathrm{mp}},\phi)}\bar{A}_{\mathrm{mp}}^{2} \tag{8-33}$$

其中，$\bar{A}_{\mathrm{mp}}$ 是平均振幅。

图 8-11 研究了不同阶数 QZS 的俘能性能。随着阶数的提高，HQZS 电磁能量俘获隔振器俘能功率的峰值有升高的趋势，且峰值对应频率向低频移动。HQZS 电磁能量俘获隔振器的优势区间出现在更低的频率，低频俘能性能得到显著提升。由于系统的等效刚度是渐变的，通过改变系统参数，系统的俘能功率的峰值对应的频率可以是高于最低峰值频率的任意频率，有效地将可利用共振现象进行振动能量俘获的频带向低频拓展。

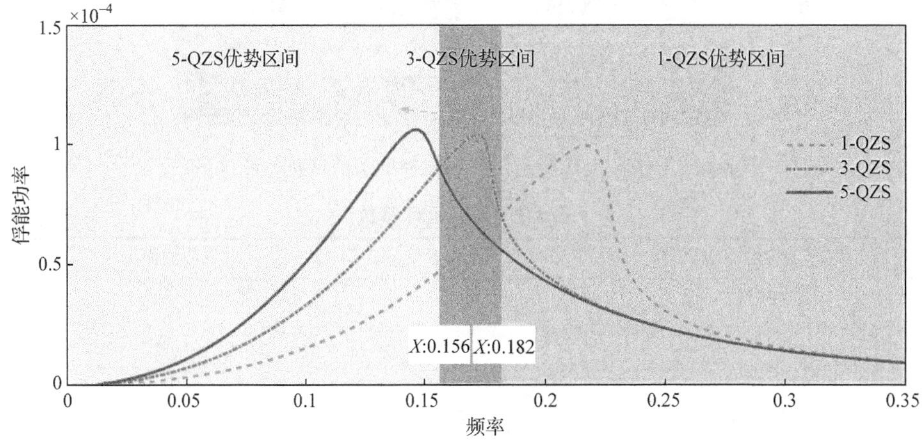

图 8-11　不同阶数 QZS 的俘能性能

8.3　高阶准零刚度电磁能量俘获隔振器实验研究

为了验证 HQZS 电磁能量俘获隔振器的优势，本节设计并搭建的实验样机与测试平台如图 8-12 所示，设计参数如表 8-1 所示。D 与 d 为弹簧两侧铰接点间刚性部分的长度。通过调整 D 与 d 的长度可以避免 QZS 条件对弹簧原长的特殊要求。实验样机固定在直线电机上，使用 DELTA A31KW 驱动器实现低频简谐振动。激光位移传感器固定于地面，用于测量振子的绝对位移。然后通过数据采集设备获取传感器和电磁俘能系统的电信号，并用电脑进行数据的保存与分析。实验部分只考虑在相同结构参数下，1-QZS 与 5-QZS 的对比分析。

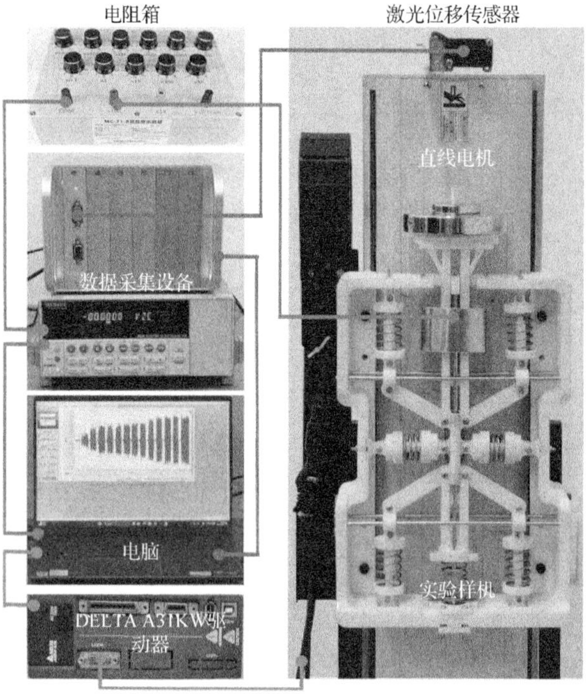

图 8-12　HQZS 电磁能量俘获隔振器的实验样机与测试平台

表 8-1　实验设计参数

参数	符号	取值
集中质量	M	1.2kg
杆长	L	6cm
结构参数 1	B	6cm
结构参数 2	H	3cm
结构参数 3	h	由 QZS 条件确定
结构参数 4	D	由 QZS 条件确定
结构参数 5	d	由 QZS 条件确定
弹簧刚度	K	2000N/m
弹簧原长	L_s、L_{s3}	5cm
激励幅值	f	1cm

为了方便实验过程中的参数调节，在此考虑所有弹簧的规格一致。实验样机的恢复力可以改写为

$$F_{\exp}(Y) = KY - \frac{2KY\left(L_s + D - \sqrt{B^2 + Y^2}\right)}{\sqrt{B^2 + Y^2}}$$

$$-2K\left(\frac{(H-Y)\left(\sqrt{L^2-(H-Y)^2}-\sqrt{L^2-H^2}\right)\left(L_{s3}+d-\sqrt{h^2+\left(\sqrt{L^2-(H-Y)^2}-\sqrt{L^2-H^2}\right)^2}\right)}{\sqrt{L^2-(H-Y)^2}\sqrt{h^2+\left(\sqrt{L^2-(H-Y)^2}-\sqrt{L^2-H^2}\right)^2}}+\frac{(H+Y)\left(-\sqrt{L^2-(H+Y)^2}+\sqrt{L^2-H^2}\right)\left(L_{s3}+d-\sqrt{h^2+\left(\sqrt{L^2-(H+Y)^2}-\sqrt{L^2-H^2}\right)^2}\right)}{\sqrt{L^2-(H+Y)^2}\sqrt{h^2+\left(\sqrt{L^2-(H+Y)^2}-\sqrt{L^2-H^2}\right)^2}}\right)$$

(8-34)

实验样机的 QZS 条件为

$$\begin{cases}D=\dfrac{B\left(4H^2L_{s3}-H^2h-3L^2h\right)}{2h(H^2-L^2)}-L_s=\dfrac{36\left(-39+32h^2\right)}{-108+137h^2}-5\\ d=\dfrac{h^3(H^6+H^4L^2+4B^2L^4+3L^6+H^2(16B^2L^2-5L^4))}{4(H^2h^2(H^2-L^2)^2+B^2(H^6+4H^2h^2L^2-H^4L^2+h^2L^4))}-L_{s3}=\dfrac{629h^3}{-432+548h^2}-5\\ h=\dfrac{1}{24}\sqrt{\dfrac{1}{15}\left(143645+\sqrt{19460021065}\right)}\end{cases}$$

(8-35)

1-QZS 与 5-QZS 在 1cm 的激励振幅下的位移响应如图 8-13 所示。随着激励频率的增加，1-QZS 的响应振幅开始逐渐增大，3.25Hz 和 3.5Hz 时位移响应出现不稳定现象，在 3.75Hz 时开始隔振，此后的位移响应逐渐减小。2.75～3.25Hz 的位移响应相近是由于模型的限制，振子被允许的最大振幅约为 3.2cm。随着激励频率的增加，5-QZS 只在 1.25Hz 时的位移响应大于 1cm，1.5Hz 时开始隔振，此后的位移响应逐渐减小。优化后的 5-QZS 的起始隔振频率相较于未优化的 1-QZS 的起始隔振频率降低了 2.25Hz，且 5-QZS 的共振峰值很低。图 8-14 展示了 1-QZS 和 5-QZS 的传递率的理论结果与实验结果对比。由于加工误差与装配误差，实验结果

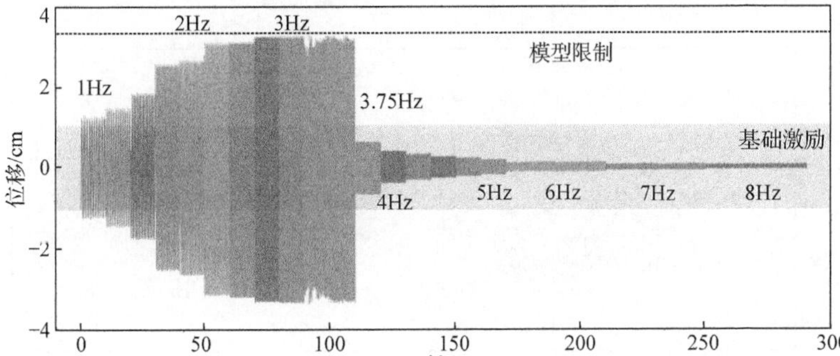

(a) 1-QZS

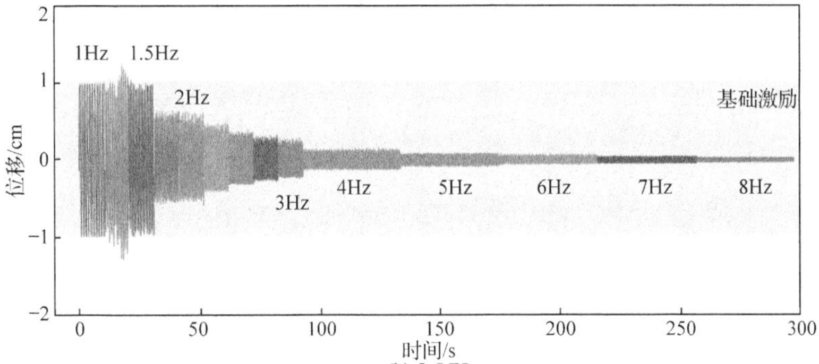

(b) 5-QZS

图 8-13　1-QZS 与 5-QZS 在 1cm 的激励振幅下的位移响应

与理论结果的位移传递率出现偏差，但趋势基本符合，可以体现 5-QZS 的优势。

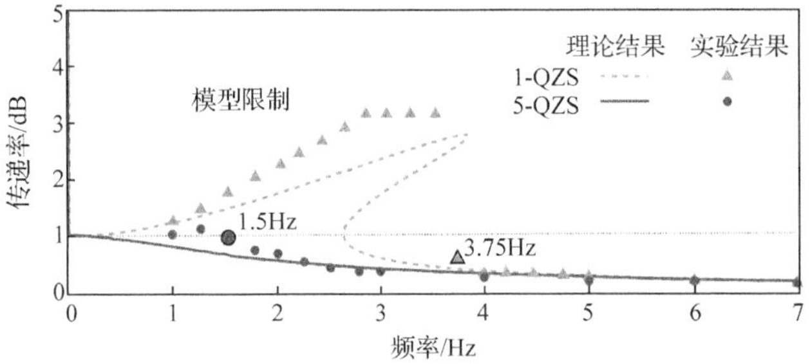

图 8-14　传递率的理论结果与实验结果对比

1-QZS 与 5-QZS 在 1cm 的激励振幅下 HQZS 电磁能量俘获隔振器的电流输出如图 8-15 所示。1-QZS 的电流输出随频率的增加先逐渐增加，在 3.5Hz 时的电流输出最高，与共振频率相对应。5-QZS 的电流输出在 1.75Hz 附近有个小的峰值，此后随着频率的增加，电流输出逐渐增大。图 8-16 展示了 1-QZS 与 5-QZS 在不同频率激励下的输出电流幅值对比。在频率较低时，5-QZS 的输出是有优势的，这与理论结果相符合。

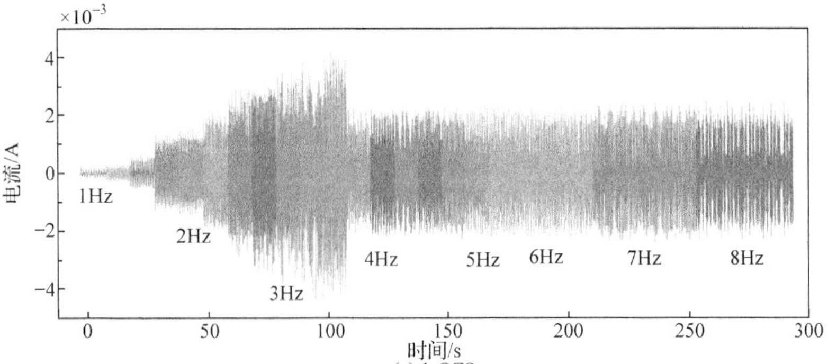

(a) 1-QZS

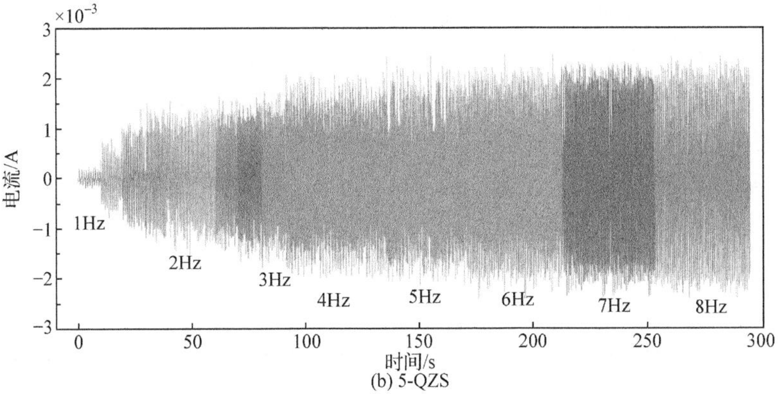

(b) 5-QZS

图 8-15　1-QZS 与 5-QZS 在 1cm 的激励振幅下 HQZS 电磁能量俘获隔振器的电流输出

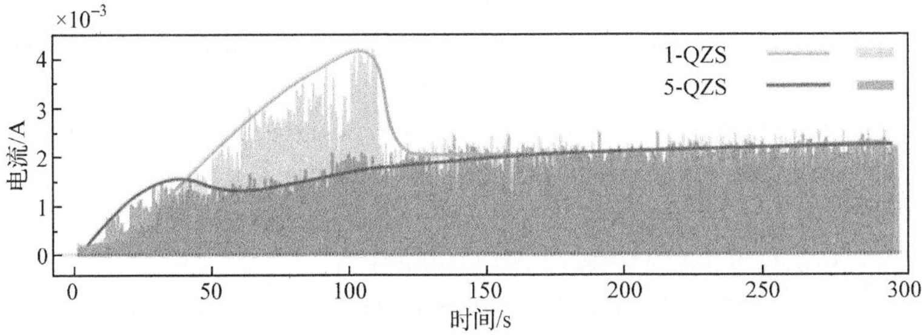

图 8-16　1-QZS 与 5-QZS 在不同频率激励下的输出电流幅值对比

本 章 小 结

为了进一步降低 QZS 的等效刚度，并探索更为明确且普适的刚度降低评估方法，本章对 HQZS 电磁能量俘获隔振器的构造与特征开展了深入研究。首先，系统地探讨了不同幂次 QZS 的特性，并论证了 HQZS 在降低系统等效刚度、拓宽目标位移区间和弱化系统非线性特性方面的显著优势。在此基础上，提出了一种基于泰勒展开式系数的评估方法，为等效刚度降低研究提供了新的量化手段。其次，对传统 QZS 隔振器进行了创新性改进，设计出一种新型非线性振子，该振子不仅具备承载能力，而且实现了 HQZS。通过深入研究 HQZS 的形成原理，总结出一种基于泰勒展开式的 HQZS 构造方法——系数补偿法，为 HQZS 的设计与应用提供了理论指导。为了验证 HQZS 电磁能量俘获隔振器的性能优势，对其在超低频隔振与俘能方面的性能进行了理论研究。理论结果表明，随着 QZS 阶数的提高，平衡位置附近的等效刚度表现出绝对优势。在简谐激励下，HQZS 能够有效地将共振频带向低频缩短，降低最大力传递率，并将可利用共振现象进行振动能量俘获的频带向低频拓展。在随机激励下，HQZS 电磁能量俘获隔振器的势阱宽度更宽，相应的概率密度分布在更广的位移范围内，从而使得位移均方值和平均俘能功率更高。最后，设计了实验样机进行实验验证。通过对比理论和实验结果，充分证明了 HQZS 电磁能量俘获隔振器在超低频振动隔离与能量俘获方面的显著优势。本章不仅为超低频振动控制与利用技术的发展提供了新思路，也为相关领域的研究提供了重要参考。

参考文献

[1] LIU C C, JING X J, DALEY S, et al. Recent advances in micro-vibration isolation[J]. Mechanical Systems and Signal Processing, 2015, 56-57:55-80.

[2] DING H, JI J C, CHEN L Q. Nonlinear vibration isolation for fluid-conveying pipes using quasi-zero stiffness characteristics[J]. Mechanical Systems and Signal Processing, 2019, 121:675-688.

[3] LU Z Q, ZHAO L, DING H, et al. A dual-functional metamaterial for integrated vibration isolation and energy harvesting[J]. Journal of Sound and Vibration, 2021, 509:116251.

[4] YANG T, ZHOU S X, FANG S T, et al. Nonlinear vibration energy harvesting and vibration suppression technologies: Designs, analysis, and applications[J]. Applied Physics Reviews, 2021, 8(3):031317.

[5] ZHOU S X, LALLART M, ERTURK A. Multistable vibration energy harvesters: Principle, progress, and perspectives[J]. Journal of Sound and Vibration, 2022, 528:116886.

[6] CHEN J, ZHU G, YANG W Q, et al. Harmonic-resonator-based triboelectric nanogenerator as a sustainable power source and a self-powered active vibration sensor[J]. Advanced Materials, 2013, 25(42):6094-6099.

[7] MA Z Z, ZHOU R P, YANG Q C. Recent advances in quasi-zero stiffness vibration isolation systems: An overview and future possibilities[J]. Machines, 2022, 10(9):813.

[8] XU D L, YU Q P, ZHOU J X, et al. Theoretical and experimental analyses of a nonlinear magnetic vibration isolator with quasi-zero-stiffness characteristic[J]. Journal of Sound and Vibration, 2013, 332(14):3377-3389.

[9] CHAI Y Y, JING X J, CHAO X. X-shaped mechanism based enhanced tunable QZS property for passive vibration isolation[J]. International Journal of Mechanical Sciences, 2022, 218:107077.

[10] LU Z Q, LIU W H, DING H, et al. Energy transfer of an axially loaded beam with a parallel-coupled nonlinear vibration isolator[J]. Journal of Vibration and Acoustics-Transactions of the Asme, 2022, 144(5):051009.

[11] ZHAO F, JI J C, YE K, et al. An innovative quasi-zero stiffness isolator with three pairs of oblique springs[J]. International Journal of Mechanical Sciences, 2021, 192: 106093.

[12] ZHOU J X, WANG X L, XU D L, et al. Nonlinear dynamic characteristics of a quasi-zero stiffness vibration isolator with cam-roller-spring mechanisms[J]. Journal of Sound and Vibration, 2015, 346:53-69.

[13] YANG T, CAO Q J, HAO Z F. A novel nonlinear mechanical oscillator and its application in vibration isolation and energy harvesting[J]. Mechanical Systems and Signal Processing, 2021, 155:107636.

[14] CARRELLA A, BRENNAN M J, WATERS T P. Static analysis of a passive vibration isolator with quasi-zero-stiffness characteristic[J]. Journal of Sound and Vibration, 2007, 301:678-689.

[15] CAO Q J, XIONG Y, WIERCIGROCH M. A novel model of dipteran flight mechanism[J]. International Journal of Dynamic Control, 2013, 1:1-11.

第 9 章　仿生电磁能量俘获吸振器

仿生非线性能量俘获吸振器是一种借鉴生物系统中的设计原理，通过模仿生物系统中的非线性响应，使其更贴近自然的振动控制机制，实现对振动能量的高效吸收和转换。与传统的线性吸振技术相比，仿生非线性能量俘获吸振器具有更高的能量转换效果和更广阔的应用前景，不仅能够应用于工程领域中的能量俘获吸振器，也为生物医学、智能结构、机器人等领域的结构设计提供了新的可能性。近年来的研究提出了一系列仿生结构，将非线性动力学的优势与仿生结构设计自然地结合起来，实现了优异的振动控制和能量俘获性能[1-4]。例如，模仿动物肢体结构的剪刀状结构[5-7]、考虑脊柱收缩效应的仿生多边形骨架结构[8]、受脚趾缓冲作用启发的脚趾结构[9]等，这些结构具有非线性阻尼和非线性刚度，可以实现大范围的刚度和负荷调节，有效抑制高频振动等优势。

受人体健身运动俯卧撑的启发，本章提出了一种仿生六边形骨架结构，利用非线性能量汇设计宽带能量俘获吸振器。六边形骨架结构由对称的两个仿生臂作为骨架，水平弹簧作为肌肉，上下平台相当于人体背部和地面。下平台由线性弹簧支撑，上平台由仿生六边形骨架结构作为非线性能量汇支撑。磁铁分别附着在上下平台上。压电梁固定在上平台上。本章建立了基于仿生非线性能量汇结构的电磁能量俘获吸振器动力学方程，进行了理论分析，并通过仿真和实验进行了验证。本章的其余部分内容如下：9.1 节介绍采用仿生六边形骨架结构的非线性能量汇的结构建模、静力学分析和动力学建模分析。9.2 节讨论简谐激励下仿生宽带电磁能量俘获吸振器的仿真输出特性和非线性动力学。9.3 节通过实验分析仿生宽带电磁能量俘获吸振器在简谐激励下的能量俘获性能。最后为本章内容小结。

9.1　仿生电磁能量俘获吸振器结构设计

9.1.1　结构建模

生物系统中的振动控制和能量转换机制往往非常复杂，涉及多种生物学和物理学过程的相互作用。仿生能量俘获吸振器已获得广泛关注，学者提出了可实现水下振动能量俘获的仿生鱼尾压电能量俘获吸振器[10]、可清除随机低频振动的宿主-寄生虫振动能量俘获吸振器[11]和用于俘获超低频振动能量的仿生双翅体能量俘获吸振器[12]等。在人体日常的运动中，俯卧撑是健身中最常做的运动之一，可以提高身体的静、动力量，提升身体的运动能力。图 9-1(a)提供了人在做俯卧撑时用全手掌支撑地面的示意图。做俯卧撑时，肌肉和骨骼是交织在一起的。即使在简单的骨骼运动作用下，人体也表现出复杂的动态行为。基于俯卧撑这种人体活动，提出了一种仿生非线性六边形骨架结构，该结构由对称的两个仿生手臂作为骨架，水平弹簧作为肌肉，上下平台相当于人体背部和地面。

图 9-1(b)为两自由度线性刚度系统耦合仿生六边形骨架结构(bio-inspired hexagonal skeleton structure，BHSS)作为仿生非线性能量汇(bio-inspired nonlinear energy sink，BNES)结构。m_1、K_1和L_1分别为主结构的质量、线性刚度和弹簧长度。上面的结构是仿生非线性能量汇结构。M_{bnes}为仿生非线性能量汇结构的质量，K_v和L_v分别为仿生非线性能量汇结构竖向弹簧的线性刚度和长度，K_h和L_h分别为仿生非线性能量汇结构水平弹簧的线性刚度和长度，a和b分别为人体手臂和背部骨骼的长度，c为用来调节水平弹簧延伸的长度。仿生非线性能量汇结构的最大位移受连接骨架长度a和弹簧参数的限制。

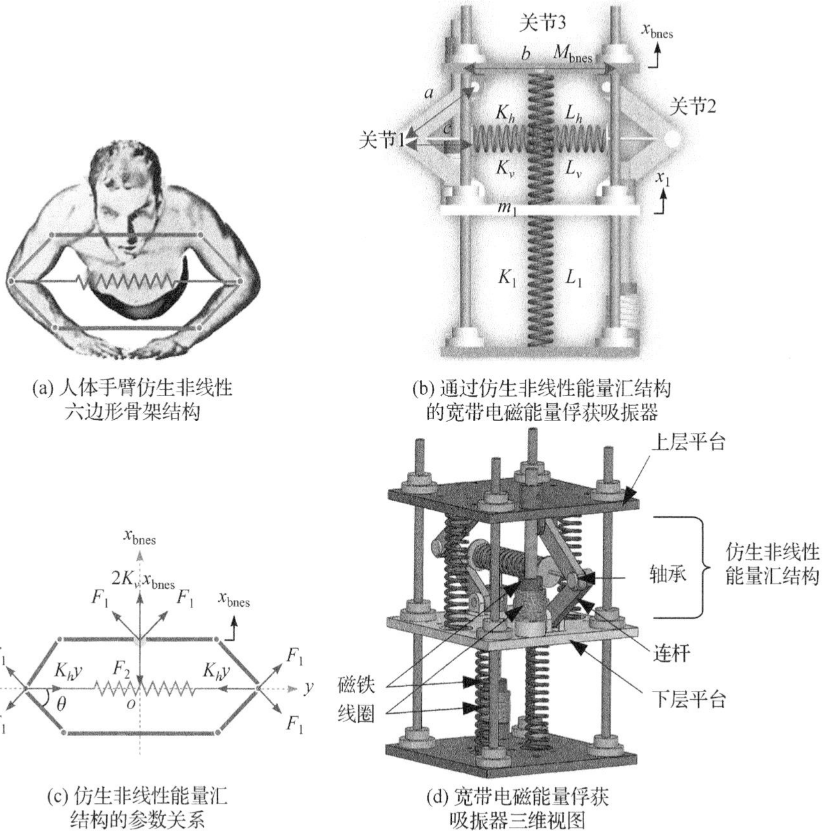

(a) 人体手臂仿生非线性六边形骨架结构

(b) 通过仿生非线性能量汇结构的宽带电磁能量俘获吸振器

(c) 仿生非线性能量汇结构的参数关系

(d) 宽带电磁能量俘获吸振器三维视图

图 9-1　仿生非线性骨架结构及相关参数

9.1.2　静力学分析

当外力 F 作用于仿生非线性能量汇结构时，平台产生的位移 x_{bnes} 如图 9-1(c) 所示。从几何关系来看，水平 y 方向的位移变化可以表示为

$$y=2\left(\sqrt{a^2-\left(\frac{2\sqrt{a^2-\left(\frac{2c+L_h-b}{2}\right)}-x_{\text{bnes}}}{2}\right)^2}-\frac{2c+L_h-b}{2}\right) \tag{9-1}$$

因此，水平弹簧的弹力表示为 $F(y)=K_h y$，$F(y)$ 与 $F_1(y)$ 之间的关系为

$$F_1(y)=\frac{F(y)}{2\cos\theta} \tag{9-2}$$

角度 θ 与位移 x_{bnes} 和 y 之间的关系表示为

$$\tan\theta=\frac{2\sqrt{a^2-\left(\frac{2c+L_h-b}{2}\right)^2}-x_{\text{bnes}}}{2\left(\frac{2c+L_h-b}{2}+\frac{\delta y}{2}\right)} \tag{9-3}$$

利用轴向恢复力与角度 θ 的关系，发现仿生非线性能量汇结构在垂直方向上的恢复力 $F_{\text{bnes}}(x_{\text{bnes}})$ 满足：

$$F_{\text{bnes}}(x_{\text{bnes}})=2K_v x_{\text{bnes}}+2F_1(y)\sin\theta=2K_v x_{\text{bnes}}+2F_1(y)\tan\theta \tag{9-4}$$

联立式(9-3)和式(9-4)，可得 $F_{\text{bnes}}(x_{\text{bnes}})$ 为

$$F_{\text{bnes}}(x_{\text{bnes}})=2K_v x_{\text{bnes}}+K_h\left(1-\frac{d}{\sqrt{a^2-\left(\frac{2\sqrt{a^2-d^2-x_{\text{bnes}}}}{2}\right)^2}}\right)\left(2\sqrt{a^2-d^2}-x_{\text{bnes}}\right) \tag{9-5}$$

其中，$d=\frac{2c+L_h-b}{2}$。

为了简化动力分析，恢复力的复杂表达式可近似展开为

$$F_{\text{bnes}}(x_{\text{bnes}})=2K_v x_{\text{bnes}}+\sum_{i=1}^{n}\gamma_n(x_{\text{bnes}})^n \tag{9-6}$$

γ_n 的前四阶系数是

$$\gamma_1 = -\frac{K_h(d^2 - a^2)}{d^2},\ \gamma_2 = -\frac{3K_h a^2\sqrt{a^2 - d^2}}{4d^4},$$

$$\gamma_3 = -\frac{K_h(4a^2d^2 - 5a^4)}{8d^6},\ \gamma_4 = \frac{5K_h\sqrt{a^2 - d^2}(4a^2d^2 - 7a^4)}{64d^8}$$

仿生非线性能量汇结构刚度为

$$K_{\text{bnes}}(x_{\text{bnes}}) = 2K_v + \sum_{i=1}^{n}\frac{\gamma_n}{n}\left(x_{\text{bnes}}\right)^{n-1} \tag{9-7}$$

图 9-2～图 9-5 为不同弹簧值和几何参数下仿生非线性能量汇结构的恢复力 $F_{\text{bnes}}(x_{\text{bnes}})$ 和刚度 $K_{\text{bnes}}(x_{\text{bnes}})$ 随位移 x_{bnes} 的函数。当 $K_v = 9\text{N/cm}$，$K_h = 2\text{N/cm}$，$L_h = 6\text{cm}$，$a = 5\text{cm}$，$b = 8\text{cm}$，$c = 4\text{cm}$ 时，仿生非线性能量汇结构的恢复力和刚度如图 9-2(a)所示。方程(9-5)和方程(9-6)与实验结果之间的误差，在 $x_{\text{bnes}} = 0$ 处测量的整个位移中相差非常小，在较小的位移处近似更准确。显然，仿生非线性能量汇结构的恢复力和刚度是不对称的和非线性的。在接下来的理论分析中，为简单起见取四阶多项式作为原恢复力的近似形式。图 9-2(b)为采用仿生非线性

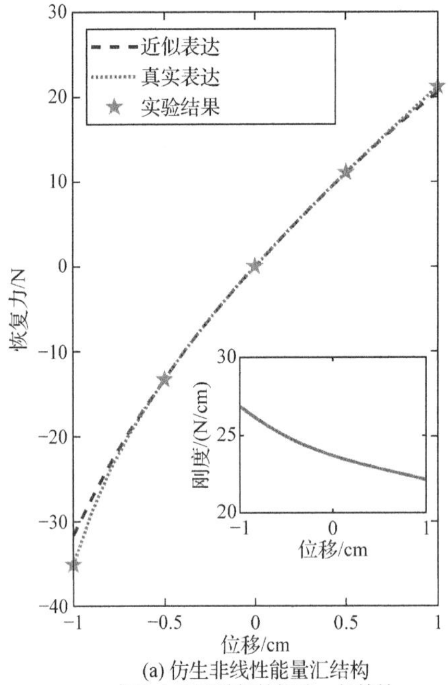

(a) 仿生非线性能量汇结构仿生六边形骨架结构的一般特性

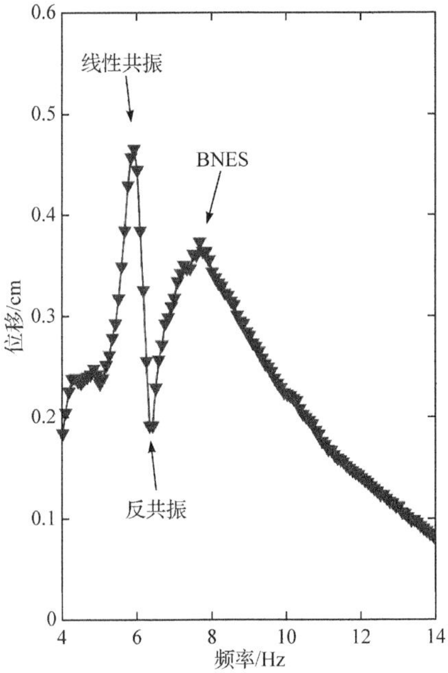
(b) 宽带电磁能量俘获吸振器的位移响应曲线

图 9-2　仿生非线性能量汇的恢复力与位移响应

能量汇结构的宽带电磁能量俘获吸振器的位移响应曲线。结果表明，当加速度激励幅值为 0.08g 时，线性共振与非线性共振之间存在反共振。

如图 9-3(a)和(b)所示，随着 a 或 b 的增加，恢复力的变化是不对称的，负位移对应的恢复力的增加比正位移对应的恢复力的增加更明显。如图 9-3(c)所示，随着 c 的增大，负位移对应的恢复力比正位移对应的恢复力减小得更明显。如图 9-4 所示，仿生非线性能量汇结构的刚度 $K_{\text{bnes}}(x_{\text{bnes}})$ 随 a 或 b 的增大而增大，随 c 的增大而减小。

图 9-5 为水平弹簧刚度和垂直弹簧刚度对仿生非线性能量汇结构恢复力和刚

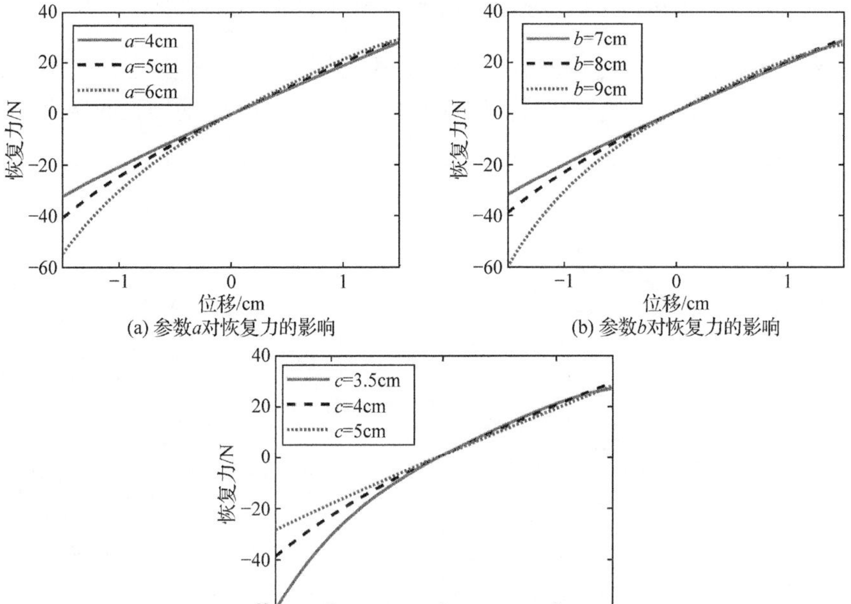

(a) 参数a对恢复力的影响　(b) 参数b对恢复力的影响

(c) 参数c对恢复力的影响

图 9-3　几何参数对仿生非线性能量汇结构恢复力的影响

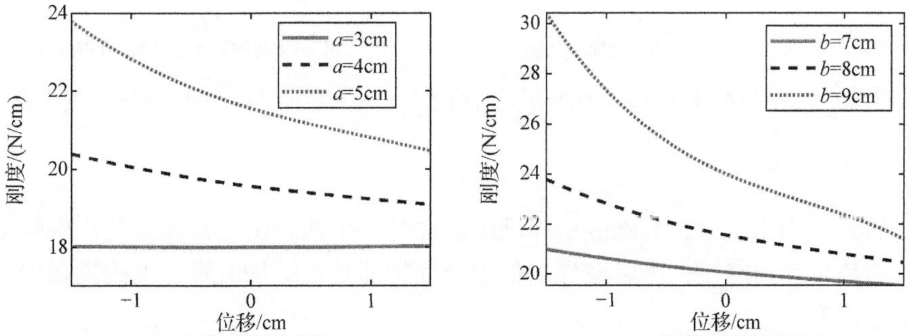

(a) 参数a对刚度的影响　(b) 参数b对刚度的影响

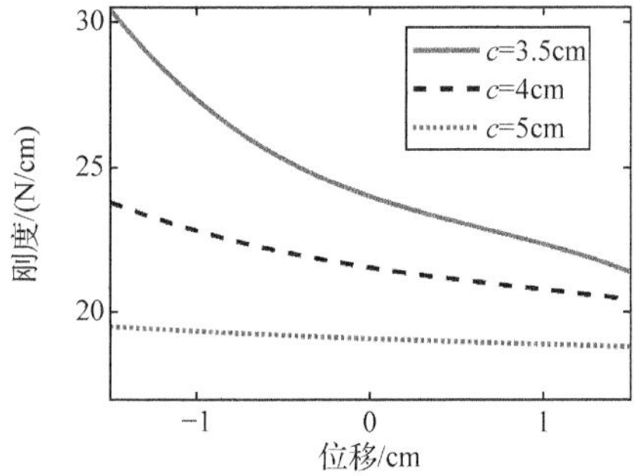

(c) 参数c对刚度的影响

图 9-4　几何参数对仿生非线性能量汇结构刚度的影响

度的影响。随着 K_h 和 K_v 的增大，恢复力相对于 $x_{\mathrm{bnes}}=0$ 的变化也呈不对称变化。可以看出，仿生非线性能量汇结构的刚度随着 K_h 和 K_v 的增大而增大。

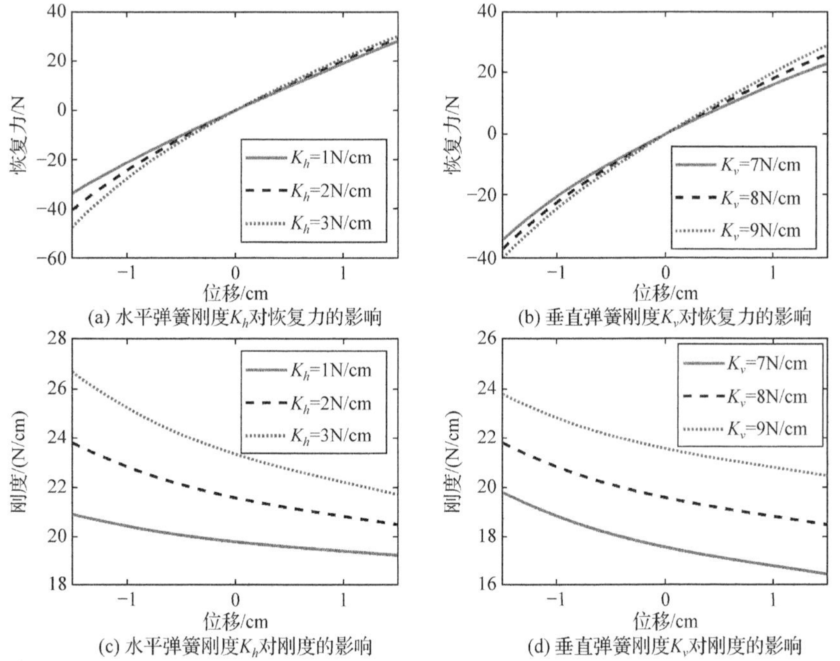

(a) 水平弹簧刚度K_h对恢复力的影响　(b) 垂直弹簧刚度K_v对恢复力的影响

(c) 水平弹簧刚度K_h对刚度的影响　(d) 垂直弹簧刚度K_v对刚度的影响

图 9-5　水平弹簧刚度和垂直弹簧刚度对仿生非线性能量汇结构恢复力和刚度的影响

9.1.3　动力学建模分析

如图 9-1(d)所示，电磁能量俘获吸振器是一个两自由度系统。利用牛顿第二定律和基尔霍夫定律，可以推导出仿生非线性能量汇结构的宽带电磁能量俘获动力学方程为

$$\begin{cases} m_1\ddot{x}_1 + C\dot{x}_1 + 2K_1x_1 - C_{\text{bnes}}(\dot{x}_{\text{bnes}} - \dot{x}_1) - 2K_v(x_{\text{bnes}} - x_1) - \sum_{i=1}^{n}\gamma_i(x_{\text{bnes}} - x_1)^i + B_{\text{e1}}\bar{I}_1L_{\text{c1}} = F\cos(\Omega t) \\ M_{\text{bnes}}\ddot{x}_{\text{bnes}} + C_{\text{bnes}}(\dot{x}_{\text{bnes}} - \dot{x}_1) + 2K_v(x_{\text{bnes}} - x_1) + \sum_{i=1}^{n}\gamma_i(x_{\text{bnes}} - x_1)^i + B_{\text{e2}}\bar{I}_2L_{\text{c2}} = 0 \\ B_{\text{e1}}\bar{I}_{\text{c1}}\dot{x}_1 = L_{\text{i1}}\dot{\bar{I}}_1 + (R_{01} + R_1)\bar{I}_1 \\ B_{\text{e2}}\bar{I}_{\text{c2}}\dot{x}_{\text{bnes}} = L_{\text{i2}}\dot{\bar{I}}_2 + (R_{02} + R_2)\bar{I}_2 \end{cases} \tag{9-8}$$

引入变量和参数：

$$u = \frac{x_1}{d}, u_{\text{bnes}} = \frac{x_{\text{bnes}}}{d}, \tau = \omega_0 t, \mu_{\text{bnes}} = \frac{M_{\text{bnes}}}{m_1}, \omega_0^2 = \frac{2K_1}{m_1}, \eta = \frac{2K_v}{m_1\omega_0^2}, \lambda_n = \frac{\gamma_n d^n}{m_1\omega_0^2},$$

$$\varepsilon = \frac{C}{2m_1\omega_0}, \varepsilon_{\text{bnes}} = \frac{C_{\text{bnes}}}{2m_1\omega_0}, \omega = \frac{\Omega}{\omega_0}, f = \frac{F}{dm_1\omega_0^2}, \theta_1 = \frac{B_{\text{e1}}L_{\text{c1}}}{m_1\omega_0^2}, \theta_2 = \frac{B_{\text{e2}}L_{\text{c2}}}{m_1\omega_0^2},$$

$$I_1 = \frac{\bar{I}_1}{d}, I_2 = \frac{\bar{I}_2}{d}, \alpha_1 = \frac{B_{\text{e1}}L_{\text{c1}}}{L_{\text{i1}}}, \beta_1 = \frac{R_{01} + R_1}{L_{\text{i1}}}, \alpha_2 = \frac{B_{\text{e2}}L_{\text{c2}}}{L_{\text{i2}}}, \beta_2 = \frac{R_{02} + R_2}{L_{\text{i2}}}$$

机电耦合动力学系统(9-8)的无量纲形式为

$$\begin{cases} \ddot{u} + 2\varepsilon\dot{u} + u - 2\varepsilon_{\text{bnes}}(\dot{u}_{\text{bnes}} - \dot{u}) - \eta(u_{\text{bnes}} - u) - \sum_{i=1}^{n}\lambda_n(u_{\text{bnes}} - u)^n + \theta_1 I_1 = f\cos(\omega\tau) \\ \mu_{\text{bnes}}\ddot{u}_{\text{bnes}} + 2\varepsilon_{\text{bnes}}(\dot{u}_{\text{bnes}} - \dot{u}) + \eta(u_{\text{bnes}} - u) + \sum_{i=1}^{n}\lambda_n(u_{\text{bnes}} - u)^n + \theta_2 I_2 = 0 \\ \alpha_1\dot{u} = \dot{I}_1 + \beta_1 I_1 \\ \alpha_2\dot{u}_{\text{bnes}} = \dot{I}_2 + \beta_2 I_2 \end{cases} \tag{9-9}$$

其中，ε 和 $\varepsilon_{\text{bnes}}$ 为无量纲阻尼系数；η 和 λ_n 分别为线性项系数和非线性项系数；θ_1 和 θ_2 为无量纲机电耦合系数；β_1 和 β_2 分别为电阻和电感常数之间的无量纲比值；α_1 和 α_2 为无量纲电磁耦合项；f 为无量纲基础加速度。

9.2　仿生宽带电磁能量俘获吸振器仿真分析

大多数低功耗电子器件的工作环境复杂且时变，具有混合、低频、宽带等特点，这对能量俘获器的设计提出了很高的要求[13-16]。与实际应用环境相匹配的非线性结构设计是实现低频宽带振动能量俘获的最重要途径[17-19]。结合能量转化机制的非线性能量汇不仅可以抑制主体结构的振动，还可以通过能量定向传递的方式将主体结构吸收的振动能量俘获起来转化为电能[20-24]。

为了探索仿生非线性能量汇结构的宽带性能，应关注单自由度仿生非线性能量汇结构的动力响应。图 9-6 为仿生非线性能量汇结构水平弹簧在不同刚度下的时间、速度与位移的仿真结果，刚度分别为 100N/m、500N/m 和 1000N/m。需要注意的是，$a = 0.05\text{m}$，$b = 0.08\text{m}$，$c = 0.01\text{m}$，$L_h = 0.05\text{m}$ 是仿生非线性能量汇结构的几何参数和弹簧长度。根据上述参数，水平弹簧处于受拉状态。在扫频仿真中，激励的幅值为 0.5m/s²。随着弹簧刚度的增大，初始响应位移逐渐减弱，随后响应位移逐渐增强，如图 9-6 所示。

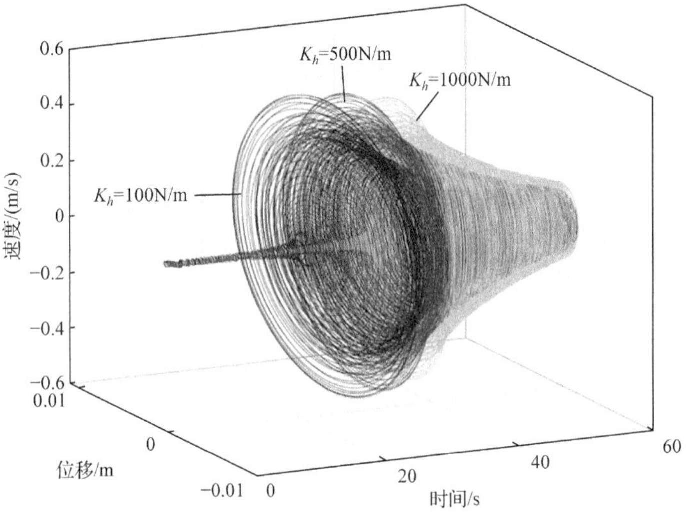

图 9-6　仿生非线性能量汇结构水平弹簧在不同刚度下的时间、速度与位移的仿真结果

由系统(9-8)得到的仿生非线性能量汇结构的宽带能量俘获的速度、输出电压和功率如图 9-7 所示。从图 9-7 可以看出，它具有较宽的带宽特性。在线性共振

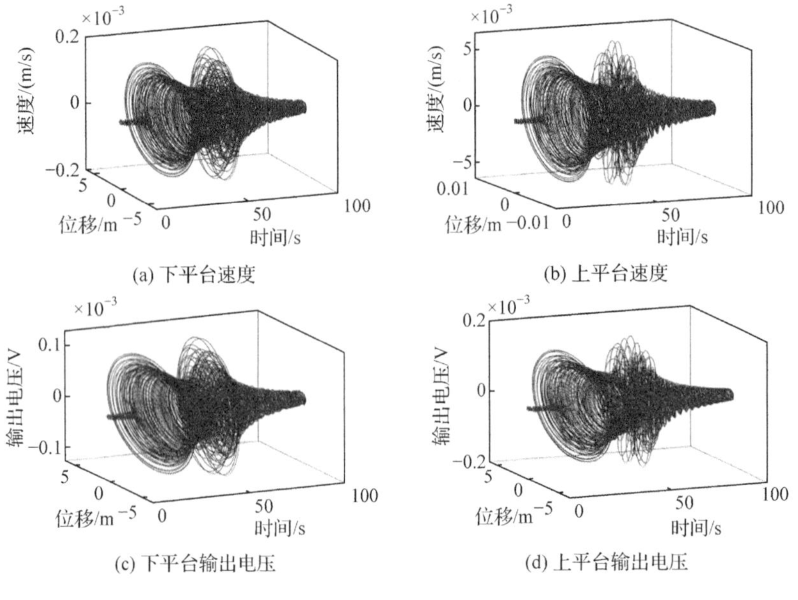

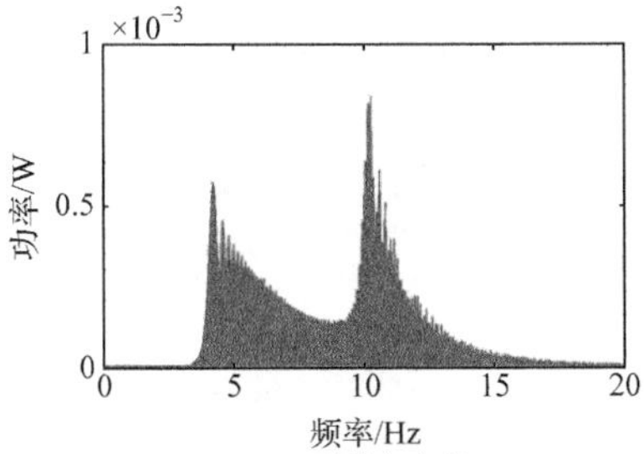

(e) 下平台功率

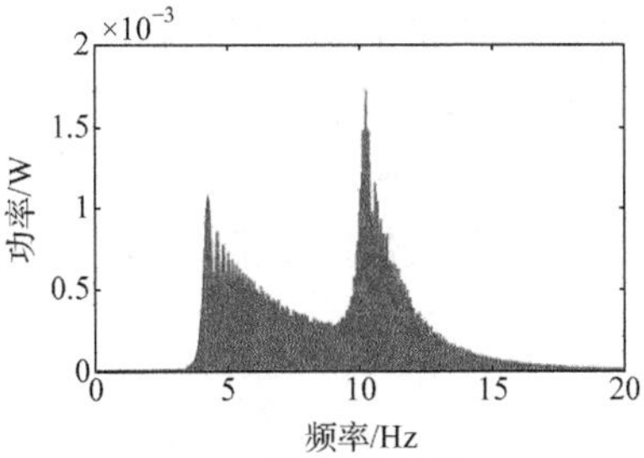

(f) 上平台功率

图 9-7　宽带能量俘获的速度、输出电压和功率的仿真结果

和非线性共振之间存在反共振。上、下平台对应的电磁单元输出电压和功率随频率的增加出现两个明显的峰值，反共振频率出现在 9Hz 左右。输出电压幅值在图 9-7(c)和(d)中分别可达到上、下平台对应的 0.2mV 和 0.1mV。在图 9-7(e)和(f)中，上、下平台对应的功率幅值分别可以达到 1.8mW 和 0.8mW。仿生非线性能量汇结构的宽带能量俘获仿真分析参数如表 9-1 所示。

表 9-1　仿生非线性能量汇结构的宽带能量俘获仿真分析参数

参数	值	单位
几何参数 a、b、c	5、8、4	cm
质量 m_1	2	kg
质量 M_{bnes}	1	kg
主弹簧刚度 K_1	1000	N/m
垂直弹簧刚度 K_v	1000	N/m
水平弹簧刚度 K_h	100	N/m
弹簧自由长度 L_h	5	cm
线圈长度	10	m
线圈电阻	10	Ω
线圈电感	10	mH
负载电阻	20	Ω
磁铁表面磁通密度	1	T

图 9-8 为考虑仿生非线性能量汇结构、考虑线性阻尼器和不考虑仿生非线性能量汇结构的模拟速度和位移响应曲线对比。结果表明，考虑仿生非线性能量汇结构的主结构在较宽的频带内具有较大的响应幅值。通过对考虑仿生非线性能量汇结构和不考虑仿生非线性能量汇结构的主结构进行对比分析，可以看出，不考

虑仿生非线性能量汇结构的主共振峰有效减弱并向低频范围移动，第二共振峰出现在较高的额定值范围。对比分析仿生非线性能量汇结构与线性阻尼器的主结构，仿生非线性能量汇结构的主结构在更宽的频带内响应速度和位移更大。因此，考虑仿生非线性能量汇结构的主结构更适合于宽带能量俘获。

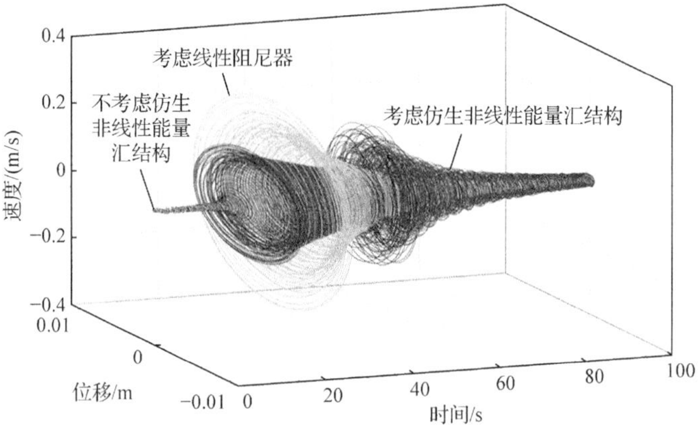

图 9-8　振动控制的对比分析

上、下平台对应的等效阻尼 C 和 C_{bnes} 对输出电压和功率的影响如图 9-9(a)～(d)所示。上、下平台对应的电磁单元输出电压和功率随 C 和 C_{bnes} 的增大而减小。但 C 对高频响应的影响明显强于 C_{bnes}，特别是对反共振现象的影响。在不同激

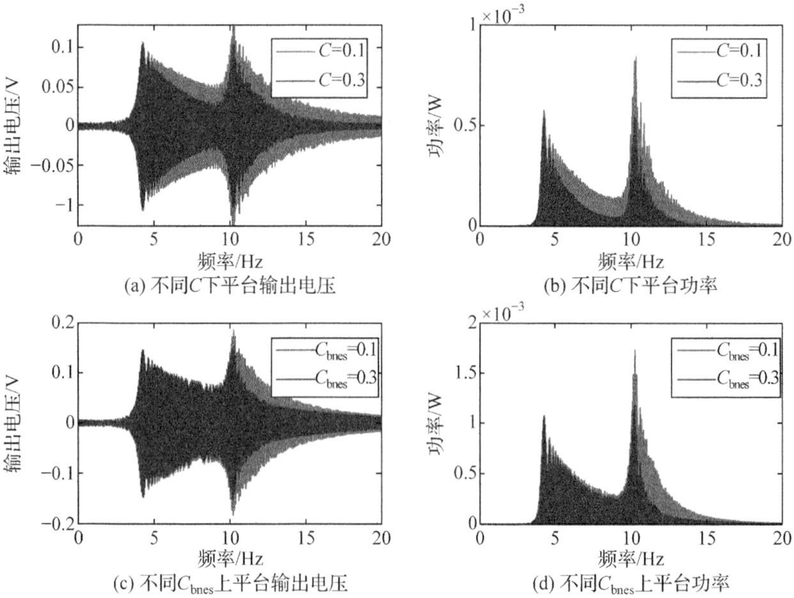

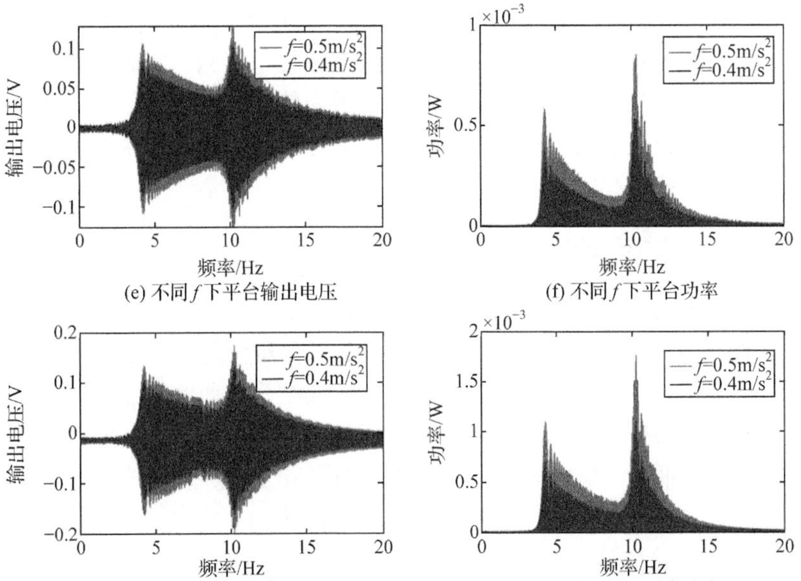

(e) 不同 f 下平台输出电压　(f) 不同 f 下平台功率

(g) 不同 f 上平台输出电压　(h) 不同 f 上平台功率

图 9-9　等效阻尼和激励水平对速度、输出电压和功率的影响

励水平下，仿生非线性能量汇结构的宽带能量俘获输出电压和功率如图 9-9(e)～(h)所示，可以看出，随着激励从 0.4m/s^2 增加到 0.5m/s^2，输出电压和功率也增加。

9.3　仿生宽带电磁能量俘获吸振器实验研究

9.3.1　实验装置及样机

本节对采用仿生非线性能量汇结构的宽带电磁能量俘获吸振器进行实验分析。模型与实验设备如图 9-10 所示，参数设置为 $K_1 = 25$N/cm，$K_v = 9$N/cm，$K_h =$

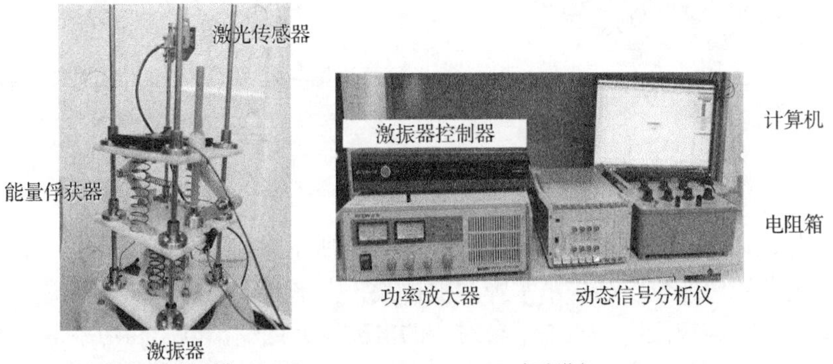

(a) 宽带电磁能量俘获吸振器　(b) 实验设备

图 9-10　模型与实验设备

1.9N/cm，L_h = 5cm，a = 5cm，b = 8cm，m_1 = 0.70kg，M_{bnes} = 0.85kg。在不同的振动和参数条件下对宽带电磁能量俘获吸振器进行了实验。实验的主要组成部分包括激振器、功率放大器、激振器控制器、激光传感器和动态信号分析仪等。宽带电磁能量俘获吸振器由激振器激发，利用动态信号分析仪记录宽带电磁能量俘获吸振器产生的位移和电压。

9.3.2　参数对输出特性的影响

等效质量 M_{bnes} 对输出电压和功率的影响如图 9-11 所示。扫频实验中，加速度激励幅值为 0.08g。随着频率增加，上、下平台对应的电磁单元输出电压和功率出现两个明显的峰值，而采用仿生六边形骨架结构的非线性能量汇结构的反共振频率出现在 6.5Hz 左右。随着 M_{bnes} 的增加，两个峰值对应的频率向较低的频率移动。上、下平台对应的电磁单元的输出电压和功率在左右峰值附近增大，而上、下平台对应的反共振频率则向更低的频率移动。

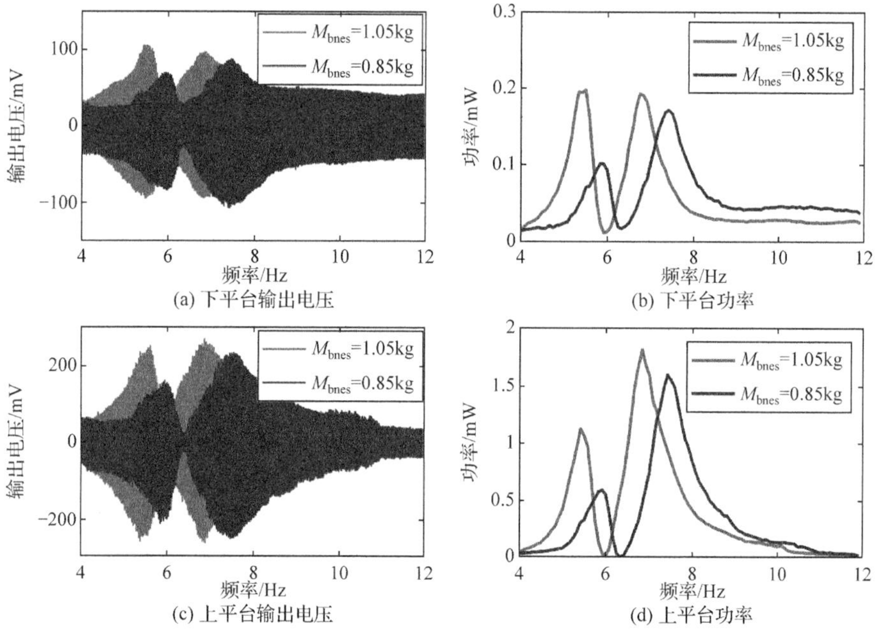

图 9-11　0.08g 加速度激励幅值下不同 M_{bnes} 的输出电压和功率响应

长度 c 对输出电压和功率的影响如图 9-12 所示。与 c = 5cm 相比，当 c = 4cm 时，仿生非线性能量汇结构水平弹簧被拉紧，上平台上的第一个峰值消失。可以明显看出，在高频段内，与下平台对应的电磁单元的输出电压和功率得到了有效的提高。随着 c 的增大，上、下平台对应的电磁单元的输出电压和功率的两个峰值所对应的频率向低频移动，低频段输出电压和功率增大，上、下平台对应的反共振频率向低频移动。

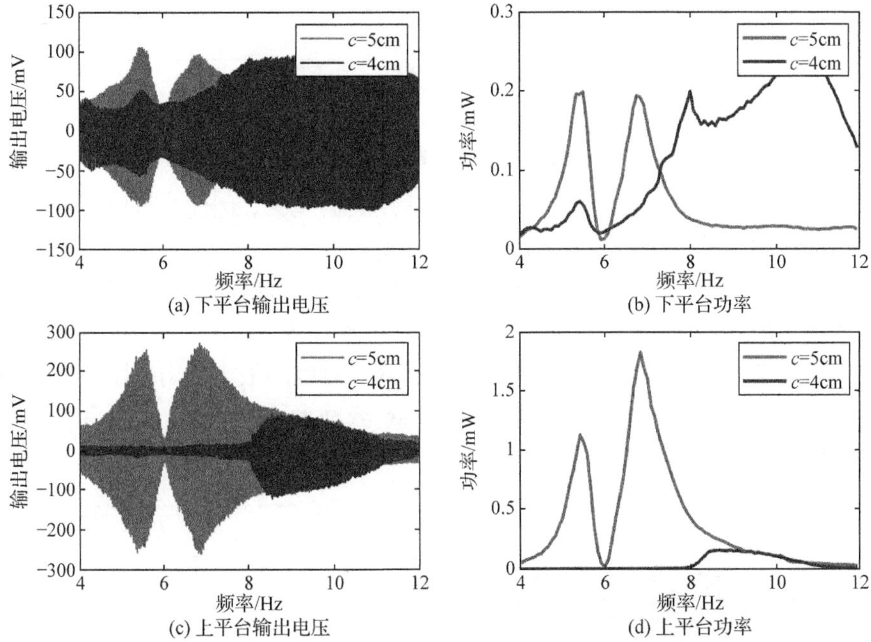

(a) 下平台输出电压　(b) 下平台功率

(c) 上平台输出电压　(d) 上平台功率

图 9-12　0.08g 和 $M_{\text{bnes}} = 1.05$kg 下不同 c 的输出电压和功率响应

通过 0.08g 水平的正向扫描频率测试来检测频域的位移和输出电压响应，如图 9-13 所示。图 9-13(a)比较了线性俘获器和非线性俘获器对上平台位移的影响。当上平台由直线弹簧支撑时，随着频率的增加，上平台的位移出现两个峰值。当上平台采用非线性仿生非线性能量汇结构支撑时，两个峰值均较线性支撑有所下降，但高频段位移增大。图 9-13(b)和(c)为电磁能量俘获吸振器输出电压对比图。与线性俘获器相比，考虑高频仿生非线性能量汇结构后，非线性俘获器的输出电压大于线性俘获器。从图 9-13 的实验结果可以看出，仿生非线性能量

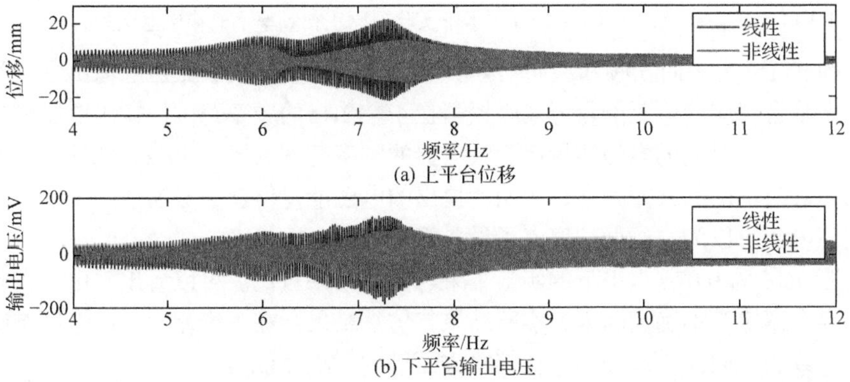

(a) 上平台位移

(b) 下平台输出电压

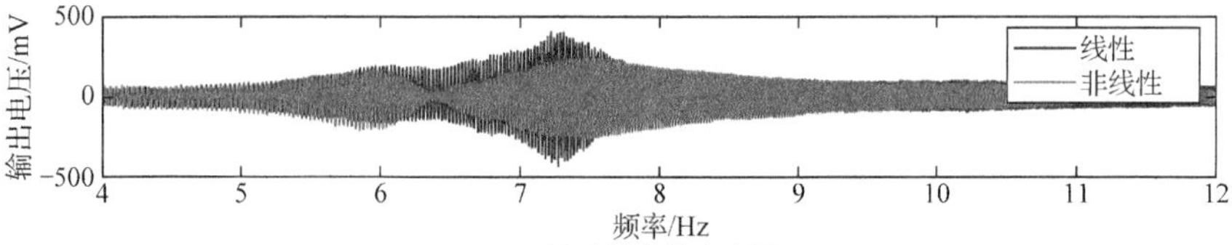

(c) 上平台输出电压

图 9-13　0.08g 和 M_{bnes} = 0.85kg 下线性俘获器和非线性俘获器的位移和输出电压响应

汇结构的引入可以使频带变宽，但也会增强反共振现象。因此，可以通过合理设计非线性结构参数以满足多样的混合激励环境。

不同激励水平下，M_{bnes} = 1.05kg，c = 5cm 时，电磁能量俘获吸振器的输出电压和功率如图 9-14 所示，随着激励从 0.06g 增加到 0.08g，两个峰值附近的输出电压和功率增加。特别是引入非线性后，两峰对应的最大输出电压和功率都有了明显的提高，有效频带明显拓宽。在 0.08g 激励水平下，上、下平台对应的电磁单元最大输出功率分别可达 0.5mW 和 5mW。

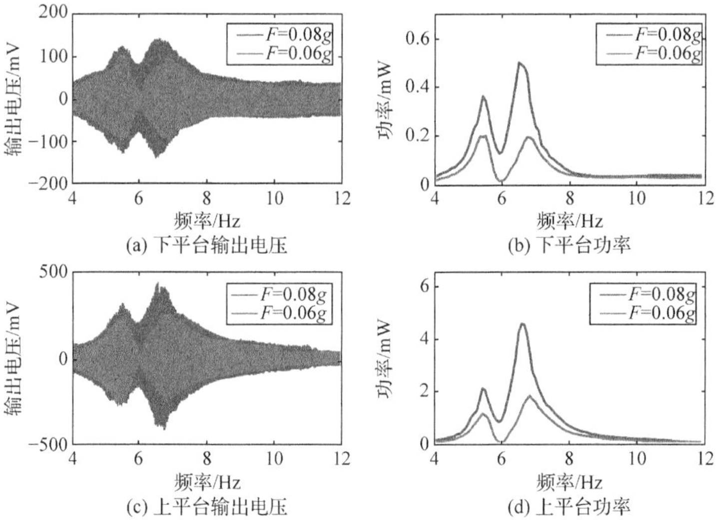

(a) 下平台输出电压　(b) 下平台功率

(c) 上平台输出电压　(d) 上平台功率

图 9-14　M_{bnes} = 1.05kg 和 c = 5cm 水平下实验不同正扫频率下的输出电压和功率响应

图 9-15 为正向扫频和反向扫频实验时电磁能量俘获吸振器的输出电压和功率。上平台对应的电磁能量俘获吸振器在 4～12Hz 的频率范围内输出电压和功率较高，上平台对应的电磁能量俘获吸振器的频率范围为 4～10Hz。此外，最大输出功率对应不同的共振频率，表明所提出的电磁能量俘获吸振器适用于混合复杂激励环境，可以为一些低功率电子设备提供电能。

图 9-16 为 0.07g 水平下的实验结果与仿真结果对比。可以看出，由于实验装置中存在摩擦等不确定因素，实验结果与仿真结果存在一定差异，但电压响应趋势是一致的，因此实验和理论在某些方面得到了相互证实。

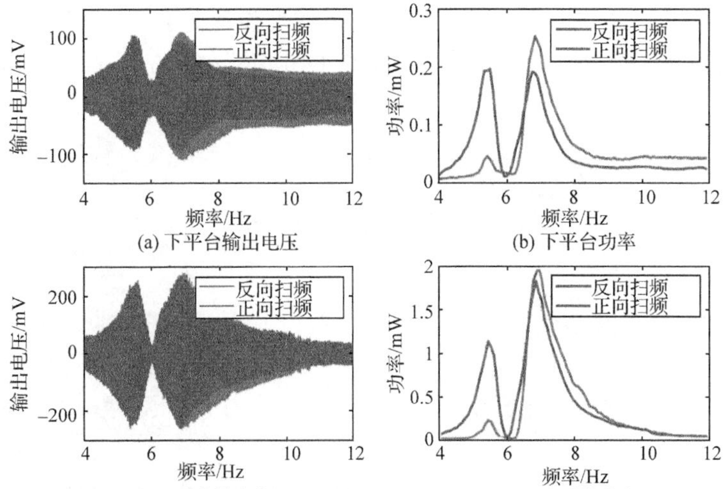

(a) 下平台输出电压　(b) 下平台功率

(c) 上平台输出电压　(d) 上平台功率

图 9-15　0.08g、M_{bnes} = 1.05kg 和 c =5cm 水平下正向扫频和反向扫频实验输出电压和功率响应

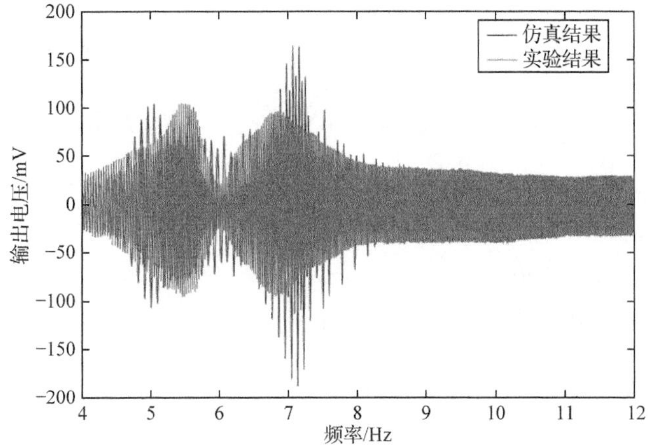

图 9-16　0.07g、M_{bnes} = 1.05kg、c = 5cm 时的实验结果与仿真结果比较

9.3.3　仿生宽带电磁-压电混合能量俘获吸振器

在以往研究中少有将能量俘获吸振器的共振频率降低到超低频率，并以仿生非线性结构在宽频带内实现混合激励的能量俘获。为进一步提高输出性能，当压电单元的固有频率接近使用非线性能量汇的电磁单元的反共振频率时，本节提出的模型可以为电磁单元的输出功率提供一定的补充。

为了从混合复杂激励环境中实现有效的能量俘获，对宽带混合电磁能量俘获吸振器的输出特性展开讨论。基于仿生非线性能量汇结构，提出了一种仿生宽带电磁-压电混合能量俘获吸振器，将混合低频宽带振动有效转化为电能，如图 9-17

所示。从下到上，下平台由一级刚度为 K_1 的线性弹簧支撑。上平台采用二级仿生非线性能量汇结构支撑。结合压电陶瓷 PZT 的压电梁固定在第三级上平台。

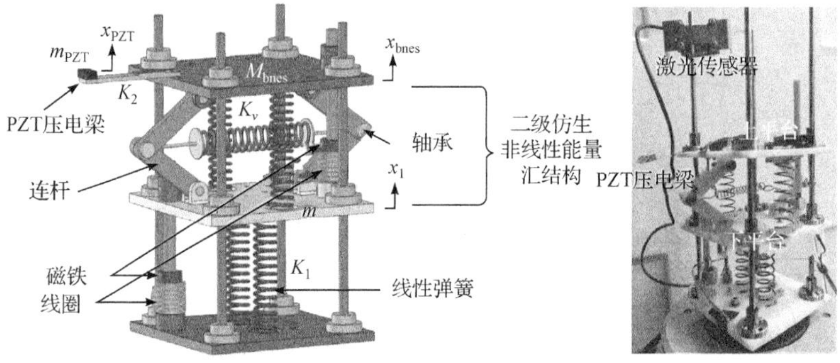

(a) 3D模型　　(b) 实验装置

图 9-17　基于仿生非线性能量汇结构的宽带电磁-压电混合能量俘获吸振器

仿生宽带电磁-压电混合能量俘获吸振器为三自由度系统的控制方程为

$$
\begin{cases}
m_1\ddot{x}_1 + C\dot{x}_1 + 2K_1x_1 - C_{\text{bnes}}(\dot{x}_{\text{bnes}} - \dot{x}_1) - 2K_v(x_{\text{bnes}} - x_1) - \sum_{i=1}^{n}\gamma_i(x_{\text{bnes}} - x_1)^i + B_{e1}\overline{I}_1L_{c1} = f\cos(\Omega t) \\
M_{\text{bnes}}\ddot{x}_{\text{bnes}} + C_{\text{bnes}}(\dot{x}_{\text{bnes}} - \dot{x}_1) + 2K_v(x_{\text{bnes}} - x_1) + \sum_{i=1}^{n}\gamma_i(x_{\text{bnes}} - x_1)^i + B_{e2}\overline{I}_2L_{c2} \\
-c_{\text{PZT}}(\dot{x}_{\text{PZT}} - \dot{x}_{\text{bnes}}) - K_2(x_{\text{PZT}} - x_{\text{bnes}}) = 0 \\
m_{\text{PZT}}\ddot{x}_{\text{PZT}} + c_{\text{PZT}}(\dot{x}_{\text{PZT}} - \dot{x}_{\text{HSS}}) + K_2x_{\text{PZT}} + \theta V = 0 \\
B_{e1}\overline{I}_{c1}\dot{x}_1 = L_{i1}\dot{\overline{I}}_1 + (R_{01} + R_1)\overline{I}_1 \\
B_{e2}\overline{I}_{c2}\dot{x}_{\text{bnes}} = L_{i2}\dot{\overline{I}}_2 + (R_{02} + R_2)\overline{I}_2 \\
\theta\dot{x}_{\text{PZT}} = C_p\dot{V} + \dfrac{V}{R_v}
\end{cases}
\tag{9-10}
$$

其中，m_{PTZ} 和 x_{PTZ} 分别为 PZT 压电梁的等效尖端质量和位移；c_{PTZ} 为等效阻尼；K_2 为刚度；θ 为机电耦合项；C_p 和 V 分别为 PZT 压电梁的电容和电压；R_v 为负载电阻；$f\cos(\Omega t)$ 为外激励项。

平台等效质量 M_{bnes} 和长度 c 对输出电压的影响如图 9-18 所示。扫频实验中，加速度激励幅值为 0.08g。随着频率的增加，上、下平台对应的电磁单元输出电压出现两个明显的峰值，而使用具有仿生六边形骨架结构的非线性能量汇结构的反共振频率出现在 6.5Hz 左右。随着 M_{bnes} 和 c 的增加，两个峰值对应的频率向更低的频率移动。与下平台对应的电磁单元输出电压在左峰附近升高，在右峰附近降低。与上平台对应的电磁单元输出电压的两个峰值对应的频率向低频移动，输出电压升高。M_{bnes} 和 c 对压电单元输出电压的影响不明显，而压电单元的最大输出电压出现在电磁单元输出电压的两个峰值之间。压电单元可以提高混合能量俘获吸振器在反共振频率下的输出效率。电磁单元与压电单元的结合可以起到互补的作用，提高能量俘获的效率。

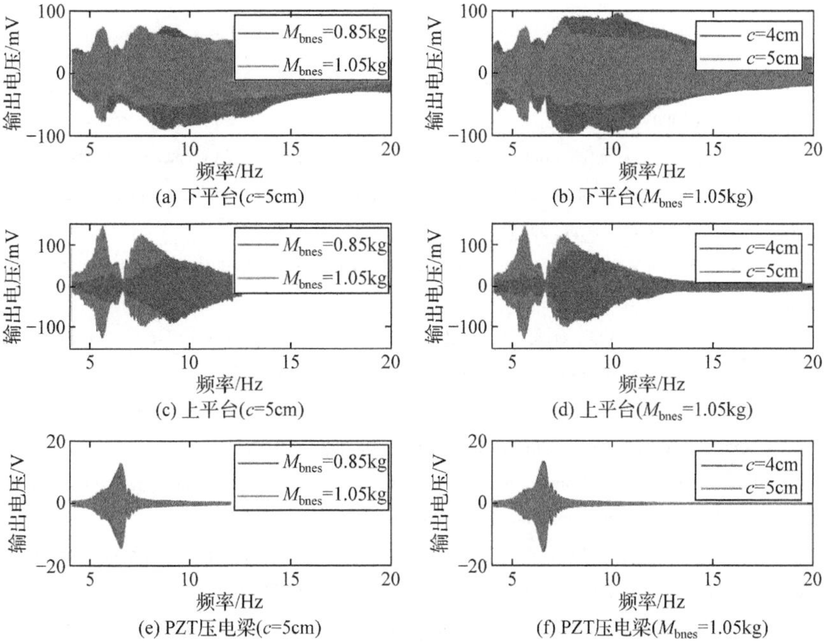

图 9-18　0.08g 正扫频率激励下不同 M_{bnes} 和 c 的输出电压响应

本 章 小 结

本章提出了采用仿生六边形骨架结构的非线性能量汇的宽带电磁能量俘获吸振器，将混合、低频和宽带振动有效地转化为电能。从优化输出电压和功率的幅度和带宽的角度，讨论了非线性、上平台等效质量、仿生非线性能量汇参数和激励大小等因素的影响。建立了基于仿生非线性能量汇的宽带电磁能量俘获动力学方程进行理论分析，并通过仿真和实验验证了理论分析的正确性。随着频率的增加，上、下平台对应的电磁单元输出电压和功率出现两个明显的峰值，同时出现反共振频率。该能量俘获吸振器可以覆盖 5～15Hz 的宽低频范围，并有效地将混合振动转化为电能。当压电单元的固有频率接近使用非线性能量汇的电磁单元的反共振频率时，可以为电磁单元的输出功率提供一定的补充。上、下平台对应的电磁单元的最大输出功率分别可达 0.5mW 和 5mW。考虑线性压电单元作为电源的补充，验证了该方法的有效性。为了增加补充功率，还应考虑采用宽带非线性压电单元作为补充设计。适用于混合振动俘获的仿生结构的宽带振动能量俘获方法具有重要的科学意义和工程意义。

参 考 文 献

[1] YAN G, ZOU H, WANG S, et al. Bio-inspired vibration isolation: Methodology and design[J]. Applied Mechanics Reviews, 2021, 73:020801.

[2] GATTI G. A K-shaped spring configuration to boost elastic potential energy[J]. Smart Mater Struct, 2019, 28(7):077002.

[3] GATTI G. Statics and dynamics of a nonlinear oscillator with quasi-zero stiffness behaviour for large deflections[J]. Communications in Nonlinear Science and Numerical Simulation, 2019, 83:105143.

[4] KIM G W, KANG J. The V-shaped band-stop vibration isolator inspired by middle ear[J]. Applied Acoustics, 2019, 150:162-168.

[5] JING X, ZHANG L, FENG X, et al. A novel bio-inspired anti-vibration structure for operating hand-held jackhammers[J]. Mechanical Systems and Signal Processing, 2019, 118:317-339.

[6] DAI H, JING X, CHONG S, et al. Accurate modeling and analysis of a bio-inspired isolation system: With application to on-orbit capture[J]. Mechanical Systems and Signal Processing, 2018, 109:111-133.

[7] XIAO F, JING X. Human body inspired vibration isolation: Beneficial nonlinear stiffness, nonlinear damping and nonlinear inertia[J]. Mechanical Systems and Signal Processing, 2019, 117:786-812.

[8] YAN G, WANG S, ZOU H, et al. Bio-inspired polygonal skeleton structure for vibration isolation: Design, modelling, and experiment[J]. Science China Technological Sciences, 2020, 12:2617-2630.

[9] YAN G, ZOU H, WANG S, et al. Bio-inspired toe-like structure for low-frequency vibration isolation[J]. Mechanical Systems and Signal Processing, 2022, 162:108010.

[10] CHA Y, CHAE W, KIM H, et al. Energy harvesting from a piezoelectric biomimetic fish tail[J]. Renewable Energy, 2016, 86:449-458.

[11] FU H, SHARIF-KHODAEI Z, ALIABADI F. A bio-inspired host-parasite structure for broadband vibration energy harvesting from low-frequency random sources[J]. Applied Physics Letters, 2019, 114:143901.

[12] ZHOU J, ZHAO X, WANG K, et al. Bio-inspired bistable piezoelectric vibration energy harvester: Design and experimental investigation[J]. Energy, 2021, 228:120595.

[13] YANG T, CAO Q. Dynamics and high-efficiency of a novel multi-stable energy harvesting system[J]. Chaos, Solitons & Fractals, 2020, 131:109516.

[14] YANG T, CAO Q. Time delay improves beneficial performance of a novel hybrid energy harvester[J]. Nonlinear Dynamics, 2019, 96:1511-1530.

[15] YANG T, CAO Q. Novel multi-stable energy harvester by exploring the benefits of geometric nonlinearity[J]. Journal of Statistical Mechanics Theory and Experiment, 2019(3): 1-18.

[16] FANG S, ZHOU S, YURCHENKO D, et al. Multistability phenomenon in signal processing, energy harvesting, composite structures, and metamaterials: A review[J]. Mechanical Systems and Signal Processing, 2022, 166:108419.

[17] COTTONE F, VOCCA H, GAMMAITONI L. Nonlinear energy harvesting[J]. Physical Review Letters, 2009, 102:080601.

[18] ZHOU Z, QIN W, ZHU P, et al. Scavenging wind energy by a dynamic-stable flutter energy harvester with rectangular wing[J]. Applied Physics Letters, 2019, 114:243902.

[19] FANG S, WANG S, ZHOU S, et al. Exploiting the advantages of the centrifugal softening effect in rotational impact energy harvesting[J]. Applied Physics Letters, 2020, 116:063903.

[20] DING H, CHEN L Q. Designs, analysis, and applications of nonlinear energy sinks[J]. Nonlinear Dynamics, 2020, 100(4):3061-3107.

[21] TAN D, LU Z, GU D, et al. A ring vibration isolator enhanced by a nonlinear energy sink[J]. Journal of Sound and Vibration, 2021, 508:116201.

[22] ZHANG Y, LU Y, ZHANG W, et al. Nonlinear energy sink with inerter[J]. Mechanical Systems and Signal Processing, 2019, 125:52-64.

[23] ZANG J, CHEN L Q. Complex dynamics of a harmonically excited structure coupled with a nonlinear energy sink[J]. Acta Mechanica Sinica, 2017, 33:801-822.

[24] YANG T, ZHOU S, FANG S, et al. Nonlinear vibration energy harvesting and vibration suppression technologies: Designs, analysis and applications[J]. Applied Physics Reviews, 2021, 8:031317.

编　后　记

“博士后文库”是汇集自然科学领域博士后研究人员优秀学术成果的系列丛书。“博士后文库”致力于打造专属于博士后学术创新的旗舰品牌，营造博士后百花齐放的学术氛围，提升博士后优秀成果的学术影响力和社会影响力。

“博士后文库”出版资助工作开展以来，得到了全国博士后管委会办公室、中国博士后科学基金会、中国科学院、科学出版社等有关单位的大力支持，众多热心博士后事业的专家学者给予积极的建议，工作人员做了大量艰苦细致的工作。在此，我们一并表示感谢！

“博士后文库”编委会